Excel VBA 案例实战

韩立刚 徐 侃 张立明 蒋 超◎著

人民邮电出版社

北 京

图书在版编目（CIP）数据

Excel VBA案例实战 / 韩立刚等著. -- 北京：人民
邮电出版社，2022.4（2023.3重印）
ISBN 978-7-115-57289-9

Ⅰ．①E… Ⅱ．①韩… Ⅲ．①表处理软件 Ⅳ.
①TP391.13

中国版本图书馆CIP数据核字(2021)第181151号

内 容 提 要

本书以案例讲解的形式，由浅入深地介绍了 VBA 在 Excel 中的应用。本书的内容可分为两个部分，前半部分介绍了 VBA 的基础应用，主要讲解如何简化复杂的工作，以及减少 Excel 中不必要的重复性操作；后半部分介绍了如何使用 VBA 编写各种工具、函数和小型系统，解决日常工作中遇到的包括但不局限于 Excel 的各种问题。

本书图文并茂，理论与案例相结合，力求将本书涉及的 VBA 相关知识点通过实际案例进行讲解。本书案例几乎都源于实践，并配有全套资料文件和解决代码，颇具参考价值。

本书面向 VBA 零基础人员，日常工作中需要接触大量数据和 Excel 表格的人员，帮助他人解决 Excel 难题的运维人员，以及希望通过 VBA 进行自主开发的 IT 从业人员。本书亦可作为计算机培训教材。

◆ 著　　　　韩立刚　徐　侃　张立明　蒋　超
责任编辑　武晓燕
责任印制　王　郁　焦志炜

◆ 人民邮电出版社出版发行　　北京市丰台区成寿寺路 11 号
邮编　100164　电子邮件　315@ptpress.com.cn
网址　https://www.ptpress.com.cn
北京七彩京通数码快印有限公司印刷

◆ 开本：787×1092　1/16
印张：20　　　　　　　　2022 年 4 月第 1 版
字数：480 千字　　　　　2023 年 3 月北京第 2 次印刷

定价：89.90 元

读者服务热线：(010)81055410　印装质量热线：(010)81055316
反盗版热线：(010)81055315
广告经营许可证：京东市监广登字 20170147 号

前　言

　　微软公司的 Office Excel 功能强大、应用范围广，因此使用人数较多。而 VBA 作为 Excel 的扩展应用程序，使用人数却少了很多，甚至很多职场"老手"已经熟练掌握了 Excel 的各种使用技巧，却不知道如何在 Excel 中打开 Visual Basic 编辑器。

　　作为一款基于 Visual Basic、但依附于 Office 应用程序的编程语言，VBA 即使拥有入门门槛低、使用自由度高等诸多优点，似乎也很难获得一些专业程序员的青睐。

　　VBA 的处境似乎有点尴尬。

　　但是，不能忽视的是，VBA 是 Office 办公软件取得巨大成功的重要因素之一。

　　首先，VBA 可以简化复杂的工作流程，减少不必要的重复性操作，大大提高工作效率。其次，VBA 可以为 Excel 或者其他 Office 应用程序添加很多各具特色的小工具或小程序，极大地丰富了 Office 的功能。最后，基于 Visual Basic 的可视化编程方法、强大的功能和较低的学习门槛，VBA 为业余编程爱好者敞开了系统开发的大门。

　　鉴于 VBA 具有以上优点，我们认为有必要让更多的人认识和学习 VBA，并享受 VBA 为工作和学习带来的便利。基于此目的，我们编写了本书。本书既可作为初学者系统学习 VBA 的教材，也可作为有一定基础的 VBA 使用者编程时的参考。

本书内容

　　第 1 章，通过一个简单的案例，带领读者进入 VBA 的世界，介绍了 VBA 过程代码的结构，以及 For 循环的基本用法。

　　第 2 章，不仅介绍了 Excel 的录制宏功能，以及如何使用 For 循环对录制的宏代码进行修改，还介绍了相对引用、变量、为工作表插入按钮和宏安全性设置等。通过本章的学习，读者能够利用 For 循环和录制宏解决工作与学习中遇到的需要执行大量重复操作的问题。

　　第 3 章，介绍了 VBA 的第二个逻辑控制语句：If 函数，并且围绕 If 函数介绍了 Range（单元格）对象的简单用法、在工作表中删除整行数据时的注意事项，以及使用 Exit For 语句退出 For 循环等内容。在学完本书的前 3 章后，读者可以利用 For 循环和 If 函数解决大部分的单元格取值问题。

　　第 4 章，正式引入 VBA 中对象的概念。本章介绍了 Worksheets（工作表）对象和 Sheets（表）对象的主要方法与属性，以及 Application（主程序）对象的 DisplayAlerts（报警显示）属性。本章内容能够使读者对 VBA 中的对象、方法和属性有一个初步认识。

第 5 章，介绍了 Workbooks（工作簿）对象的主要方法和属性，以及 For Each 循环的使用方法。在学完本章后，读者能够掌握跨表、跨文件操作数据的基本方法。

第 6 章，介绍了 Range（单元格）对象的主要方法和属性，以及用于获取工作表最后一行数据行号的固定表达式。

第 7 章，在继续介绍 Range 对象的同时，还介绍了如何优化和改良编写的 VBA 代码，如何使用 Range 对象的筛选方法代替 For 循环以提高代码的执行效率，以及如何使用 MsgBox 函数和 InputBox 函数提高代码的互动性等。

第 8 章，介绍了 VBA 中的事件和事件的调用，以及工作表和工作簿中常用的事件，还介绍了 With 语句的用法。从本章开始，读者会逐渐意识到，编写 VBA 代码时，Sub 和 End Sub 并非只限定了 VBA 代码的书写范围，它们还有更深层次的含义。

第 9 章，主要介绍了 VBA 中的两类函数：工作表函数和 VBA 函数。工作表函数是指在 Excel 中原本就存在的函数，这类函数的功能和使用方法与 Excel 中的基本一致；而 VBA 函数是仅存在于 VBA 中的函数，Excel 无法直接调用。本章还介绍了中止编辑器报错的方法。

第 10 章，介绍了 VBA 的自定义函数和带参数的过程，以及如何把编写的 VBA 过程添加到 Excel 的加载宏中。通过前 10 章的学习，读者会对 VBA 代码的结构有比较清晰的认识，并且具备利用 VBA 解决大多数 Excel 数据问题的能力。

第 11 章，介绍了 Dir 函数的使用方法，以及如何使用关键字 Set 将对象赋值给变量、Range 对象的 Find 方法等。

第 12 章，介绍了 VBA 中数组的使用方法，以及如何利用 Timer 函数计算代码的执行时间、如何使用 GoTo 语句退出循环等。

第 13 章，介绍了 ActiveX 控件的属性和事件。

第 14 章，介绍了 VBA 中窗体的相关知识。通过第 13 章和第 14 章的学习，读者将具备使用 VBA 创建系统前台界面并编写相关代码的能力。

第 15 章，介绍了 VBA 中的各种用户信息交互函数，以便让用户在使用 VBA 编写的各种宏和工具时，拥有更好的使用体验。

第 16 章，介绍了 VBA 中的 ADO 对象。

第 17 章，介绍了 VBA 的几种常用自学方法。

第 18 章，简单介绍了类模块的部分知识，让读者对类模块有个大致了解，并对 VBA 的整个知识体系加深认识。本章还介绍了 VBA 中 Do-While 循环的使用方法。

第 19 章，介绍了如何利用字典去除数据中的重复值，以及如何利用窗体和控件合理创建用户界面。

第 20 章，完成商品收银系统用户界面的创建工作，并将完成的用户界面与后台的 Access 数据库进行关联，最终得到一个完整的 C/S 架构的小型系统。

本书目标读者

VBA 零基础人员。

日常工作中需要频繁接触 Excel 并且需要操作大量数据的人员，如财务人员、销售人员和采购人员等。通过对本书的系统学习，他们可以利用 VBA 大幅提高工作效率。

就职于公司信息部、需要为公司其他人员解决 Excel 难题的运维人员。利用 VBA 为他人解决问题的最大优势在于无须教会他人解题的思路和步骤，只需要将编写好的宏或绑定了宏的其他控件交给他人使用。

希望尝试自主开发但又未能系统学习其他编程语言的 IT 从业人员。相比其他编程语言，VBA 的学习门槛更低、使用自由度更大、对新手更加友好。

致　谢

　　河北师范大学软件学院采用"校企合作"的办学模式。在课程体系设计方面，与市场接轨；在教师配备方面，大量聘用来自企业一线的工程师；在教材和实验手册建设方面，结合国内优秀教材的知识体系，大胆创新，开发了一系列理论与实践相结合的教材（本书即是其中一本）。在学院新颖模式的培养下，百余名学生进入知名企业实习，有的已签订就业合同，得到了用人企业的广泛认可。这些改革成果的取得，不仅要感谢河北师范大学校长蒋春澜教授的大力支持和鼓励，还要感谢河北师范大学校党委对这一办学模式的肯定与关心。

　　借此机会对河北师范大学数信学院院长邓明立教授，软件学院副院长赵书良教授和李文斌副教授表示感谢，他们为本书的写作提供了良好的环境，为本书内容的教学实践"保驾护航"，同时还为本书提供了大量案例和建议。感谢河北师范大学软件学院教学团队的每一位成员，以及河北师范大学软件学院每一位学生热情的帮助和支持。

　　最后，感谢作者的家人在本书创作过程中给予的支持与理解。

资源与支持

本书由异步社区出品，社区（https://www.epubit.com/）为您提供相关资源和后续服务。

配套资源

本书提供如下资源：
- 本书源代码；
- 书中图片的彩色版文件。

要获得以上配套资源，请在异步社区本书页面中点击 配套资源 ，跳转到下载界面，按提示进行操作即可。注意：为保证购书读者的权益，该操作会给出相关提示，要求输入提取码进行验证。

如果您是教师，希望获得教学配套资源，请在社区本书页面中直接联系本书的责任编辑。

提交勘误

作者和编辑尽最大努力来确保书中内容的准确性，但难免会存在疏漏。欢迎您将发现的问题反馈给我们，帮助我们提升图书的质量。

当您发现错误时，请登录异步社区，按书名搜索，进入本书页面，点击"提交勘误"，输入勘误信息，点击"提交"按钮即可。本书的作者和编辑会对您提交的勘误进行审核，确认并接受后，您将获赠异步社区的 100 积分。积分可用于在异步社区兑换优惠券、样书或奖品。

扫码关注本书

扫描下方二维码，您将会在异步社区微信服务号中看到本书信息及相关的服务提示。

与我们联系

我们的联系邮箱是 contact@epubit.com.cn。

如果您对本书有任何疑问或建议，请您发邮件给我们，并请在邮件标题中注明本书书名，以便我们更高效地做出反馈。

如果您有兴趣出版图书、录制教学视频，或者参与图书翻译、技术审校等工作，可以发邮件给我们；有意出版图书的作者也可以到异步社区在线提交投稿（直接访问 www.epubit.com/selfpublish/submission 即可）。

如果您是学校、培训机构或企业，想批量购买本书或异步社区出版的其他图书，也可以发邮件给我们。

如果您在网上发现有针对异步社区出品图书的各种形式的盗版行为，包括对图书全部或部分内容的非授权传播，请您将怀疑有侵权行为的链接发邮件给我们。您的这一举动是对作者权益的保护，也是我们持续为您提供有价值的内容的动力之源。

关于异步社区和异步图书

"异步社区"是人民邮电出版社旗下 IT 专业图书社区，致力于出版精品 IT 技术图书和相关学习产品，为作译者提供优质出版服务。异步社区创办于 2015 年 8 月，提供大量精品 IT 技术图书和电子书，以及高品质技术文章和视频课程。更多详情请访问异步社区官网 https://www.epubit.com。

"异步图书"是由异步社区编辑团队策划出版的精品 IT 专业图书的品牌，依托于人民邮电出版社近 30 年的计算机图书出版积累和专业编辑团队，相关图书在封面上印有异步图书的 LOGO。异步图书的出版领域包括软件开发、大数据、AI、测试、前端、网络技术等。

异步社区

微信服务号

目　录

第1章

认识 VBA

VBA（Visual Basic for Application）是一种基于 Visual Basic 的宏编程语言。

微软公司开发 VBA 的初衷是扩展 Windows 应用程序，尤其是 Microsoft Office 系列办公软件的功能。因此，VBA 的存在，为 Office 增添了无限的可能。VBA 不但可以简化办公软件中的复杂工作，减少不必要的重复操作，大幅提高工作效率，而且能为 Excel 或者其他 Office 应用程序添加很多特色各异的小程序，极大地丰富 Office 的功能。

此外，虽然必须依附其他应用程序，但是 VBA 的开发功能依旧很强大。搭配 Excel 或者 Access 数据库，VBA 能够开发出一套完整的、C/S 架构的系统，而且学习门槛极低。因此，可以说 VBA 为业余编程爱好者敞开了系统开发的大门。

为了让广大 Office Excel 用户能够享受 VBA 带来的种种便利，也为了让更多的编程爱好者通过 VBA 进入系统开发的世界，本书将以实践驱动理论的形式，通过 92 个案例，抽丝剥茧、层层递进地介绍 VBA 的各个方面。

本章将介绍以下内容：

○ VBA 概述；
○ 如何在 Excel 中打开 VBA；
○ 如何在 Excel 中输入并执行一段 VBA 代码；
○ VBA 中的 For 循环。

1.1 VBA 概述

由于 VBA 基于 VB（Visual Basic）发展而来，因此，从语言结构上而言，VBA 可被视为 VB 的子集，二者语法结构一样，开发环境高度相似。不同之处在于，VB 拥有独立的开发环境和编译系统，无须依附于其他应用程序；而 VBA 无法独立运行，必须依附于某一个主应用程序，如 Word、Excel、Access 等。

这种依附关系使得 VBA 与主应用程序之间的通信变得简单而高效。例如，编写 VBA 代码访问和操作 Excel 中的数据，大部分情况下直接指定对象即可实现访问和操作，无须设定文件路径、环境变量和其他参数。

各个 Office 应用程序都提供了录制宏功能，这意味着在编写某个具体操作的 VBA 代码时，若遇到阻碍，除可以翻阅相关资料以外，还可以通过录制宏获取所需的代码。这大大降低了 VBA 的学习难度，也为后续深入学习提供了便利。

由于 VBA 可在各个 Office 应用程序中通用，因此掌握了如何在 Excel 中运用 VBA，就同时具备了在 Word、Access 和 PowerPoint 中使用 VBA 的能力。

作为 Visual Basic 的子集，VBA 同样继承了可视化（visual）编程形式。换言之，在利用 VBA 进行程序开发时，可以随时、随意地调整用户界面的图像、大小和颜色等。这与某些编程语言需要编写代码来处理用户界面截然不同。VBA 提供了窗体和插件等可视化设计工具，程序员只需要根据需求"画出"用户界面的布局和各种图形，并设置相关属性。这种设计至少减少开发过程中 50% 的工作量，程序员不必再为设计用户界面编写大量代码，也不必一定要等到程序执行时才能看到界面效果，对界面不满意时，不必返回代码中进行修改。这是 VBA 作为一种编程语言，学习门槛极低、使用自由度极高的重要原因。

1.2 如何在 Excel 中打开 VBA

VBA 必须依附于某个主应用程序，无法直接在 Windows 系统中打开。那么，如何在 Excel 中打开 VBA 呢？

以 Office Excel 2016 为例，如果第一次使用 VBA，那么需要单击 Excel 功能区中"文件"标签下的"选项"按钮，打开"Excel 选项"对话框，然后选中"自定义功能区"，在右侧"主选项卡"中的"开发工具"前打"√"，如图 1-1 所示。

图 1-1 "Excel 选项"对话框

在设置完成后，单击"确定"按钮，此时 Excel 功能区中会增加一个"开发工具"标签。单击"开发工具"标签，可以看到一组如图 1-2 所示的按钮。

图 1-2 "开发工具"标签下的按钮

这组按钮最左侧为"Visual Basic"，单击该按钮，即可弹出图 1-3 所示的 VBA 编辑器。

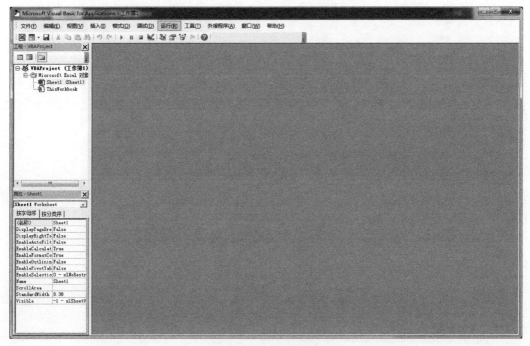

图 1-3　VBA 编辑器

小贴士：在 VBA 编辑器的"视图"菜单中，可以选择打开或关闭各种窗口、浏览器和管理器，其中常用的是"工程资源管理器"和"属性窗口"。我们可将"工程资源管理器"和"属性窗口"分上下置于编辑器的左侧，以便随时查看和使用。

在其他版本的 Excel 和其他 Office 应用程序中，打开 VBA 的方法与上述方法类似。

下节将通过案例 01 介绍如何在 VBA 中执行一段代码，并了解 VBA 过程代码的结构，以及逻辑控制语句——For 循环。

1.3　案例 01：新增 100 张工作表

以 Excel 2016 为例，如果要在工作簿中新增一张工作表，那么，首先使用鼠标右键单击工作簿左下角的"Sheet1"标签，然后单击"插入"，即可弹出图 1-4 所示的窗口。先选择窗口中的"工作表"，再单击"确定"按钮，即可添加一张工作表。

当然，也可通过单击"Sheet1"标签旁的加号快速新增一张工作表。但是，如果要新增 100 张工作表，上述两种方式似乎都无法快速完成。那么，本书的案例 01 就来介绍如何使用 VBA 快速新增 100 张工作表。

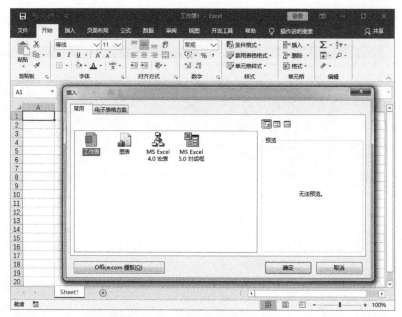

图 1-4　在工作簿中新增一张工作表

1.3.1　案例解析

在编写 VBA 代码之前，首先要在编辑器中创建一个模块，步骤如下：右键单击"工程资源管理器"，先选择"插入"，再选择"模块"，如图 1-5 所示，即可在编辑器中插入一个模块。

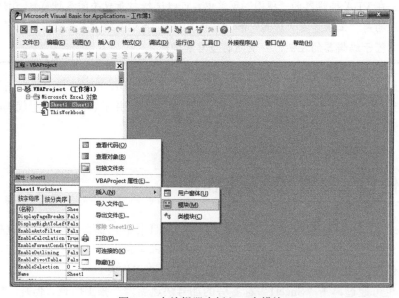

图 1-5　在编辑器中插入一个模块

插入模块后，编辑器会打开一个代码窗口，如图 1-6 所示。编辑器中可同时存在多个模块，在模块的代码窗口中，可以编写和执行 VBA 代码。

在代码窗口中，输入新增 100 张工作表的代码（详见 1.3.2 节），然后单击图 1-7 中的"执行"图标按钮。

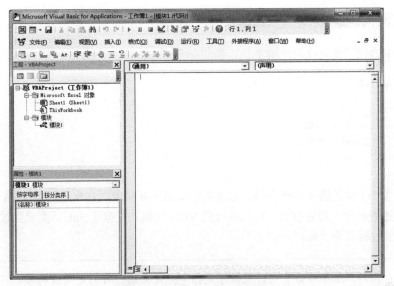

图 1-6　模块 1 的代码编辑窗口

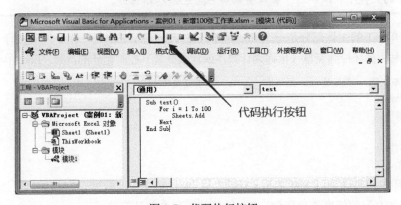

图 1-7　代码执行按钮

如果代码存在错误，那么单击"执行"图标按钮时会弹出错误提示；如果代码能够正确执行，则不会弹出提示。

单击"执行"图标按钮后，切换回 Excel，可以看到 VBA 已经为工作簿新增了 100 张工作表，如图 1-8 所示。案例 01 完成。

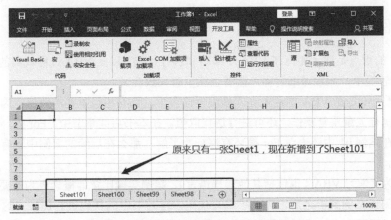

图 1-8　使用 VBA 代码增加了 100 张工作表

1.3.2　案例代码

图 1-7 中的代码详见代码清单 1-1。

代码清单 1-1

```
Sub test()
    For i = 1 To 100
        Sheets.Add
    Next
End Sub
```

代码清单 1-1 以关键字 Sub 开始，以关键字 End Sub 结束，这也是所有 VBA 过程代码的统一结构。**过程**是指一段完整的、可以执行的 VBA 代码。关键字 Sub 后面紧跟过程名，如代码清单 1-1 的过程名为"test"。

　　小贴士：在计算机编程语言中，关键字是指事先定义的、有固定用法的标识符，也称为保留字。VBA 的关键字在编辑器中会被自动标为蓝色，以示区分。

代码清单 1-1 的主体部分是一个 For 循环。在 VBA 中，For 循环用于重复执行一行或多行代码，并且利用循环控制变量（也称为计数器或计数变量）控制循环的次数。For 循环的语法为：

```
For 计数变量 = 起始值 to 结束值 [ step 步长值 ]
    动作 1
    动作 2
    ……
    动作 N
Next
```

For 循环的代码结构以关键字 For 开始，以 Next 结束。计数变量在起始值至结束值之间、按步长值（如有）的幅度依次取值。For 循环的循环次数计算公式为：

```
循环次数 = （计数变量的结束值 - 计数变量的起始值 + 1） / 步长值
```

在代码清单 1-1 中，For 循环的计数变量 i 取值范围为 1 至 100，且没有设置步长值，那么步长值取默认值 1，计算可得代码清单 1-1 中 For 循环的循环次数为 100 次。循环体中的代码"Sheets.Add"表示新增一张工作表，因此整个 For 循环表示新增了 100 张工作表。

1.3.3　案例小结

案例 01 的重点是展示如何在 VBA 中编写和执行代码，以及 VBA 过程代码的结构。案例 01 的代码比较简单，无须详细解释，读者也能了解大致含义。

For 循环无论是在 VBA 中还是在其他编程语言中，都有相当重要的地位，因为 For 循环可用于快速执行大量重复操作，还可进行迭代取值。在本书后续章节中，For 循环的出镜率相当高，如果在案例 01 中还未对 For 循环有深刻的了解，那么在后续的案例中还有很多学习和练习的机会。

作者认为，学习 VBA（也包括其他编程语言），**案例实操**比背诵概念更为重要，因此希望读者能够在阅读案例解析之后，先动手编写代码，再与书中的代码进行比较。这种学习方式可以让学习过程不会太枯燥，还能有效提升代码编写能力，并加深对相关概念的理解。

第 2 章

利用录制宏与 For 循环处理重复操作

本章涉及的概念性内容较多，包括**关键字、变量、宏按钮、宏安全性**等。同时，本章还包括以下主要内容：

- ○ 录制宏；
- ○ 绝对引用和相对引用；
- ○ For 循环；
- ○ 修改录制的宏代码。

学完以上内容后，读者即可利用录制宏与 For 循环解决工作和学习中需要大量重复操作的问题。从本章开始，请读者务必跟随本书动手编写每一段代码，以求快速和牢固地掌握与理解每个知识点。

2.1 案例 02：对不同工作表执行相同操作

本书附带的"案例资料"中含有学习案例时需要用到的 Excel 文件，案例 02 对应的 Excel 文件为"案例 02：对不同工作表执行相同操作.xls"。打开该文件，可以得到图 2-1 所示的多张工作表。

	A	B	C	D	E	F	G	H	I	J	K
1	订购日期	发票号	销售部门	销售人员	工单号	ERPCO号	所属区域	产品类别	数量	金额	成本
2	2007/3/21	H00012769	三科	刘辉	A12-086	C014673-004	苏州	宠物用品	16	19,269.69	18,982.85
3	2007/4/28	H00012769	三科	刘辉	A12-087	C014673-005	苏州	宠物用品	40	39,465.17	40,893.08
4	2007/4/28	H00012769	三科	刘辉	A12-088	C014673-006	苏州	宠物用品	20	21,015.94	22,294.09
5	2007/5/31	H00012769	三科	刘辉	A12-089	C014673-007	苏州	宠物用品	20	23,710.26	24,318.37
6	2007/6/13	H00012769	三科	刘辉	A12-090	C014673-008	苏州	宠物用品	16	20,015.07	20,256.69
7	2007/7/16	H00012769	三科	刘辉	A12-091	C014673-009	苏州	宠物用品	200	40,014.12	43,537.56
8	2007/9/14	H00012769	三科	刘辉	A12-092	C014673-010	苏州	宠物用品	100	21,423.95	22,917.34
9	2007/10/19	H00012769	三科	刘辉	A12-093	C014673-011	苏州	宠物用品	200	40,014.12	44,258.36
10	2007/11/20	H00012769	三科	刘辉	A12-095	C014673-012	苏州	宠物用品	400	84,271.49	92,391.15
11	2007/3/21	H00012769	三科	刘辉	A12-095	C014673-013	常熟	宠物用品	212	48,705.66	51,700.03
12	2007/4/28	H00012769	三科	刘辉	A12-096	C014673-014	常熟	宠物用品	224	47,192.03	50,558.50
13	2007/4/28	H00012769	三科	刘辉	A12-097	C014673-015	常熟	宠物用品	92	21,136.42	22,115.23
14	2007/5/31	H00012769	三科	刘辉	A12-098	C014673-016	常熟	宠物用品	100	27,499.51	30,712.18
15	2007/6/13	H00012769	三科	刘辉	A12-101	C014673-019	常熟	宠物用品	140	29,993.53	32,726.66

1月 2月 3月 4月 5月 6月 ⊕

图 2-1　案例 02 对应的 Excel 文件

本案例要求对工作簿中的所有工作表依次进行如下操作：

- ○ 删除 C、D、E 三列；
- ○ 将"金额"列拖动至"订购日期"列的右侧；
- ○ 筛选出"数量"列中大于 200 的行。

2.1.1 案例解析

因为案例 02 需要对多张工作表进行重复操作，所以可以考虑先操作一张工作表，并把操作的过程录制成宏，再在其他工作表上执行宏。

在 Excel 中，一个**宏**（Macro）其实就是一个 VBA 过程，只不过 VBA 过程是一段完整的 VBA 代码，而宏被具体成一个单独的命令。宏的作用与过程一样，可以按照一系列预定义规则完成一个指定的任务。

Excel 的录制宏功能可将一组操作或者完成某项任务的步骤录制下来，转换为 VBA 过程代码，并形成宏命令，以便再次执行。

单击 Excel 功能区的"开发工具"标签中的"录制宏"按钮，会弹出图 2-2 所示的"录制宏"对话框。

图 2-2 中的"宏名"可以根据实际需要填写，也可以使用默认名字，如"宏 1"。其他选项可不用设置，直接单击下方的"确定"按钮。此时，"开发工具"标签中的"录制宏"按钮会变成"停止录制"按钮，如图 2-3 所示。从此刻起，所有在 Excel 中的动作都会被录制下来，直至单击"停止录制"按钮，录制结束。

图 2-2 "录制宏"对话框

图 2-3 "录制宏"按钮变成了"停止录制"按钮

根据案例 02 的要求，在录制宏的状态下，在"1 月"工作表中进行如下操作：

○ 选中 C、D、E 三列，右键单击并选择"删除"；

○ 选中"金额"列，将鼠标光标移至列边框上，当光标从十字方块变成十字箭头时，按住 Shift 键将其拖动至"订购日期"列的右侧；

○ 选中"数量"列，单击工具栏上的"筛选"按钮，然后单击"数量"列的倒三角形打开下拉菜单，选择"数字筛选"，接着单击"大于(G)"，在弹出框中"大于"的后面输入数字 200，最后单击"确定"按钮。

完成以上所有操作后，单击"停止录制"按钮。

打开"2 月"工作表，在"开发工具"标签中单击"宏"按钮，会弹出图 2-4 所示的对话框，在"宏名"选项框中选中"宏 1"（或自定义的其他宏名），单击"执行"按钮。

在"2 月"工作表中执行"宏 1"后，效果如图 2-5 所示，符合本案例要求。在其他工作表中，执行"宏 1"也会有同样的效果。案例 02 完成。

图 2-4 "宏"对话框

	A	B	C	D	E	F	G	H
1	订购日期	金额	发票号	ERPCO号	所属区域	产品类别	数量	成本
10	2007/11/20	84,271.49	H00012769	C014673-012	宠物用品	宠物用品	400	92,391.15
11	2007/3/21	48,705.66	H00012769	C014673-013	常熟	宠物用品	212	51,700.03
12	2007/4/28	47,192.03	H00012769	C014673-014	常熟	宠物用品	224	50,558.50
23	2007/4/28	67,654.58	H00012792	C015960-001	苏州	宠物用品	4000	35,420.34
32	2007/11/30	5,364.89	H00012768	C015051-001	苏州	彩盒	640	626.80
33	2007/11/30	2,719.54	H00012768	C015052-001	苏州	彩盒	260	2,444.01
40	2007/11/30	3,685.39	H00012768	C015049-001	苏州	睡袋	360	3,299.40
41	2007/11/30	32,776.86	H00012775	C014996-001	苏州	睡袋	240	34,040.29
44	2007/12/12	34,201.17	H00012775	C015002-001	苏州	睡袋	240	27,526.63
47	2007/5/31	46,040.72	H00012775	C015018-001	常熟	宠物用品	240	36,140.10
49	2007/7/16	24,070.79	H00012775	C015020-001	常熟	宠物用品	260	21,964.92
59	2007/11/30	14,020.52	H00012775	C015043-001	常熟	彩盒	210	9,550.24
61	2007/11/30	4,237.31	H00012775	C015045-001	常熟	彩盒	240	4,373.98
62	2007/11/30	4,237.31	H00012775	C015046-001	常熟	彩盒	240	4,374.19
68	2007/11/30	3,856.01	H00012775	C015057-001	常熟	暖靴	460	3,454.60
77	2007/5/31	98,735.62	H00012792	C015012-001	苏州	睡袋	420	95,163.20
91	2007/7/16	35,830.22	H00012792	C015001-001	常熟	睡袋	300	32,115.05
93	2007/10/19	9,269.12	H00012792	C015298-001	常熟	睡袋	525	9,585.52
94	2007/11/20	9,269.12	H00012792	C015298-002	常熟	睡袋	525	9,616.95
95	2007/7/19	7,944.96	H00012792	C015298-003	昆山	睡袋	450	8,179.11
96	2007/8/22	4,696.36	H00012792	C015048-001	昆山	睡袋	266	4,870.95
97	2007/9/18	4,696.36	H00012792	C015048-002	昆山	睡袋	266	4,871.19
98	2007/10/22	4,025.45	H00012792	C015048-003	昆山	睡袋	228	4,174.36
99	2007/11/27	3,353.06	H00012792	C015646-001	昆山	睡袋	400	388.00
100	2007/12/12	48,012.49	H00012798	C015300-001	昆山	睡袋	402	44,429.38
101	2007/11/18	6,698.69	H00012798	C016052-001	昆山	睡袋	700	7,221.62
103	2007/7/19	57,830.87	H00012810	C015436-001	苏州	睡袋	246	55,992.58

1月　2月　3月　4月　5月　6月 …　⊕

图2-5　在"2月"工作表上执行宏1的结果

注意，只有当工作表格式与"1月"工作表完全一致时，"宏1"的执行结果才能确保正确，这也是录制的宏在执行时必须满足的先决条件。例如，在"4月"工作表的最左侧插入一个空白列，使之与"1月"工作表的格式出现差异，如图2-6所示。

	A	B	C	D	E	F	G	H	I	J	K	L
1		订购日期	发票号	销售部门	销售人员	工单号	ERPCO号	所属区域	产品类别	数量	金额	成本
2		2007/3/21	H00012769	三科	刘辉	A12-086	C014673-004	苏州	宠物用品	16	19,269.69	18,982.85
3		2007/4/28	H00012769	三科	刘辉	A12-087	C014673-005	苏州	宠物用品	40	39,465.17	40,893.08
4		2007/4/28	H00012769	三科	刘辉	A12-088	C014673-006	苏州	宠物用品	20	21,015.94	22,294.09
5		2007/5/31	H00012769	三科	刘辉	A12-089	C014673-007	苏州	宠物用品	20	23,710.26	24,318.37
6		2007/6/13	H00012769	三科	刘辉	A12-090	C014673-008	苏州	宠物用品	16	20,015.07	20,256.69
7		2007/7/16	H00012769	三科	刘辉	A12-091	C014673-009	苏州	宠物用品	200	40,014.12	43,537.56
8		2007/9/14	H00012769	三科	刘辉	A12-092	C014673-010	苏州	宠物用品	100	21,423.95	22,917.34
9		2007/10/19	H00012769	三科	刘辉	A12-093	C014673-011	苏州	宠物用品	200	40,014.12	44,258.36
10		2007/11/20	H00012769	三科	刘辉	A12-094	C014673-012	苏州	宠物用品	400	84,271.49	92,391.15
11		2007/3/21	H00012769	三科	刘辉	A12-095	C014673-013	常熟	宠物用品	212	48,705.66	51,700.03
12		2007/4/28	H00012769	三科	刘辉	A12-096	C014673-014	常熟	宠物用品	224	47,192.03	50,558.50
13		2007/4/28	H00012769	三科	刘辉	A12-097	C014673-015	常熟	宠物用品	92	21,136.42	22,115.23
14		2007/5/31	H00012769	三科	刘辉	A12-098	C014673-016	常熟	宠物用品	100	27,499.51	30,712.18
15		2007/6/13	H00012769	三科	刘辉	A12-101	C014673-019	常熟	宠物用品	140	29,993.53	32,726.66
16		2007/9/14	H00012774	三科	刘辉	A11-155	C015084-001	常熟	宠物用品	108	34,682.76	35,758.97
17		2007/9/14	H00012774	三科	刘辉	A11-156	C015084-002	常熟	宠物用品	72	12,492.95	11,098.92
18		2007/10/19	H00012774	三科	刘辉	A12-083	C015084-001	常熟	宠物用品	32	30,449.31	29,398.00
19		2007/11/20	H00012774	三科	刘辉	A12-084	C014673-002	常熟	宠物用品	12	12,125.30	11,641.51
20		2007/3/23	H00012774	三科	刘辉	A12-085	C014673-003	苏州	宠物用品	20	22,920.96	22,707.05

1月　2月　3月　4月　5月　6月　⊕

图2-6　在"4月"工作表的最左侧插入一个空白列

然后，在"4月"工作表上，执行"宏1"，就会出现错误的结果。

小贴士：使用宏执行的操作无法被撤回，因此，在工作表中使用宏执行操作时，一定要提前做好备份，以便在出现错误结果后能够使用备份文件还原数据。

2.1.2 案例代码

本案例的代码暂时不需要详细解读，读者只需要知道如何在 Excel 中找到录制的宏代码。在 Excel 的"开发工具"标签中，单击"Visual Basic"，打开编辑器，然后双击"工程资源管理器"中的"模块 1"，"宏 1"的代码会显示在"模块 1"的代码窗口中，如图 2-7 所示。

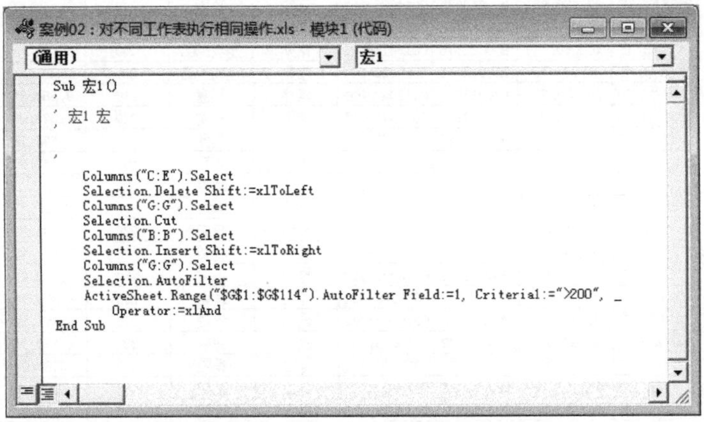

图 2-7 "宏 1"的 VBA 代码

如果"工程资源管理器"中有多个模块，那么最后录制的宏代码一般被保存在最后一个模块中；如果模块中有多个过程（多段 VBA 代码），那么过程名与宏名相同的代码就是录制的宏代码。

图 2-7 中的代码就是案例 02 所需的代码，详见代码清单 2-1。

代码清单 2-1

```
Sub 宏 1()
    Columns("C:E").Select
    Selection.Delete Shift:=xlToLeft
    Columns("G:G").Select
    Selection.Cut
    Columns("B:B").Select
    Selection.Insert Shift:=xlToRight
    Columns("G:G").Select
    Selection.AutoFilter
    ActiveSheet.Range("$G$1:$G$114").AutoFilter Field:=1, Criteria1:=">200",
        Operator:=xlAnd
End Sub
```

2.1.3 案例小结

本案例引入了宏的概念，还介绍了如何在 Excel 中录制宏、如何执行宏，以及如何在 Visual Basic 编辑器中找到录制的宏代码等。

通过本案例，读者还应了解，虽然通过录制宏可以对不同的工作表进行相同的操作，但是必须保证不同工作表的格式一致。因此，在 VBA 的学习和使用过程中，录制宏往往并非解决问题的最终方法，而是获取解决问题所需代码的手段。

2.2 案例 03：标记 2020 年所有周日

案例 03 要求先在工作表的一列中输入"2020 年 1 月 1 日"至"2020 年 12 月 31 日"，如图 2-8 所示，再用深色填充色将所有是周日的日期标记出来。

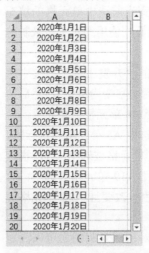

图 2-8　2020 年全年的日期

2.2.1 案例解析

如果使用键盘和鼠标，那么，首先需要找到 2020 年的第一个周日，也就是 2020 年 1 月 5 日，并将该日期的单元格的填充色改成深色，然后每隔 6 个单元格改一次填充色，重复操作，直至 2020 年所有的周日被标记。

既然本案例需要执行大量重复操作，那么可以考虑使用录制宏。在录制宏之前，先介绍绝对引用和相对引用的概念。

宏执行的操作一定会在录制时选中的单元格或区域中进行，这被称为**绝对引用**。例如，在绝对引用下，开始录制宏，然后选中 A1 单元格，改变其填充色，停止录制。在其他任意工作表上执行该宏，A1 单元格都会被选中并改变填充色。

但是，绝对引用仅针对选中操作。如果录制过程中没有选中操作，那么绝对引用将不起作用。还是以改变单元格填充色为例，在录制开始前，首先选中某个单元格；然后，开始录制宏；接着，改变单元格填充色；最后，停止录制。在执行宏时，我们会发现，选中任意工作表的任意单元格都能改变其填充色。对于以上操作，建议读者亲自测试并验证，以加深理解。

录制宏的另一种引用方式为相对引用。**相对引用**是指宏记录的并非操作单元格或区域的具体位置，而是单元格或区域的位置变化。在 Excel 的"开发工具"标签中，"录制宏/停止录制"按钮的下方就是"使用相对引用"按钮，如图 2-9 所示。

针对案例 03，我们可以分别使用绝对引用和相对引用录制宏，看看得到的宏有何区别。

先使用绝对引用。首先，选中 2020 年的第一个周日，也就是"2020 年 1 月 5 日"所在的 A5 单元格，然后开始录制宏，改变 A5 单元格的填充色，接着选中下一个周日，也就是"2020 年 1 月 12 日"所在的 A12 单元格，停止录制。

图 2-9　"使用相对引用"按钮

执行得到的宏，其效果为改变当前选中单元格的填充色，然后选中 A12 单元格。很明显，使用绝对引用录制的宏无法满足案例 03 的要求。

再使用相对引用。在功能区的"开发工具"标签中选中"使用相对引用"按钮（选中后文字变为深色），然后选中 A5 单元格，开始录制宏，改变 A5 单元格的填充色，选中 A12 单元格，停止录制。重新选中 A5 单元格并执行宏，A5 单元格的填充色被改变且 A12 单元格被选中；再次执行宏，A12 单元格的填充色被改变且 A19 单元格被选中；第三次执行宏，A19 单元格的填充色被改变且 A26 单元格被选中……如图 2-10 所示。

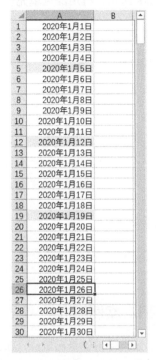

由此可知，本案例中使用相对引用录制的宏可以改变当前选中单元格的填充色，并将光标下移 7 个单元格。因此，只要选中 A5 单元格（2020 年的第一个周日），并将该宏执行足够多次数，就能将 2020 年所有的周日标记出来。

但是，将所有周日都标记出来，需要将宏执行 50 次以上，工作量依然很大。为了提高工作效率，可将录制的宏代码嵌入 For 循环，以此来代替手动执行宏。打开 Visual Basic 编辑器，在模块中找到使用相对引用录制的宏代码，如图 2-11 所示。

图 2-10　使用相对引用录制的宏可改变当前单元格的填充色并下移 7 个单元格

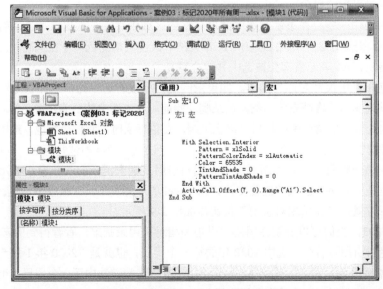

图 2-11　使用相对引用录制的宏代码

为了便于区分和修改，建议重新创建一个过程，可将其命名为"标记"或其他符合 VBA 规则的过程名，并将图 2-11 中"宏 1"过程的主体部分复制到该过程中，如图 2-12 所示。

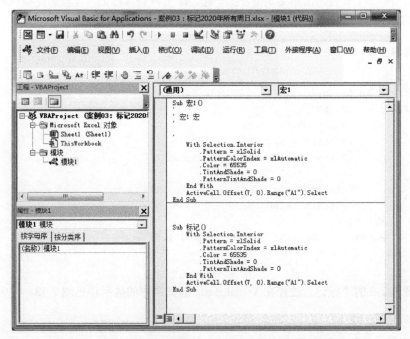

图 2-12　创建一个新的过程，并将录制得到的代码复制至其中

现在"标记"过程的执行效果为：修改当前选中单元格的填充色，然后使鼠标光标下移 7 个单元格。该执行效果与录制得到的"宏 1"相同。

因为 2020 年一共有 52 个周日，所以需要将"标记"过程的主体部分嵌入 For 循环执行 52 次，那么计数变量的取值范围应设为 1～52。For 循环的代码详见代码清单 2-2。

代码清单 2-2

```
For i = 1 To 52
……
Next
```

小贴士：编写 VBA 代码时，可不区分大小写，编辑器会根据需要自动转换，如将代码中的 for 自动转换为 For，将 next 自动转换为 Next。

虽然默认情况下 Visual Basic 编辑器不要求在代码中事先定义变量，但是为了增加代码的可读性，也为了避免错误，编写代码时应养成定义变量的好习惯。**定义变量**是指在使用变量前先声明其数据类型，而未被定义的变量，其数据类型是不确定的，因此，在使用时编辑器无法为其提供足够多的信息支持。

根据使用环境可知，For 循环中的计数变量 i 的类型为整数型，因此，可在过程中增加一行代码，将变量 i 的数据类型定义为整数型：

```
Dim i As Integer
```

2.2.2 案例代码

将代码清单 2-1 和代码清单 2-2 整合到一起,即可得到"标记"过程的完整代码,如代码清单 2-3 所示。

代码清单 2-3

```
Sub 标记()
    Dim i As Integer
    For i = 1 To 52
        With Selection.Interior
            .Pattern = xlSolid
            .PatternColorIndex = xlAutomatic
            .Color = 65535
            .TintAndShade = 0
            .PatternTintAndShade = 0
        End With
        ActiveCell.Offset(7, 0).Range("A1").Select
    Next
End Sub
```

代码清单 2-3 的"标记"过程在 Visual Basic 编辑器中的显示详见图 2-13。

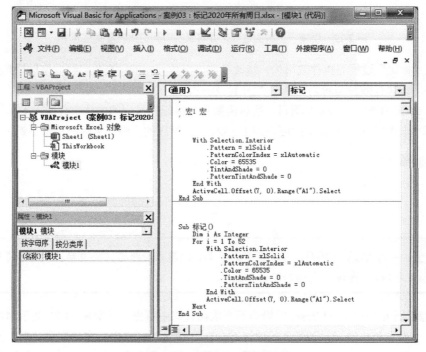

图 2-13 "标记"过程代码

切换至 Excel 程序,选中工作表的 A5 单元格(即 2020 年 1 月 5 日),然后在"宏"对话框中选中"标记"宏,并单击"执行"按钮,如图 2-14 所示。

执行"标记"宏后,工作表中 2020 年所有周日对应的日期均会被标记,如图 2-15 所示。

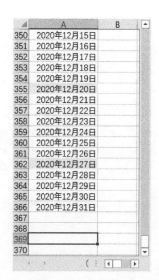

图 2-14 执行"标记"宏　　　　　　　图 2-15 所有周日对应的日期均被标记

注意，在执行"标记"宏之前，必须先选中 A5 单元格，再执行宏。

2.2.3 案例小结

本案例"复习"了录制宏和 For 循环，重点介绍了绝对引用和相对引用，以及如何对录制的宏代码进行修改。

本案例的"标记"宏还遗留了一个小问题，如果在执行宏之前没有正确选择起始单元格（A5 单元格），执行结果就会出现错误。这个问题的解决方法将在后续章节中介绍。

2.3 案例 04：生成工资条

案例 04 的资料文件"案例 04：工资表改工资条.xls"为某公司某月的工资表，如图 2-16 所示。

	A	B	C	D	E	F	G	H	I	J	K	L
1	姓名	工号	月基本薪资	加其他	应付工资	事假扣款	缺勤扣款	应发工资小计	个人承担的公积金	所得税	实发数	邮箱
2	汪梅	SU1001	6300	47.93	6347.93	0.00	3884.36	2463.57	0	0	2463.57	SU1001@████.com
3	郭磊	SU1002	6300		6300	0.00	0.00	6300.00	0	152.39	6147.61	SU1002@████.com
4	林涛	SU1003	600		600	0.00	0.00	600.00	0	0	600.00	SU1003@████.com
5	朱健	SU1004	2400		2400	0.00	0.00	2400.00	100	0	2300.00	SU1004@████.com
6	李明	SU1005	2000	32.02	2032.02	0.00	1233.13	798.89	0	0	798.89	SU1005@████.com
7	王建国	SU1006	3000		3000	0.00	0.00	3000.00	100	0	2900.00	SU1006@████.com
8	陈玉	SU1007	4000		4000	1802.15	0.00	2197.85	100	0	2097.85	SU1007@████.com
9	张华	SU1008	1800		1800	0.00	488.65	1311.35	0	0	1311.35	SU1008@████.com
10	李丽	SU1009	1600		1600	0.00	0.00	1600.00	0	0	1600.00	SU1009@████.com
11	汪成	SU1010	3000		3000	0.00	0.00	3000.00	0	0	3000.00	SU1010@████.com
12	李军	SU1011	3000		3000	230.06	1734.66	1035.28	0	0	1035.28	SU1011@████.com
13												

Sheet1 ⊕

图 2-16 工资表

财务人员每个月都会通过财务软件导出工资表，然后制作成工资条，裁剪并分发给每个员工。本案例要求编写 VBA 代码，实现将图 2-16 所示的工资表转换为图 2-17 所示的工资条。

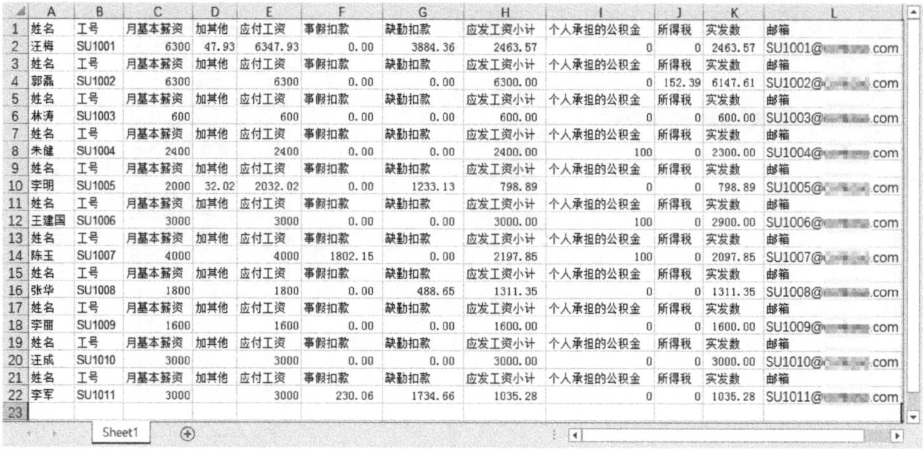

图 2-17   工资条

2.3.1   案例解析

想要将图 2-16 所示的工资表转换为图 2-17 所示的工资条，就需要在工资表中为每一行数据创建一个表头。表头可以通过复制工资表第一行获得，步骤如下：选中工资表第一行，右键单击并选择"复制"，如图 2-18 所示。

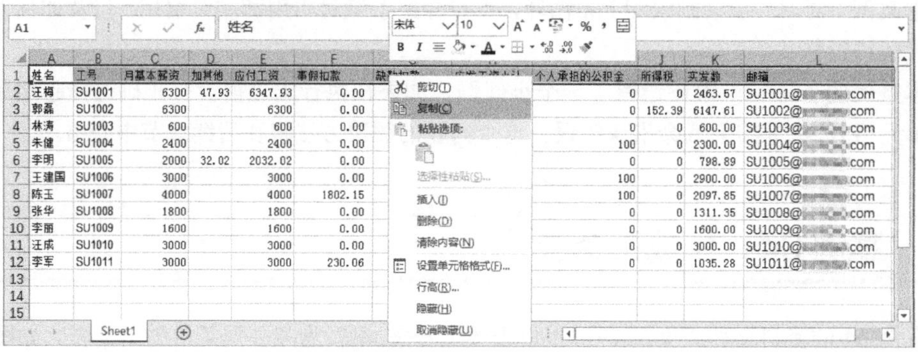

图 2-18   复制表头

然后选中工资表第 3 行，右键单击并选择"插入复制的单元格"，如图 2-19 所示。

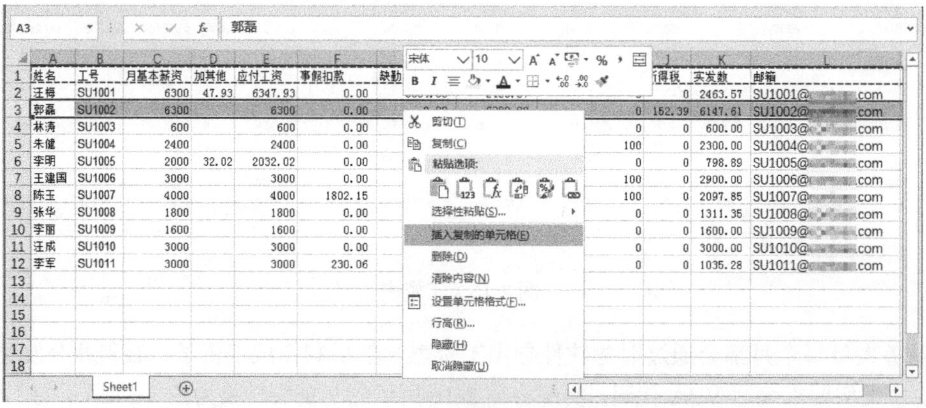

图 2-19   在工资表第 3 行插入表头

完成以上操作后，工资表原来的数据会从第 3 行开始全部下移一行，而现在的第三行是一个新的表头，且为被选中状态，如图 2-20 所示。

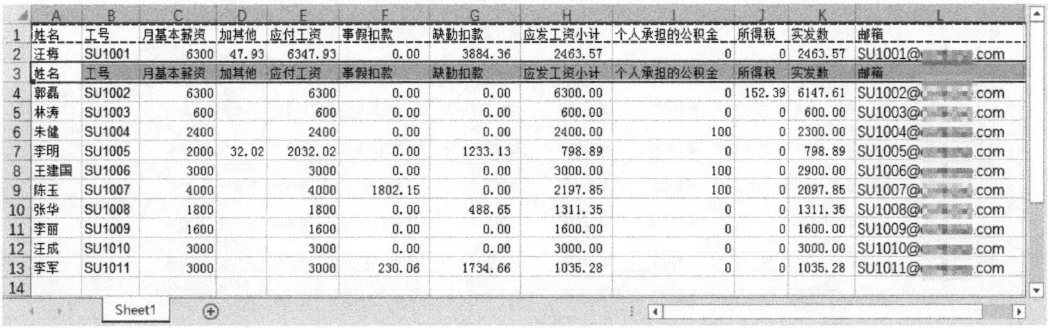

图 2-20 第 3 行插入表头后的工作表

接下来，直接复制第 3 行的表头，插入第 5 行；复制第 5 行的表头，插入第 7 行；复制第 7 行的表头，插入第 9 行……直至得到图 2-17 所示的工资条。

因此，可先选中工资表的第 1 行，然后使用相对引用，将"复制第 1 行表头并插入第 3 行"的操作录制成宏，所得宏代码的主体部分如代码清单 2-4 所示。

代码清单 2-4

```
Selection.Copy
ActiveCell.Offset(2, 0).Rows("1:1").EntireRow.Select
Selection.Insert Shift:=xlDown
```

代码清单 2-4 中的 3 行代码的含义分别为：复制当前选中的行、下移两行、插入复制的行并选中。现在只需要将代码清单 2-4 嵌入 For 循环，然后执行足够多次数，就能实现为工资表的每一行添加一个表头的目的。

案例 04 的工资表一共需要插入 10 个表头，因此 For 循环计数变量的取值范围应为 1 到 10，无须设置步长。案例所需 For 循环代码如代码清单 2-5 所示。

代码清单 2-5

```
For i = 1 To 10
……
Next
```

注意，在录制所得的宏代码中，必须先选中工资表的第 1 行，这样才能正确插入表头。因此，可考虑将"选中第 1 行"这个操作写入过程中，相关代码可通过录制宏获取，见代码清单 2-6。

代码清单 2-6

```
Rows("1:1").Select
```

注意，录制代码清单 2-6 所示的宏时，应使用绝对引用。

将上述代码进行合并，即可得到本案例所需的"工资条"过程，完整的代码见 2.3.2 节。

在 Excel 中，执行"工资条"宏，工资表即可转变成图 2-21 所示的工资条。

宏（VBA 过程）的使用者往往并非开发者本身，如本案例的"工资条"宏，使用更多的应该是公司的财务人员。而公司的财务人员可能并不了解 VBA，也不知道如何在 Excel 功能区的"开发工具"中执行宏。因此，可考虑在工作表上创建一个按钮并绑定宏，以便执行。

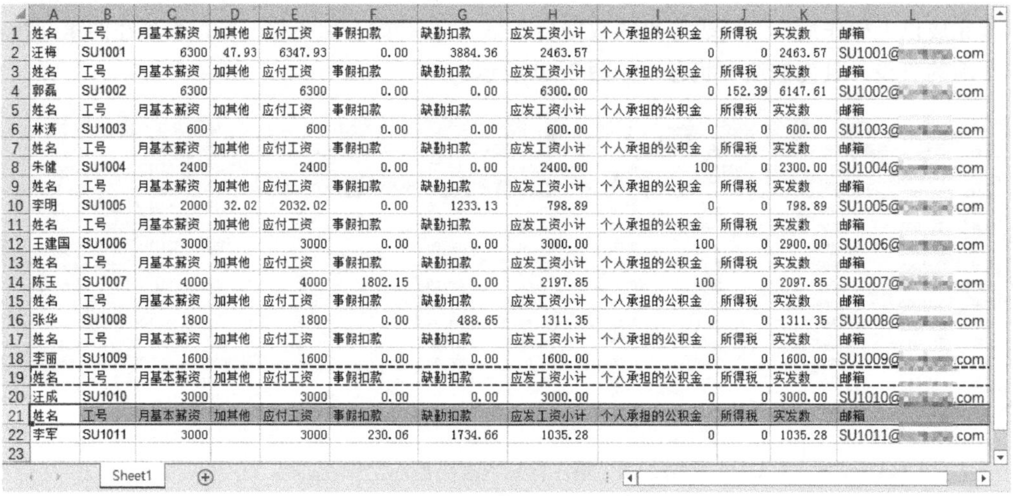

图 2-21　执行宏后得到的工资条

在"开发工具"标签中，单击"插入"按钮，可看到两组控件："表单控件"和"ActiveX控件"，如图 2-22 所示。其中"ActiveX 控件"功能强大，可以创建丰富的事件，但是需要编写 VBA 代码才能使用，本书后面的章节会有详细介绍；而"表单控件"（在较早版本的 Excel 中称为"窗体控件"）使用起来相当便捷，虽然功能比较单一，但已能满足本案例的需求。

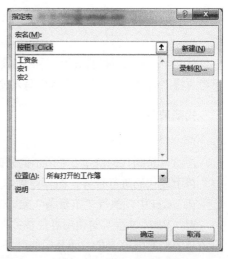

图 2-22　"表单控件"和"ActiveX 控件"

单击"表单控件"中的第一个控件（按钮），将鼠标光标移动到工作表区域后，鼠标光标会变成一个小十字。按住左键拖动十字光标，画出按钮的形状，然后松开，Excel 会弹出"指定宏"对话框。在该对话框中，可将创建的按钮与当前已有的宏进行绑定，如图 2-23 所示。

在图 2-23 中，选中"工资条"宏，然后单击对话框中的"确定"按钮，工资表上就会出现图 2-24 所示的"按钮 1"。"按钮 1"的位置、形状和大小由之前拖动鼠标的操作决定。

右键单击"按钮 1"即可进入编辑状态，此时可单击或拖动鼠标改变按钮的大小和位置，也可在单击"编辑文字"菜单项后修改按钮上的文字，如将"按

图 2-23　"指定宏"对话框

钮 1"改成"工资条"。如果在之前的"指定宏"对话框中错误选择了需要绑定的宏，那么可通过选择"指定宏"菜单项再次打开"指定宏"对话框，重新绑定宏，如图 2-25 所示。

	A	B	C	D	E	F	G	H	I	J	K	L
1	姓名	工号	月基本薪资	加其他	应付工资	事假扣款	缺勤扣款	应发工资小计	个人承担的公积金	所得税	实发数	邮箱
2	汪梅	SU1001	6300	47.93	6347.93	0.00	3884.36	2463.57	0	0	2463.57	SU1001@▨▨.com
3	郭磊	SU1002	6300		6300	0.00	0.00	6300.00	0	152.39	6147.61	SU1002@▨▨.com
4	林涛	SU1003	600		600	0.00	0.00	600.00	0	0	600.00	SU1003@▨▨.com
5	朱健	SU1004	2400		2400	0.00	0.00	2400.00	100	0	2300.00	SU1004@▨▨.com
6	李明	SU1005	2000	32.02	2032.02	0.00	1233.13	798.89	0	0	798.89	SU1005@▨▨.com
7	王建国	SU1006	3000		3000	0.00	0.00	3000.00	100	0	2900.00	SU1006@▨▨.com
8	陈玉	SU1007	4000		4000	1802.15	0.00	2197.85	100	0	2097.85	SU1007@▨▨.com
9	张华	SU1008	1800		1800	0.00	488.65	1311.35	0	0	1311.35	SU1008@▨▨.com
10	李丽	SU1009	1600		1600	0.00	0.00	1600.00	0	0	1600.00	SU1009@▨▨.com
11	汪成	SU1010	3000		3000	0.00	0.00	3000.00	0	0	3000.00	SU1010@▨▨.com
12	李军	SU1011	3000		3000	230.06	1734.66	1035.28	0	0	1035.28	SU1011@▨▨.com

图 2-24　在工作表中添加"按钮 1"

单击工作表的任意区域，将按钮从编辑状态中释放，此时，单击按钮，即可执行按钮绑定的宏。

按钮被单击后，其形状、大小和位置可能会随着宏的执行产生变化，这是因为还需要对按钮的属性进行设置。右键单击按钮，选择"设置控件格式"，在弹出的对话框中，打开"属性"标签，将"对象位置"单选菜单中的选项由默认的"大小、位置随单元格而变"更改为"大小、位置均固定"，然后单击"确定"按钮，如图 2-26 所示。如此设置，即可保证按钮不会随着宏的执行而产生变化。

图 2-25　按钮的大小、位置、文字，
以及绑定的宏都可以修改

图 2-26　设置按钮的属性

如果财务人员在打开含有宏的 Excel 文件时弹出错误提示，提示无法执行宏，则需要进行宏的安全性设置。在 Excel 的功能区，打开"开发工具"标签，单击"宏安全性"按钮，在弹出的"信任中心"对话框中选择"宏设置"菜单，然后在右侧的"宏设置"单选菜单中选择"启用所有宏（不推荐：可能会运行有潜在危险的代码）"，单击"确定"按钮，如图 2-27 所示，之后就能正常打开含有宏的工作簿了。

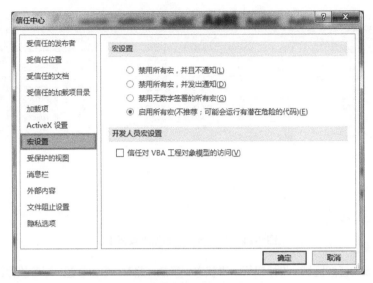

图 2-27   修改宏安全性

2.3.2   案例代码

案例 04 的"工资条"过程代码详见代码清单 2-7。

代码清单 2-7

```
Sub 工资条()
    Dim i As Integer          '定义计数变量 i
    Rows("1:1").Select        '选中工资表第 1 行
    For i = 1 To 10           '定义 For 循环的执行次数
        Selection.Copy
        ActiveCell.Offset(2, 0).Rows("1:1").EntireRow.Select
        Selection.Insert Shift:=xlDown
    Next
End Sub
```

小贴士：代码清单 2-7 使用了英文单引号 "'" 为代码进行注释。注释有利于代码阅读，以及后期对代码进行排错和修改，因此，开发人员应养成为代码注释的好习惯。

2.3.3   案例小结

经过之前两个案例的学习，录制宏和编写 For 循环代码已不再是本案例的难点。确定录制宏时的步骤成为了本案例的关键。

本案例录制了选中表头并复制、下移两行和插入表头 3 个步骤的宏代码。因为使用了相对引用，所以录制的宏代码在执行完第三个步骤后，又可在 For 循环中无缝衔接第一个步骤，继续执行下一个循环。

本案例还介绍了如何设置宏按钮和宏安全性。

2.4 案例 05：恢复工资表

本案例的资料文件"案例 05：恢复工资表.xls"中有一张工资条样式的工作表，如图 2-28 所示。现要求编写 VBA 代码，将图 2-28 中的工资条恢复成图 2-16 所示的工资表样式，结合案例 04 中的代码，在工作表中添加两个按钮："生成工资条"和"恢复工资表"，并分别绑定对应的宏。

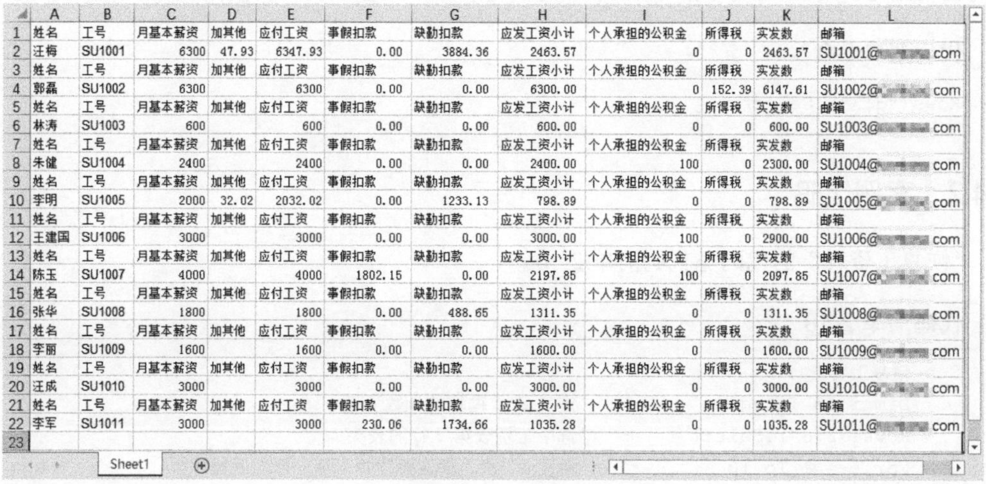

图 2-28　工资条

2.4.1 案例解析

在将工资条恢复成工资表时，需要将多余的表头逐一删除。

首先整理逐一删除多余表头的操作，每选中一行表头并删除，Excel 会自动将下方数据上移一行，因此当前选中行的下一行是另一个表头，如图 2-29 所示。因此，我们得到录制宏的两个重复步骤：删除选中的行，然后选中下一行。

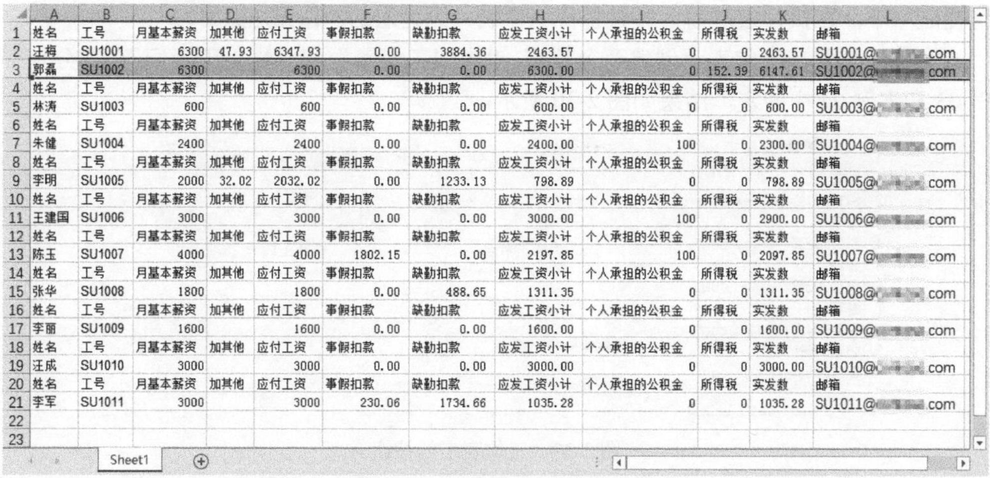

图 2-29　删除一行表头后，将光标下移一行，即可选中下一行表头

使用相对引用录制上述两个步骤（注意，在开始录制前，应先选中表头），代码如代码清单 2-8 所示。

代码清单 2-8

```
Selection.Delete Shift:=xlUp
ActiveCell.Offset(1, 0).Rows("1:1").EntireRow.Select
```

将代码清单 2-8 嵌入 For 循环，重复执行足够多次数，即可完成本案例。注意，在执行 For 循环之前，应先选中工作表第 3 行（第一个多余表头），相关代码可通过录制宏获取（录制时使用绝对引用），也可参照 2.3.1 节中的代码清单 2-6 进行修改，结果如代码清单 2-9 所示。

代码清单 2-9

```
Rows("3:3").Select
```

2.4.2　案例代码

"恢复工资表"的代码见代码清单 2-10。

代码清单 2-10

```
Sub 恢复工资表()
    Dim i As Integer              '定义 For 循环的计数变量
    Rows("3:3").Select            '选中工资表第 3 行的表头
    For i = 1 To 10               '重复 10 次"删除整行并下移一行"的操作
        Selection.Delete Shift:=xlUp
        ActiveCell.Offset(1, 0).Rows("1:1").EntireRow.Select
    Next
End Sub
```

2.4.3　案例小结

在实际工作中，很难遇见将工资条恢复成工资表样式的需求，本案例的意义在于再次尝试整理出解决问题时需要重复操作的步骤。

提醒一下，在执行宏之前，务必备份工作表，因为**宏的操作无法撤回**！

本案例还需要在工作表上创建两个按钮："生成工资条"和"恢复工资表"，并分别绑定案例 03 和案例 04 中的宏，结果如图 2-30 所示。

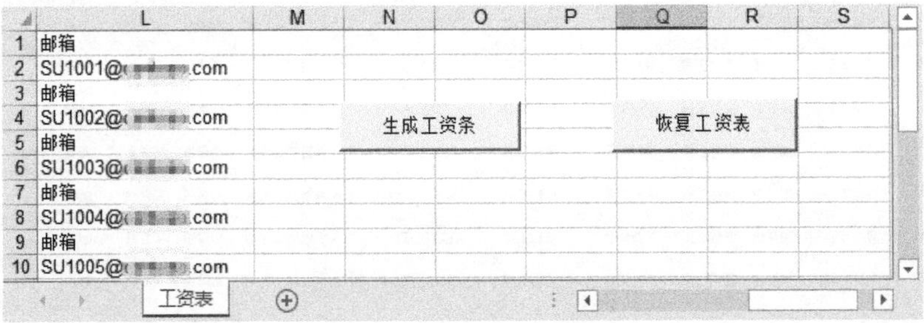

图 2-30　工作表上的按钮

第3章

使用 If 函数进行逻辑判断

除 For 循环以外，VBA 中常用的过程控制语句还有 If 函数。If 函数可用于逻辑判断，即根据不同情况选择执行不同分支的代码。本章将围绕 If 函数介绍以下内容：

- 使用 Range（单元格）对象代替相对引用；
- 使用 If 函数进行判断；
- For 循环的步长参数 Step；
- 使用 Exit For 退出 For 循环。

3.1 案例 06：不使用相对引用标记 2020 年所有周日

在第 2 章的案例中，相对引用起到了至关重要的作用，但相对引用的概念并不好理解，使用起来也不够直观，频繁使用还可能导致意料之外的错误。因此，在制作 VBA 的宏时，往往使用 Range 对象来代替相对引用。

本案例要求，在图 3-1 所示的工作表中，不使用相对引用标记出 2020 年的所有周日。

图 3-1　2020 年全年日期的一部分

3.1.1 案例解析

下面简单介绍一下 VBA 中的 Range 对象。Range 对象可用于指定某个单元格或某个单元格区域，如 Range("a1")表示工作表的 A1 单元格，Range("a1:f100")表示工作表中 A1 至 F100 的单元格区域。

使用 Range 对象还可以向单元格或者单元格区域赋值，如代码清单 3-1 中的两行代码分别表示在 A1 单元格中写入数值 1，以及在 A1 至 F100 区域内的所有单元格中写入数值 1。

代码清单 3-1

```
Range("a1") = 1
Range("a1:f100") = 1
```

小贴士：在 VBA 代码中表示单元格时，可不区分大小写，如 Range("a1") 和 Range("A1") 都表示 A1 单元格。

如果在 Range 对象中使用变量，则可表示不确定的单元格和区域，如代码清单 3-2 所示。

代码清单 3-2

```
Sub test()
    a = "a"
    b = 1
    Range(a & b) = 1
End Sub
```

代码清单 3-2 中变量 a 的值为字符"A"，变量 b 的值为数字 1，表达式"a & b"等价于字符串"A1"，因此，执行代码清单 3-2 可在 A1 单元格中写入数字 1。注意，当变量 a 和 b 的值发生变化时，Range(a & b) 指定的单元格也会发生改变。

在 Range 对象中直接使用单元格地址时，单元格地址作为常量，必须以文本类型显示，因此需要使用英文双引号，如 Range("a1")；在 Range 对象中使用变量时，变量不需要使用双引号，如 Range(a & b)，但变量之间必须使用连接符号"&"，并且连接符号"&"两边必须留有空格，Range(ab) 和 Range(a&b) 都是错误写法。

VBA 中的常量和变量还能混合使用，常量和变量之间同样需要使用连接符号"&"。例如表达式 Range("a" & i)，当 i 等于 1 时，表示 A1 单元格；当 i 等于 2 时，表示 A2 单元格。如果要在 A1 至 A100 单元格中依次写入 1 至 100，则可通过代码清单 3-3 实现。

代码清单 3-3

```
For i = 1 To 100
    Range("a" & i) = i
Next
```

在代码清单 3-3 中，For 循环的计数变量 i 依次等于 1 至 100：当 i = 1 时，表示在 A1 单元格中写入数值 1；当 i = 2 时，则会在 A2 单元格中写入数值 2……

我们还可以在 Range 对象中插入计算式，如对代码清单 3-3 进行改动，将表达式 Range("a" & i) = i 改为 Range("a" & i * 7) = i，即可实现每隔 7 个单元格赋值一次；若将表达式改为 Range("a" & i) = i * 7，则表示在工作表的 A 列中依次写入 7 的倍数。

综合以上内容，则可尝试编写代码实现不使用相对引用标记出 2020 年的所有周日。在不使用相对引用的情况下，开始录制宏，选中图 3-1 中的 A5 单元格（2020 年的第一个周日），并改变其填充色，停止录制，代码见代码清单 3-4。

代码清单 3-4

```
Sub 宏1()
    Range("A5").Select
    With Selection.Interior
        .Pattern = xlSolid
```

```
        .PatternColorIndex = xlAutomatic
        .Color = 65535
        .TintAndShade = 0
        .PatternTintAndShade = 0
    End With
End Sub
```

代码清单 3-4 中的其他语句暂时不用理解，读者只需要理解代码 "Range("A5").Select" 表示选中 A5 单元格。我们将表达式 Range("A5") 替换为 Range("a" & i)，然后将代码清单 3-4 的主体部分嵌入 For 循环。因为代表 2020 年第一个周日的单元格为 A5 单元格，代表 2020 年最后一天的单元格为 A366 单元格，所以计数变量 i 的取值范围应设为 5 到 366。For 循环的步长（Step）应设为 7，表示计数变量 i 在 5 和 366 之间每 7 个数取一次值。For 循环代码见代码清单 3-5。

代码清单 3-5

```
For i = 5 To 366 Step 7
……
Next
```

3.1.2　案例代码

合并代码清单 3-4 和代码清单 3-5，得到不使用相对引用的"标记"过程的代码，见代码清单 3-6。

代码清单 3-6

```
Sub 标记()
    Dim i As Integer
    For i = 5 To 366 Step 7
        Range("a" & i).Select
        With Selection.Interior
            .Pattern = xlSolid
            .PatternColorIndex = xlAutomatic
            .Color = 65535
            .TintAndShade = 0
            .PatternTintAndShade = 0
        End With
    Next
End Sub
```

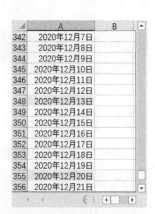

执行代码清单 3-6，所得结果如图 3-2 所示。

代码清单 3-6 中的 For 循环步长也可设置为 1，此时需要将 Range("a" & i) 改为 Range("a" & i * 7 − 2)，将计数变量 i 的取值范围改为 1 到 52（2020 年共有 52 个周日），获得的代码执行效果一样。

图 3-2　不使用相对引用标记 2020 年所有周日（部分展示）

3.1.3　案例小结

本案例介绍了 Range 对象，以及如何在 Range 对象中使用常量、变量和计算式等。

因为 Range 对象可用于指定单元格和单元格区域，所以在 VBA 中的使用频率相当高。在本书前半部分的案例中，大多数操作对象都是 Range 对象。本节仅简单介绍如何使用 Range

对象指定单元格，后续章节会详细介绍 Range 对象的其他内容。

3.2　案例 07：认识 If 函数

打开本书资料文件中的"案例 07：认识 If 函数.xls"，得到图 3-3 所示的工作表。本案例要求对该工作表进行以下操作：

  ❍ 如果"性别"为男，则在"称呼"列中填入"先生"，否则填入"女士"；

  ❍ 如果"专业类"为理工，则在"专业代号"列中填入"LG"，如果"专业类"为文科，则填入"WK"，如果"专业类"为财经，则填入"CJ"；

  ❍ 删除"姓名"为空的行。

	A	B	C	D	E	F	G	H
1	编号	专业类	专业代号	姓名	性别	称呼	来源	原始分
2	wj101	理工		汪梅	男		本地	599
3	wj102	理工		郭磊	女		本地	661
4	wj103	理工			男		本省	467
5	wj101	文科		朱健	男		本省	310
6	wj102	文科		李明	女		本省	584
7	wj103	财经		王建国	女		外省	260
8	wj101	财经			女		本省	406
9	wj102	文科		张华	女		本地	771
10	wj103	文科		李丽	男		本地	765
11	wj101	理工		汪成	男		本地	522
12	wj102	理工		李军	女		本地	671
13	wj103	文科			男		本地	679
14	wj101	理工			女		本省	596
15	wj102	财经		孙传富	女		外省	269
16	wj103	财经		赵炎	女		外省	112
17	wj101	文科		张成军	女		本省	396
18	wj102	理工			女		本地	712
19	wj103	文科		李庆	女		本省	354
20	wj101	文科		马安玲	男		本省	793
21	wj102	理工		林钢	女		本地	654
22	wj103	理工		孙静	女		外省	300
23	wj101	理工			女		本地	528
24	wj102	财经		程晓	男		本省	578
25	wj103	财经		张小清	女		外省	77
26	wj101	理工		童桂香	女		本地	539

sheet1

图 3-3　案例 07 的工作表

3.2.1　案例解析

案例 07 要求进行大量的逻辑判断，因此需要使用 VBA 的 If 函数。在 VBA 中，If 函数用于进行条件判断，其语法如下：

```
If 条件 Then
    结果
End If
```

当 If 函数中的"条件"为真时，则执行"结果"。如代码清单 3-7 所示，当 A1 单元格的值为 1 时，则在 B1 单元格中写入数值 2。

代码清单 3-7

```
If Range("A1") = 1 Then
    Range("B1") = 2
End If
```

还可以在 If 函数中加入关键字 Else，表示当"条件"不为真时，执行语法中的"结果 2"：

```
If 条件 Then
    结果 1
Else
    结果 2
End If
```

对于案例 07 中的第一个要求，可以使用 If 函数对 E 列的单元格进行判断，若单元格的值为"男"，则在"称呼"列（F 列）中写入"先生"，否则在"称呼"列中写入"女士"。以 E2 单元格为例，相关代码如代码清单 3-8 所示。

代码清单 3-8

```
If Range("E2") = "男" Then
    Range("F2") = "先生"
Else
    Range("F2") = "女士"
End If
```

然后，将代码清单 3-8 嵌入 For 循环，就能完成对工作表中整个"称呼"列进行的操作，代码如代码清单 3-9 所示。

代码清单 3-9

```
For i = 2 To 26                    '工作表共有 26 行数据
    If Range("E" & i) = "男" Then
        Range("F" & i) = "先生"
    Else
        Range("F" & i) = "女士"
    End If
Next
```

If 函数还可以使用关键字 ElseIf 对 3 种及 3 种以上的情况进行判断，语法为：

```
If 条件 1 Then
    结果 1
ElseIf 条件 2 Then
    结果 2
ElseIf 条件 3 Then
    结果 3
……
Else
    结果 n
End If
```

当条件 1 为真时，执行结果 1；若条件 1 不为真，则判断条件 2 是否为真，为真则执行结果 2；若条件 2 不为真，则判断条件 3 是否为真，为真则执行结果 3……当所有条件都不为真时，执行结果 n。

在案例 07 的工作表中，"专业代号"列有 3 种值，分别对应 3 种"专业类"。使用 For 循环与 If 函数对"专业类"进行判断和处理，代码见代码清单 3-10。

代码清单 3-10

```
For i = 2 To 26
    If Range("B" & i) = "理工" Then
```

```
                Range("C" & i) = "LG"
            ElseIf Range("B" & i) = "文科" Then
                Range("C" & i) = "WK"
            Else
                Range("C" & i) = "CJ"
            End If
        Next
```

创建一个"判断"过程，在过程中，将代码清单 3-9 和代码清单 3-10 合并至同一个 For
循环，并使用英文单引号对代码进行注释，得到代码清单 3-11。

代码清单 3-11

```
Sub 判断()
    Dim i As Integer
    For i = 2 To 26
            '根据性别判断称呼
        If Range("E" & i) = "男" Then
            Range("F" & i) = "先生"
        Else
            Range("F" & i) = "女士"
        End If
            '根据专业类判断专业代码
        If Range("B" & i) = "理工" Then
            Range("C" & i) = "LG"
        ElseIf Range("B" & i) = "文科" Then
            Range("C" & i) = "WK"
        Else
            Range("C" & i) = "CJ"
        End If
    Next
End Sub
```

执行"判断"过程，结果如图 3-4 所示，案例 07 的前两个目标已完成。

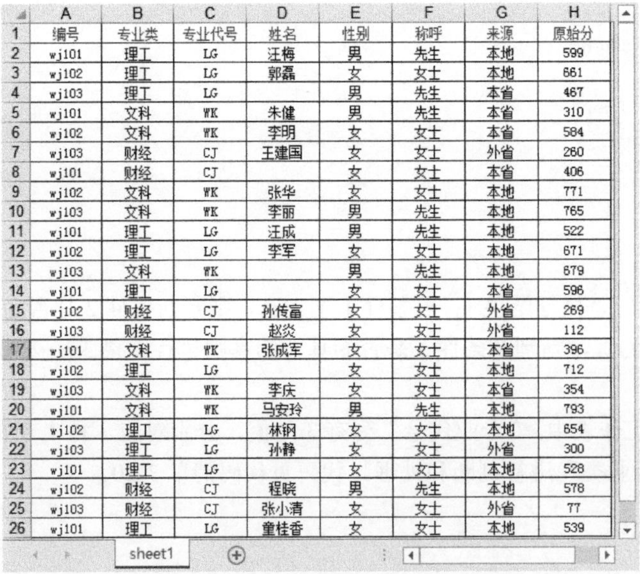

	A	B	C	D	E	F	G	H
1	编号	专业类	专业代号	姓名	性别	称呼	来源	原始分
2	wj101	理工	LG	汪梅	男	先生	本地	599
3	wj102	理工	LG	郭磊	女	女士	本地	661
4	wj103	理工	LG		男	先生	本省	467
5	wj101	文科	WK	朱健	男	先生	本省	310
6	wj102	文科	WK	李明	女	女士	本省	584
7	wj103	财经	CJ	王建国	女	女士	外省	260
8	wj101	财经	CJ		女	女士	本省	406
9	wj102	文科	WK	张华	女	女士	本地	771
10	wj103	文科	WK	李丽	男	先生	本地	765
11	wj101	理工	LG	汪成	男	先生	本地	522
12	wj102	理工	LG	李军	女	女士	本地	671
13	wj103	文科	WK		男	先生	本地	879
14	wj101	理工	LG		女	女士	本省	596
15	wj102	财经	CJ	孙传富	女	女士	外省	269
16	wj103	财经	CJ	赵炎	女	女士	外省	112
17	wj101	文科	WK	张成军	女	女士	本省	396
18	wj102	理工	LG		女	女士	本地	712
19	wj103	文科	WK	李庆	女	女士	本省	354
20	wj101	文科	WK	马安玲	男	先生	本地	793
21	wj102	理工	LG	林钢	女	女士	本地	654
22	wj103	理工	LG	孙静	女	女士	外省	300
23	wj101	理工	LG		女	女士	本地	528
24	wj102	财经	CJ	程晓	男	先生	本地	578
25	wj103	财经	CJ	张小清	女	女士	外省	77
26	wj101	理工	LG	童桂香	女	女士	本地	539

sheet1

图 3-4 执行"判断"过程后的结果

接下来处理案例 07 的第三个要求：删除姓名为空的行。

在 VBA 中，双引号中不加任何字符、数字或符号表示空。代码清单 3-12 表示当 A1 单元格为空时，在 A2 单元格中写入数值 1。

代码清单 3-12

```
If Range("A1") = "" Then
        Range("A2") = 1
End If
```

删除整行的代码需要通过录制宏获取。以删除 D4 单元格（"姓名"列第一个为空的单元格）所在的行为例，首先，使用绝对引用，开始录制宏，然后，选中 D4 单元格，单击鼠标右键并选择"删除"，在弹出的对话框中，选择"整行"，如图 3-5 所示，最后，单击"确定"按钮，停止录制。

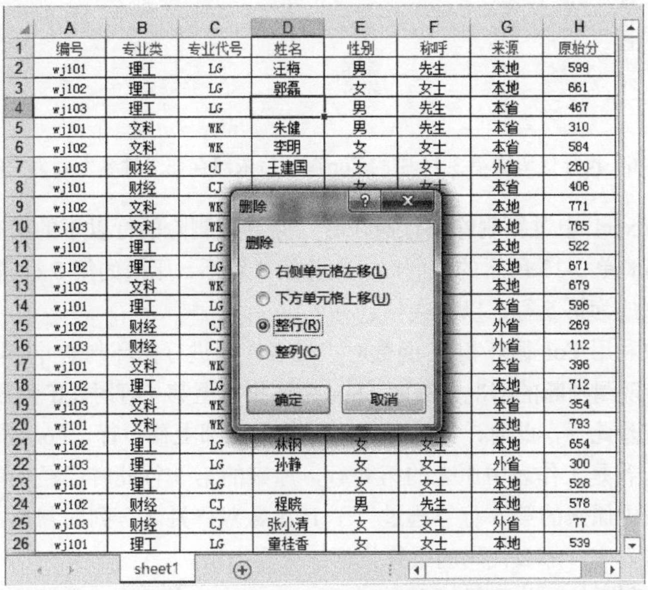

图 3-5 选中 D4 单元格并删除整行

录制所得的代码如代码清单 3-13 所示，其中第 2 行代码表示选中 D4 单元格，第 3 行代码表示删除所选单元格所在的行。

代码清单 3-13

```
Sub 宏1()
    Range("D4").Select
    Selection.EntireRow.Delete
End Sub
```

将录制所得的代码嵌入 For 循环，见代码清单 3-14。

代码清单 3-14

```
For i = 2 To 26
        If Range("D" & i) = "" Then        '判断"姓名"列是否为空，为空则整行删除
            Range("D" & i).Select
            Selection.EntireRow.Delete
        End If
Next
```

但是，在执行代码清单 3-14 中的 For 循环后，工作表中依然存在"姓名"列为空的行，如图 3-6 所示。

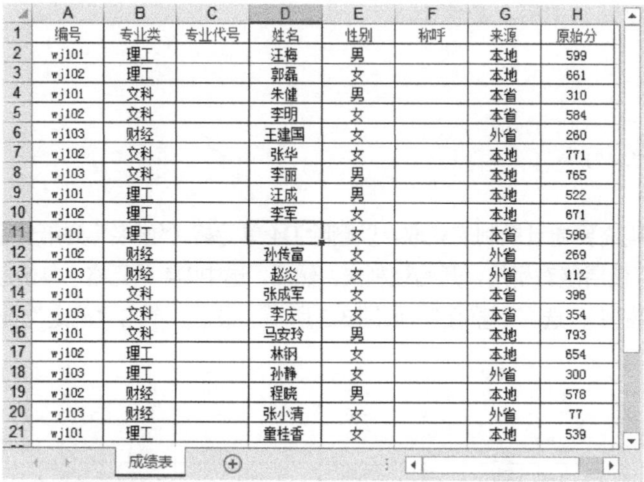

图 3-6　执行代码清单 3-14 中的 For 循环后依然存在"姓名"列为空的行

这是因为在 Excel 中进行删除整行操作时，会导致删除的行以下的所有数据全部上移一行，如在录制代码清单 3-13 所示的代码时，删除第 4 行后，原来的第 5 行就上移成为第 4 行，原来的第 6 行上移成为第 5 行，以此类推。

这种现象导致利用 For 循环和 If 函数对"姓名"列进行循环判断并删除"姓名"列为空的行时，有可能出现漏判断的情况。例如，For 循环执行至第 4 行时，If 函数判断发现"姓名"单元格为空，则删除此行，此时，第 4 行以下的数据全部上移一行。For 循环继续执行到第 5 行，而此时的第 5 行是工作表中原来的第 6 行，原来的第 5 行此时已经上移并成为第 4 行，这就意味着工作表中原来的第 5 行"逃过"了 If 函数对"姓名"列的判断。如果原来第 5 行的"姓名"单元格为空，那么代码的最终执行结果会出错。

因此，在编写判断并删除整行的 VBA 代码时，应考虑从下向上进行判断，即使删除一行数据导致下面的数据上移，也不会影响继续判断上面的数据。

修改代码清单 3-14 中的 For 循环，将计数变量 i 的取值范围设置为 26 至 2，并将步长设置为-1，这样可实现从下向上对工作表进行行判断，代码见代码清单 3-15。

代码清单 3-15

```
For i = 26 To 2 Step -1              '从下向上进行判断
    If Range("D" & i) = "" Then      '判断"姓名"列是否为空，为空则删除整行
        Range("D" & i).Select
        Selection.EntireRow.Delete
    End If
Next
```

3.2.2　案例代码

将代码清单 3-15 合并至代码清单 3-11。为了保证正确删除所有"姓名"列为空的行，合并之后的过程代码中的 For 循环也应从下向上进行判断。合并后的代码如代码清单 3-16 所示。

提醒一下，在执行 VBA 代码前，应当对原始数据进行备份，因为 VBA 代码执行的操作

无法撤回！

代码清单 3-16

```
Sub 判断()
    Dim i As Integer
    For i = 26 To 2 Step -1
            '根据性别判断称呼
        If Range("E" & i) = "男" Then
            Range("F" & i) = "先生"
        Else
            Range("F" & i) = "女士"
        End If
        '根据专业类判断专业代码
        If Range("B" & i) = "理工" Then
            Range("C" & i) = "LG"
        ElseIf Range("B" & i) = "文科" Then
            Range("C" & i) = "WK"
        Else
            Range("C" & i) = "CJ"
        End If
        '删除姓名为空的行
        If Range("D" & i) = "" Then
            Range("D" & i).Select
            Selection.EntireRow.Delete
        End If
    Next
End Sub
```

在工作表中执行"判断"宏，所得结果如图 3-7 所示。

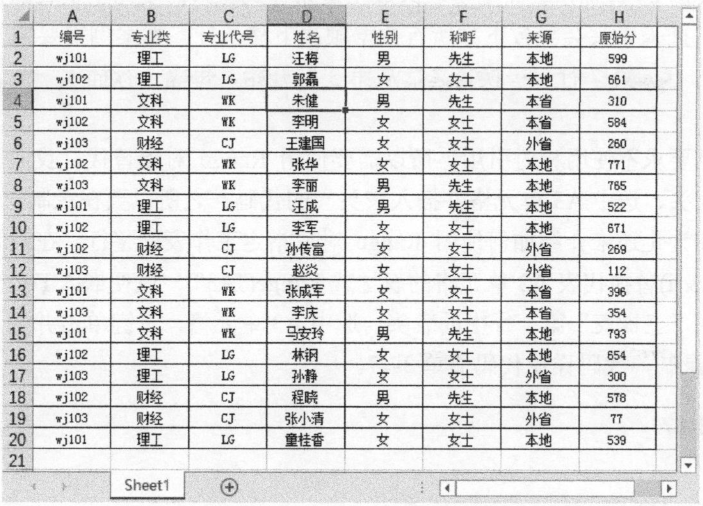

	A	B	C	D	E	F	G	H
1	编号	专业类	专业代号	姓名	性别	称呼	来源	原始分
2	wj101	理工	LG	汪梅	男	先生	本地	599
3	wj102	理工	LG	郭磊	女	女士	本地	661
4	wj101	文科	WK	朱健	男	先生	本省	310
5	wj102	文科	WK	李明	女	女士	本省	584
6	wj103	财经	CJ	王建国	女	女士	外省	260
7	wj102	文科	WK	张华	女	女士	本地	771
8	wj103	文科	WK	李丽	男	先生	本地	765
9	wj101	理工	LG	汪成	男	先生	本地	522
10	wj102	理工	LG	李军	女	女士	本地	671
11	wj102	财经	CJ	孙传富	女	女士	外省	269
12	wj103	财经	CJ	赵炎	女	女士	外省	112
13	wj101	文科	WK	张成军	女	女士	本地	396
14	wj103	文科	WK	李庆	女	女士	本省	354
15	wj101	文科	WK	马安玲	男	先生	本地	793
16	wj102	理工	LG	林钢	女	女士	本地	654
17	wj103	理工	LG	孙静	女	女士	外省	300
18	wj102	财经	CJ	程晓	男	先生	本地	578
19	wj103	财经	CJ	张小清	女	女士	外省	77
20	wj101	理工	LG	童桂香	女	女士	本地	539
21								

图 3-7 "判断"宏的执行结果

3.2.3 案例小结

本案例介绍了 If 函数的使用方法，同时强调在使用 For 循环和 If 函数判断并删除工作表的整行时，应当留意数据上移的情况。

If 函数和 For 循环是 VBA 中常用的两个过程控制语句，在很多场合可配合使用，以梳理解决问题的逻辑思路。在 VBA 的众多知识点中，If 函数必须熟练掌握。

3.3　案例 08：不使用相对引用生成工资条

本书附带的资料文件"案例 08：不使用相对引用生成工资条.xls"中包含一张图 3-8 所示的工资表。

	A	B	C	D	E	F	G	H	I	J	K	L
1	姓名	工号	月基本薪资	加其他	应付工资	事假扣款	缺勤扣款	应发工资小	个人承担的	所得税	实发数	邮箱
2	汪梅	SU1001	6300	47.93	6347.93	0	3884.356	2463.57	0	0	2463.57	SU1001@▨▨▨.com
3	郭磊	SU1002	6300		6300	0	0	6300	0	152.39	5921.51	SU1002@▨▨▨.com
4	林涛	SU1003	600		600	0	0	600	0	0	600	SU1003@▨▨▨.com
5	朱健	SU1004	2400		2400	0	0	2400	100	0	2073.9	SU1004@▨▨▨.com
6	李明	SU1005	2000	32.02	2032.02	0	1233.129	798.89	0	0	798.89	SU1005@▨▨▨.com
7	王建国	SU1006	3000		3000	0	0	3000	100	0	2673.9	SU1006@▨▨▨.com
8	陈玉	SU1007	4000		4000	1802.147	0	2197.85	100	0	1871.75	SU1007@▨▨▨.com
9	张华	SU1008	1800		1800	0	488.6503	1311.35	0	0	1311.35	SU1008@▨▨▨.com
10	李丽	SU1009	1600		1600	0	0	1600	0	0	1373.9	SU1009@▨▨▨.com
11	汪成	SU1010	3000		3000	0	0	3000	0	0	2773.9	SU1010@▨▨▨.com
12	李军	SU1011	3000		3000	230.0613	1734.663	1035.28	0	0	1035.28	SU1011@▨▨▨.com
13												

工资表 ／ 原始工作表 ／ ＋

图 3-8　工资表

案例 08 要求在不使用相对引用的情况下，编写"生成工资条"过程代码，并绑定至工作表中的"生成工资条"按钮。**注意，员工人数可能发生变化！**

3.3.1　案例解析

从本书的案例 04 可知，要将工资表改成工资条样式，只需要为工资表的每行数据添加一个表头。注意，插入表头会导致下方所有数据顺次下移一行。本案例需要插入表头的行分别为第 3 行、第 5 行、第 7 行……换言之，从第 3 行开始，每隔一行插入一个表头，直至最后一行。

因为本案例要求不使用相对引用，所以需要使用 Range 对象替代。我们可考虑通过录制宏得到"复制表头、选中 A3 单元格并插入表头"的代码。之所以要在录制宏时选中 A3 单元格，是因为目前为止还未介绍如何使用 Range 对象指定工作表的整行。在录制所得代码中，使用 Range("a" & i) 替换代表 A3 单元格的表达式 Range("A3")，以便嵌入 For 循环。录制宏的步骤如下：复制"工资表"第 1 行中的表头，选中 A3 单元格，右键单击并选择"插入复制的单元格"，停止录制，代码详见代码清单 3-17。

代码清单 3-17

```
Sub 宏 1()
    Rows("1:1").Select
    Application.CutCopyMode = False
    Selection.Copy
    Range("A3").Select
    Selection.Insert Shift:=xlDown
End Sub
```

将代码清单 3-17 嵌入 For 循环，并将 For 循环的步长设置为 2，将计数变量 i 设置为合适的范围，即可实现从第 3 行开始，每隔一行插入一个表头。因为工资表中的员工人数可能发生变化，导致计数变量 i 的取值范围无法确定，所以可以考虑将计数变量 i 的取值范围设置为足够大，如 2000，然后使用 If 函数进行判断，当选中并准备插入表头的单元格为空时，则表示工资表至此已没有数据，无须再插入表头，此时应退出 For 循环。在 VBA 中，可使用代码"Exit For"退出 For 循环，相关代码见代码清单 3-18。

代码清单 3-18

```
If Range("a" & i) = "" Then
    Exit For
End If
```

将代码清单 3-18 插入 For 循环，当 If 函数判断 Range("a" & i)为空时，即可跳出循环，不再执行插入表头的操作。注意，代码清单 3-18 必须置于插入表头的代码之前，否则代码会先插入表头再进行判断，Range("a" & i)将永远不为空，For 循环也不会被中断，而是执行完所有循环次数。

3.3.2 案例代码

将代码清单 3-17 和代码清单 3-18 合并至同一个 For 循环中，即可得到本案例要求的"生成工资条"的代码，见代码清单 3-19。

代码清单 3-19

```
Sub 生成工资条()
    Dim i As Integer
    For i = 3 To 2000 Step 2            '设置 i 的取值范围和步长
        If Range("A" & i) = "" Then     '判断 Range("A" & i)是否为空，为空则跳出 For 循环
            Exit For
        End If
        Rows("1:1").Select              '选中第 1 行中的表头
        Application.CutCopyMode = False
        Selection.Copy                  '复制第 1 行中的表头
        Range("A" & i).Select           '选中 Range("A" & i)单元格
        Selection.Insert Shift:=xlDown  '插入表头
    Next
End Sub
```

在案例 08 的工资表中创建"生成工资条"按钮，并绑定"生成工资条"宏，本案例完成。

3.3.3 案例小结

本案例"复习"了使用 Range 对象代替相对引用，选择合适的操作步骤录制成宏。本案例介绍了如何使用 If 函数和 Exit 语句退出 For 循环。

本案例已经介绍了如何在不使用相对引用的情况下生成工资条，那么同样可以在不使用相对引用的情况下将工资条恢复成工资表。读者如有兴趣，可尝试编写相关代码，并创建对应的宏按钮，解析过程本书不再给出，相关代码可在案例资料中查询。

3.4 案例 09：计算个人所得税

打开资料文件中的"案例 09：个税计算公式.xls"工作簿，得到两张工作表。一张为个税计

算规则表，如图 3-9 所示。注意，图 3-9 中的个税计算规则仅供本案例学习使用，并非实际数据。

全月应纳税所得额(元)	税率	速算扣除数(元)			
不超过1500	3%	0			起征点 3500
1500~4500	10%	105			
4500~9000	20%	555			
9000~35000	25%	1005			
35000~55000	30%	2755			
55000~80000	35%	5505			
超过80000	45%	13505			

个税计算规则 | 数据

图 3-9　个税计算规则

另一张“数据”工作表中含有员工的实发工资和应缴个税等，如图 3-10 所示。

姓名	工号	实发数	个税		
汪梅	SU1001	19200			计算个税
郭磊	SU1002	15921.51			
林涛	SU1003	4600			
朱健	SU1004	8073.9			
李明	SU1005	7798.89			
王建国	SU1006	2673.9			
陈玉	SU1007	3871.75			
张华	SU1008	5311.35			
李丽	SU1009	3373.9			
汪成	SU1010	12273.9			
李军	SU1011	7035.28			

个税计算规则 | 数据

图 3-10　“数据”工作表

本案例要求，根据图 3-9 中的个税计算规则，编写计算个税的 VBA 过程，并绑定至图 3-10 中的“计算个税”按钮。单击“计算个税”按钮，即可计算每位员工的应缴个税，并填入“数据”工作表的 D 列。

3.4.1 案例解析

根据图 3-9 可知，实发工资处于不同区间时，应缴个税计算规则不相同。当实发工资小于或等于 3500 元时，无须缴纳个税；当实发工资减去 3500 后小于或等于 1500 时，个税应缴额等于实发工资乘以 3%；当实发工资减去 3500 后大于 1500、小于或等于 4500 时，个税应缴额等于实发工资乘以 10%，再减去速算扣除数 105；当实发工资减去 3500 后大于 4500、小于或等于 9000 时，个税应缴额等于实发工资乘以 20%，再减去速算扣除数 555……

因此，本案例需要使用 If 函数和 ElseIf 进行多条件判断，首先判断实发工资的所处区间，然后根据规则计算应缴个税。

当实发工资小于或等于 3500 时，计算个税的 If 函数代码如代码清单 3-20。

代码清单 3-20

```
If 实发工资 <= 3500 Then 应缴个税 = 0
```

当实发工资减去 3500 后小于或等于 1500 时，计算个税的 If 函数代码如代码清单 3-21。

代码清单 3-21

```
If 实发工资 - 3500 <= 1500 Then 应缴个税 = 实发工资 * 0.03 - 0
```

以上两个区间的判断相对容易，而其他区间的判断则需要同时满足两个条件，如大于1500、且小于或等于 4500 等，因此需要在 If 函数中使用逻辑运算符 And。And 表示逻辑"与"运算——当并列的所有条件都为真时，该判断语句才为真。逻辑运算符 And 的语法为：

```
If 条件1 And 条件2 then
    结果
End If
```

当条件 1 和条件 2 都为真时，执行结果。

利用 And 运算符，当实发工资减去 3500 后大于 1500、小于或等于 4500 时，计算个税的判断语句应写为代码清单 3-22 的样子。

代码清单 3-22

```
If 实发工资 - 3500 > 1500 And 实发工资- 3500 <= 4500 Then 应缴个税 = 实发工资 * 0.1 - 105
```

当实发工资减去 3500 后大于 4500、小于或等于 9000 时，计算个税的相关代码如代码清单 3-23 所示。

代码清单 3-23

```
If 实发工资 - 3500 > 4500 And 实发工资 - 3500 <= 9000 Then 应缴个税 = 实发工资 * 0.2 - 555
```

当实发工资减去 3500 后大于 9000、小于或等于 35000 时，计算个税的相关代码详见代码清单 3-24。

代码清单 3-24

```
If 实发工资 - 3500 > 9000 And 实发工资 - 3500 <= 35000 Then 应缴个税 = 实发工资 * 0.25 -1005
```

当实发工资减去 3500 后大于 35000、小于或等于 55000 时，计算个税的相关代码详见代码清单 3-25。

代码清单 3-25

```
If 实发工资 - 3500 > 35000 And 实发工资 - 3500 <= 55000 Then 应缴个税 = 实发工资 * 0.3 -2755
```

当实发工资减去 3500 后大于 55000、小于或等于 80000 时，计算个税的相关代码详见代码清单 3-26。

代码清单 3-26

```
If 实发工资 - 3500 > 55000 And 实发工资 - 3500 <= 80000 Then 应缴个税 = 实发工资 * 0.35 -5505
```

当实发工资减去 3500 后大于 80000 时，计算个税的相关代码详见代码清单 3-27。

代码清单 3-27

```
If 实发工资 - 3500 > 80000 Then 应缴个税 = 实发工资 * 0.45 -13505
```

将代码清单 3-20 至代码清单 3-27 的所有 If 函数使用 ElseIf 语句进行连接，就得到了完整的个税计算公式，然后即可嵌入 For 循环，依次计算每名员工的应缴个税。因为实发工资和应缴个税分别位于"数据"工作表的 C 列和 D 列，因此可使用 Range("C" & i)表示实发工资，使用 Range("D" & i)表示应缴个税。同时，为了避免"数据"工作表中原人数发生变化导致代码执行结果有误，可参照上个案例，将计数变量 i 的取值范围设置为足够大，然后使用 If 函数和 Exit 语句，通过判断 Range("C" & i)是否为空来决定是否退出 For 循环。

3.4.2 案例代码

本案例的过程代码如代码清单 3-28 所示。

代码清单 3-28

```
Sub 个税计算公式()
    Dim i As Integer
    For i = 2 To 2000
        '当 C 列没有数据时,退出 For 循环
        If Range("c" & i) = "" Then
            Exit For
        End If
        '根据实发工资所处区间计算应缴个税
        If Range("c" & i) <= 3500 Then
            Range("d" & i) = 0
        ElseIf Range("c" & i) - 3500 <= 1500 Then
            Range("d" & i) = Range("c" & i) * 0.03 - 0
        ElseIf Range("c" & i) - 3500 > 1500 And Range("c" & i) - 3500 <= 4500 Then
            Range("d" & i) = Range("c" & i) * 0.1 - 105
        ElseIf Range("c" & i) - 3500 > 4500 And Range("c" & i) - 3500 <= 9000 Then
            Range("d" & i) = Range("c" & i) * 0.2 - 555
        ElseIf Range("c" & i) - 3500 > 9000 And Range("c" & i) - 3500 <= 35000 Then
            Range("d" & i) = Range("c" & i) * 0.25 - 1005
        ElseIf Range("c" & i) - 3500 > 35000 And Range("c" & i) - 3500 <= 55000 Then
            Range("d" & i) = Range("c" & i) * 0.3 - 2755
        ElseIf Range("c" & i) - 3500 > 55000 And Range("c" & i) - 3500 <= 80000 Then
            Range("d" & i) = Range("c" & i) * 0.35 - 5505
        Else
            Range("d" & i) = Range("c" & i) * 0.45 - 13505
        End If
    Next
End Sub
```

在"数据"工作表上,创建"计算个税"按钮,并绑定"个税计算公式"宏,本案例完成。

3.4.3 案例小结

本案例主要学习了 VBA 中逻辑"与"运算符 And 的使用方法。除 And 运算符以外,还能在 If 函数中使用逻辑"或"运算符 Or、逻辑"非"运算符 Not,以及其他比较运算符,如大于或等于运算符">="、小于或等于运算符"<="和不等于运算符"<>"等。

第4章

使用 Sheets 对象进行跨表操作

在 VBA 中，对象是一个非常重要的概念。

从第 4 章开始，本书将通过多个案例，陆续介绍 Worksheets（工作表）对象、Workbooks（工作簿）对象和 Range 对象，以及这些对象的属性和方法。

本章将通过讲解以下内容，介绍如何利用 Sheets（表）对象进行跨表操作：

- ○ 对象、方法和属性的概念；
- ○ Worksheets 对象、Workbooks 对象和 Sheets 对象；
- ○ Application（主程序）对象；
- ○ Sheets 对象的 Select、Add、Delete、Copy 方法，以及 Count、Name 属性；
- ○ 表达式 Sheets(Sheets.count)；
- ○ 属性 Count 与参数 count 的区别。

4.1 案例 10：新增及删除工作表

本案例要求在一个 Excel 文件中先新增 100 张工作表，再删除 100 张工作表。虽然在日常工作中很少遇到类似需求，但这个案例有助于了解如何在 VBA 中操作 Worksheets 对象。

4.1.1 案例解析

在 VBA 中，对象是指可以操作和访问的某一类目标，如单元格、工作表、工作簿等。Range 对象用于操作和访问单元格，Worksheets 对象用于操作和访问工作表。还有 Application 对象，它可用于操作和访问 Excel 主程序。

除了 Worksheets 对象，VBA 中与工作表相关的对象还有 Sheets 对象。这两个对象都可以用于操作和访问工作表，使用方法和结果也相同，但二者之间还是有本质区别——Worksheets 对象仅包含工作表，而 Sheets 对象则包含了所有类型的表。Excel 中表（sheet）的类型有很多，如工作表（worksheets）、图表（charts）、宏表和对话框等。也就是说，Worksheets 对象只是 Sheets 对象的一个子集。在 Excel 的日常使用中，由于其他类型的表的使用率较低，因此编写 VBA 代码时可直接用 Sheets 对象代替 Worksheets 对象。

为了方便 Worksheets 对象和 Sheets 对象指定工作表，Excel 中的每张工作表都有自己的"名字"，如图 4-1 中一共有 3 张工作表，其标签上分别写着"1 月""2 月"和"3 月"。我们可以认为"1 月""2 月"和"3 月"就是这 3 张工作表的"名字"。

但是，打开 Visual Basic 编辑器，查看工程资源管理器，会发现这 3 张工作表的"全名"

分别是"Sheet1（1 月）""Sheet2（2 月）"和"Sheet3（3 月）"，如图 4-2 所示。

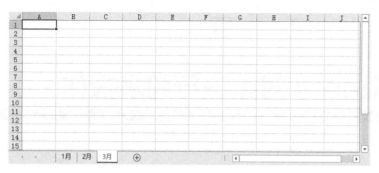

图 4-1　3 张工作表　　　　　　　　　　　　图 4-2　工作表的"全名"

　　严格来说，Sheet1、Sheet2 和 Sheet3 才是这 3 张工作表的"真正"名字，也就是"表名"。工作表的表名不能被修改，由 Excel 主程序按顺序自动生成。"1 月""2 月"和"3 月"更适合被称为"标签名"。工作表的标签名可以由 Excel 主程序按照工作表的创建顺序自动生成，但能够被修改。

　　小贴士：自动生成的工作表标签名并不一定与其表名一致。

　　除了表名和标签名，工作表还可以使用位置顺序来指定。如图 4-1 中标签名为"1 月"的工作表，使用 Sheets 对象可表示为：Sheet1、Sheets("1 月")和 Sheets(1)。其中 Sheets(1)表示当前工作簿中左侧第 1 张工作表。请注意 Sheet1 和 Sheets(1)书写上的区别，Sheet1 中的数字前没有字母"s"，如 Sheets1 写法是错误的。

　　Sheet1 是直接使用表名来指定工作表的，因为工作表的表名不能被修改，所以这种表达方式可以在代码中锁定工作表。无论工作表的标签名是否被修改、位置是否发生改变，与 Sheet1 相关的代码都不会受影响。但是，工作表的表名是一个整体，表名中的数字不能用变量代替，这也决定了无法使用表名批量处理工作表。

　　Sheets("1 月")是使用标签名来指定工作表。当工作表的标签名被修改时，相关代码也应做相应调整。不过，工作表标签名中的字符串可以用变量代替，因此使用标签名可以批量处理工作表。

　　在通过位置顺序指定工作表时，Sheets(1)表示工作簿左侧第 1 张工作表，Sheets(2)表示左侧第 2 张工作表，Sheets(100)表示左侧第 100 张工作表，以此类推。当工作表的位置顺序发生改变时，相关代码也需要做相应调整；在使用位置顺序指定工作表时，括号中的位置序号可用变量代替。

　　Worksheets 对象和 Sheets 对象有多种方法可供使用。在 VBA 中，对象的方法用于对对象进行各种操作。Select（选中）方法是 Sheets 对象常用的方法，该方法用于选中工作表，也就是将当前活动工作表切换为指定工作表。如选中图 4-1 中的"1 月"工作表的代码有 3 种写法，如代码清单 4-1 所示。

代码清单 4-1

```
Sheet1.Select           '选中表名为 Sheet1 的工作表
Sheets("1 月").Select    '选中标签名为"1 月"的工作表
Sheets(1).Select        '选中左侧第 1 张工作表
```

除了 Select（选中）方法，Sheets 对象常用的方法还有 Add（新增）方法、Delete（删除）方法和 Copy（复制）方法，它们分别用于新增工作表、删除工作表和复制工作表。

Sheets 对象的 Add 方法曾在 1.1 节的案例 01 中出现过。代码清单 4-2 表示新增一张工作表。

代码清单 4-2

```
Sheets.Add
```

其实 Sheets 对象的 Add 方法一共有 4 个参数，分别是 before、after、count 和 type，只不过这 4 个参数都是非必要参数。在编辑器中，输入 Sheets.Add，敲击空格键，编辑器弹出的自动提示中会出现这 4 个参数，如图 4-3 所示。

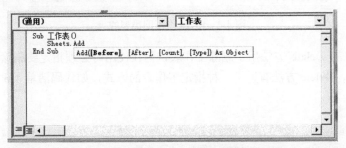

图 4-3　编辑器自动提示 Add 方法的 4 个参数

小贴士：在 VBA 中，非必要参数会用方括号 "[]" 括起来，而必要参数则没有方括号。

Add 方法的参数 before 与 after 分别用于将新增的工作表添加在指定工作表的前方（左侧）和后方（右侧）。如果 Add 方法中不使用 after 和 before 参数，则新增的工作表会被添加在当前活动工作表的前方（左侧）。在 VBA 中为参数赋值时，可使用符号 ":=" 连接参数名和参数值，如代码清单 4-3 所示。

代码清单 4-3

```
Sheets.Add before:=Sheet1    '在 Sheet1 的左侧添加一张工作表
Sheets.Add after:=Sheet2     '在 Sheet2 的右侧添加一张工作表
```

Add 方法的参数 count 用于指定新增工作表的数量。在 1.1.2 节新增 100 张工作表的代码中，如果不使用 For 循环，那么可以写成代码清单 4-4 的样子。

代码清单 4-4

```
Sheets.Add count := 100
```

参数 before/after 和参数 count 可配合使用，中间用逗号隔开。如在工作表 Sheet5 的后方（右侧）新增 5 张工作表的代码可写成代码清单 4-5 的样子。

代码清单 4-5

```
Sheets.Add after:=Sheet5, Count:=5
```

Add 方法的参数 type 用于指定新增表的类型，如果不指定，则默认新增类型为工作表（worksheets）。前文中有提及，除了工作表，Excel 中的表还包括图表、宏表和对话框等，如图 4-4 所示。在绝大多数情况下，工作表之外的其他类型的表很少被用到，因此这个参数同样很少被用到。

图 4-4　Excel 中不同类型的表

Sheets 对象的 Delete 方法用于删除工作表，但在使用时必须指定要删除哪张工作表。与 Select 方法一样，Delete 方法有以下 3 种指定工作表的方式，如代码清单 4-6 所示。

代码清单 4-6

```
Sheet1.Delete          '删除表名为 Sheet1 的工作表
Sheets(1).Delete       '删除左侧第 1 张工作表
Sheets("1月").Delete    '删除标签名为"1月"的工作表
```

Excel 存在报警机制，删除工作表时会弹出警告提示，如图 4-5 所示。

本案例要求删除 100 张工作表，因此 Excel 理论上会弹出 100 次图 4-5 所示的警告窗口，然后用户必须单击 100 次"删除"按钮，才能顺利完成删除操作。因此，一般在编写删除工作表的代码时，会使用 Application 对象关闭 Excel 的报警机制，待删除操作完成后再启动报警机制。相关代码如代码清单 4-7 所示。

图 4-5　删除工作表时弹出的警告窗口

代码清单 4-7

```
Application.DisplayAlerts = False   '关闭报警机制
Application.DisplayAlerts = True    '启动报警机制
```

代码清单 4-7 中的两行代码通常需要成对使用，否则，关闭了报警机制后不再启动，会影响 Excel 报警机制对其他操作的判断。

Delete 方法可配合 For 循环批量删除工作表。当工作表的标签名有一定规律时，可使用变量代替标签名中的部分字符，如标签名从"Sheet1"至"Sheet100"的工作表，可以使用 Sheets("Sheet" & i) 表示，计数变量 i 的取值范围为 1 至 100。

如果按照位置顺序批量删除工作表，一般使用 For 循环重复执行代码 Sheets(1).Delete 即可，因为每删除一张工作表，工作簿中剩余工作表的数量和位置都会发生变化。例如，共有 100 张工作表，使用代码 Sheets(1).Delete 删除了左侧第一张工作表后，剩余的工作表全部往前移动一位，此时工作簿中还有 Sheets(1) 至 Sheets(99) 共 99 张工作表，而工作表 Sheets(100) 已经不存在了。因为 Excel 默认工作簿中至少有一张工作表，所以 Sheets(1) 肯定是永远存在的。

当然，我们也可使用代码"Sheets(i).Delete"删除工作表，但应确保变量 i 的值不大于当前工作表的数量，否则会弹出"下标越界"的错误提示，如图 4-6 所示。

图 4-6　删除工作表时出现下标越界错误

为了避免出现下标越界错误，可以在 For 循环中设置变量 i 从大至小取值，且步长设置为 -1，如工作簿中共有 101 张工作表，删除其中 100 张工作表，For 循环的相关代码可写成代码清单 4-8 的样子。

代码清单 4-8

```
For i = 100 To 1 Step -1
        Sheets(i).Delete
Next
```

在代码清单 4-8 中，首先删除工作表 Sheets(100)，然后删除工作表 Sheets(99)……最后删除左侧第 1 张工作表，也就是从右向左删除，这和在工作表中从下向上删除整行、避免数据自动向上补齐导致代码运行出错的原理相似。

因为 Excel 默认工作簿中至少保留一张工作表，所以执行代码清单 4-8 时应确保工作表的数量大于 100，也就是至少有 101 张工作表。如果刚好有 100 张工作表，那么最后 i 的值为 1 时，执行代码"Sheets(1).Delete"会导致程序报错，并弹出如图 4-7 所示的提示。

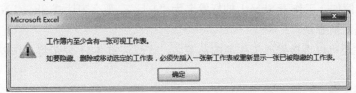

图 4-7　删除最后一张工作表时会弹出错误提示

4.1.2　案例代码

新增 100 张工作表与删除 100 张工作表的代码分别如代码清单 4-9 和代码清单 4-10 所示。注意，"删除"过程应在工作表数量超过 100 的工作簿中执行，否则会报错。

代码清单 4-9

```
Sub 新增()
    Sheets.Add Count:=100
End Sub
```

代码清单 4-10

```
Sub 删除()
    Application.DisplayAlerts = False '关闭主程序报警机制
    For i = 1 To 100                  '执行 100 次删除 Sheets(1) 的操作
        Sheets(1).Delete
    Next
```

```
        Application.DisplayAlerts = True      '启动主程序报警机制
End Sub
```

4.1.3　案例小结

通过本案例，我们学习了 Sheets 对象，以及 Sheets 对象的 Select 方法、Add 方法和 Delete 方法等，其中 Add 方法和 Delete 方法是重点内容。在使用 Delete 方法删除工作表时，工作表位置顺序的变化是本案例的难点。

4.2　案例 11：新建工作表并修改标签名

本案例要求，在工作簿中新建 12 张工作表，并将它们的标签名依次命名为"1 月"至"12 月"。

4.2.1　案例解析

本案例有两种解题思路，第一种是先使用 Sheets 对象的 Add 方法及其参数 count 批量创建工作表，再使用 For 循环依次修改标签名；第二种是直接使用 For 循环创建 12 张工作表，并修改标签名。因为工作簿中至少会保留一张工作表，所以使用第一种思路编写代码时，可只新建 11 张工作表。

无论使用哪种解题思路，都必须使用 Sheets 对象的 Name 属性。与方法不同，属性无法操作对象，只能获取对象的信息并返回。Name 属性用于获取工作表的标签名（注意，是标签名而不是表名）。例如，工作表 Sheet1 的标签名为"1 月"，那么表达式 Sheet1.Name、Sheets("1 月").Name 的返回值都是"1 月"。

Name 属性还可以直接修改工作簿的标签名。代码清单 4-11 表示将工作表 Sheet1 的标签名改为"2 月"。

代码清单 4-11

```
Sheet1.Name = "2 月"
```

本案例的第二种解题思路除了需要用到 Name 属性，还需要用到 Sheets 对象的 Count 属性。注意，Sheets 对象的 Count 属性与 Add 方法的 count 参数的意义完全不同，读者不要混淆。Count 属性用于统计当前工作簿中的工作表数量，不能直接运行，必须返回给指定的对象或变量，如表达式 Range("A1") = Sheets.Count 表示将工作表的数量返回 A1 单元格；表达式 a = Sheets.Count 则表示将当工作表的数量返回变量 a。

Sheets 对象的 Count 属性经常用于表示当前工作簿中最后一张工作表（或者说最右侧的工作表），表达式为 Sheets(Sheets.Count)。本案例的第二种解题思路需要利用表达式 Sheets(Sheets.Count)将新建的工作表置于工作簿的最右侧，代码如代码清单 4-12 所示。

代码清单 4-12

```
Sheets.Add after:=Sheets(Sheets.Count)
```

因为表达式 Sheets(Sheets.Count)永远表示最后一张工作表，所以当执行代码清单 4-12 导致工作表数量增加时，再次使用 Sheets(Sheets.Count)会自动指向最后新增的工作表。因此，修改工作表 Sheets(Sheets.Count)的标签名，等效于修改最后一张新建工作表的标签名，实现代码如代码清单 4-13 所示。

代码清单 4-13

```
Sheets(Sheets.Count).Name = i & "月"        '使用变量 i 为新建的工作表取不同的标签名
```

4.2.2　案例代码

新建工作表后再修改标签名的过程如代码清单 4-14 所示。

代码清单 4-14

```
Sub 新建工作表1()
    '新建 11 张工作表，加上工作簿中默认保留的工作表，一共 12 张
    Sheets.Add Count:=11
    Dim i As Integer
    '使用 For 循环依次为工作表改名
    For i = 1 To 12
        Sheets(i).Name = i & "月"
    Next
End Sub
```

新建工作表的同时修改标签名的过程如代码清单 4-15 所示。

代码清单 4-15

```
Sub 新建工作表2()
    Dim i As Integer
    For i = 1 To 12                          '一共执行 12 次新建工作表并改名的操作
            Sheets.Add after:=Sheets(Sheets.Count)  '新建工作表添加在所有工作表的最右侧
            Sheets(Sheets.Count).Name = i & "月"    '修改新建工作表的标签名
    Next
End Sub
```

注意，代码清单 4-15 中两次使用了表达式 Sheets(Sheets.Count)，但是两次指代的工作表并不相同。在第一次循环时，第一个 Sheets(Sheets.Count)等价于 Sheets(1)，此时会在工作表 Sheet1(1)的右侧新增一张工作表，工作表的数量变为 2，此时第二个 Sheets(Sheets.Count)等价于 Sheets(2)，以此类推。

4.2.3　案例小结

本案例主要介绍了 Sheets 对象的 Name 属性和 Count 属性。对象的属性无法直接运行，必须作为返回值赋给对象或变量。如果直接运行对象的属性，编辑器就会弹出错误提示，如图 4-8 所示。

我们应注意区分 Sheets 对象的 Count 属性和 Add 方法的参数 count。参数 count 可指定 Add 方法添加工作表的数量；而 Count 属性只能获取工作表的数量，无法改变。例如，代码 Sheets.Count = 8 就是错误写法，因为并不能在工作簿中新建或补齐 8 张工作表。

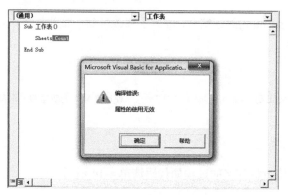

图 4-8　直接运行属性会导致编辑器报错

4.3　案例 12：取表名

资料文件中的"案例 12：取表名.xls"的内容如图 4-9 所示。该文件含有工作表，但数量不确定。案例 12 要求提取除"部门"工作表以外的所有工作表的标签名，并填入"部门"工作表的 A 列。

图 4-9　案例 12 的工作簿

4.3.1　案例解析

因为图 4-9 所示的"部门"工作表位于工作簿的最左侧，所以可用 Sheets(1)表示。其他工作表则可在 For 循环中用 Sheets(i)表示，且计数变量 i 的取值范围应设为 2 到 Sheets.Count。这样就可以使用 For 循环遍历工作簿中除"部门"工作表以外的所有工作表。然后，利用 Sheets 对象的 Name 属性依次获取各张工作表的标签名并返回"部门"工作表的 A 列。

注意，由于本案例涉及多工作表操作，因此在使用 Range 对象指定单元格时，必须同时指明该单元格属于哪张工作表，如 Sheet1 工作表的 A1 单元格应写为 Sheet1.Range ("A1")。

4.3.2　案例代码

本案例过程代码如代码清单 4-16 所示。

代码清单 4-16

```
Sub 取表名()
    Dim i As Integer
    For i = 2 To Sheets.Count
        Sheets("部门").Range("a" & i - 1) = Sheets(i).Name
    Next
End Sub
```

4.3.3　案例小结

　　使用位置顺序指定工作表可以很方便地实现本案例，但需要注意，若因为新建或删除工作表，以及其他操作，导致工作表的位置顺序发生改变，那么"部门"工作表或许无法继续使用 Sheets(1)表示，代码应进行相应调整。

　　另外，在进行多表操作时，应使用英文符号"."连接 Sheets 对象和 Range 对象，以指明操作的单元格属于哪张工作表。在代码清单 4-16 中，如果在表达式 Range("a" & i − 1)前不使用"."连接 Sheets("部门")，那么获取的工作表标签名未必会正确返回到"部门"工作表中。

4.4　案例 13：生成日报表

　　打开资料文件中的"案例 13：创建日报表.xls"，得到一张图 4-10 所示的日报表模板。本案例要求参照该模板，创建 5 月的 31 张日报表，并以日期顺序排列在"模板"工作表的右侧；同时，要求每张日报表以日期为标签名，并在 E5 单元格中填写日期。

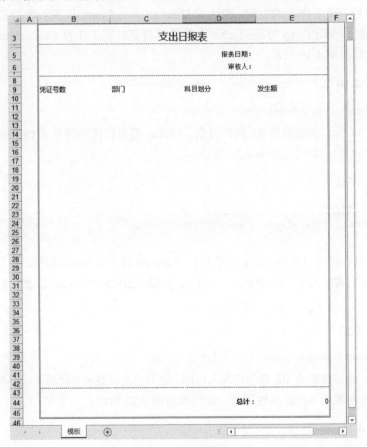

图 4-10　日报表模板

4.4.1　案例解析

　　本案例要求参照模板创建 31 张日报表，因此需要使用 Sheets 对象的 Copy 方法。Copy 方法用于复制已有的工作表，如复制"模板"工作表。它可以表示为 3 种形式，如代码清单 4-17 所示。

代码清单 4-17

```
Sheet1.Copy              '"模板"工作表的表名为 Sheet1
Sheets(1).Copy           '"模板"工作表是工作簿左侧第 1 张工作表
Sheets("模板").Copy       '复制标签名为"模板"的工作表
```

Copy 方法有两个参数：before 和 after，分别表示将复制的工作表添加到指定工作表的左侧（before）或右侧（after），如代码清单 4-18 所示。

代码清单 4-18

```
Sheet1.Copy after:=Sheet3      '复制工作表 Sheet1，并添加到 Sheet3 的右侧
Sheet1.Copy before:=Sheet2     '复制工作表 Sheet1，并添加到 Sheet2 的左侧
```

Copy 方法默认不使用参数。如果在 Copy 方法中不使用参数，那么 Excel 会新建一个工作簿，并将复制的工作表添加其中。

因为本案例要求日报表按日期顺序从左至右排列，所以可以考虑每次都将复制生成的日报表添加至最后一张工作表的右侧。表达式 Sheets(Sheets.Count)可表示当前工作簿中的最后一张工作表，然后使用 Copy 方法的 after 参数将模板复制到工作表 Sheets(Sheets.Count)的右侧即可，如代码清单 4-19 所示。

代码清单 4-19

```
Sheet1.Copy after:=Sheets(Sheets.Count)
```

5 月共有 31 天，需要创建 31 张日报表。因此，需要将代码清单 4-19 中的语句嵌入 For 循环重复执行 31 次，如代码清单 4-20 所示。

代码清单 4-20

```
For i = 1 To 31
      Sheet1.Copy after:=Sheets(Sheets.Count)
Next
```

创建的日报表要以日期命名，此时需要使用 Sheets 对象的 Name 属性。在 For 循环中，将计数变量 i 表示日期，然后为当前最后一张日报表 Sheets(Sheets.Count)修改标签名，如代码清单 4-21 所示。

代码清单 4-21

```
sheets(sheets.Count).name = "5 月" & i & "日"
```

对于在每一张日报表的 E5 单元格写入日期，这与修改标签名的代码大同小异，使用 Range 对象替代 Sheet 对象的 Name 属性即可，如代码清单 4-22 所示。

代码清单 4-22

```
Sheets(Sheets.Count).Range("E5") = "5 月" & i & "日"
```

4.4.2 案例代码

完整的"生成日报表"代码如代码清单 4-23 所示。

代码清单 4-23

```
Sub 生成日报表()
    Dim i As Integer
    For i = 1 To 31
        Sheet1.Copy after:=Sheets(Sheets.Count)        '复制模板并添加至工作簿最右侧
        Sheets(Sheets.Count).Name = "5月" & i & "日"   '修改日报表的标签名
        Sheets(Sheets.Count).Range("E5") = "5月" & i & "日"   '将日期写入日报表的E5单元格
    Next
End Sub
```

4.4.3 案例小结

本案例介绍了 Sheets 对象的 Copy 方法。通过学习 Sheets 对象的各种方法和属性，我们可总结出以下 3 点。

- ○ 对象的方法用于操作和控制对象，如新增、选中、删除等。与方法相关的代码可直接运行，并生成相应的结果。
- ○ 对象的属性用于获取或修改对象的信息，如数量、名字等。与属性相关的代码不能直接执行，必须返回给对象或变量。
- ○ 在对象后面输入英文符号"."，Visual Basic 编辑器中会给出可用的方法和属性，其中方法的图标是一本书的形状，如图 4-11 所示。

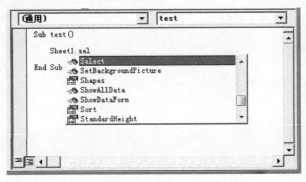

图 4-11 方法的图标是一本书的形状

属性的图标则是一个手的形状，如图 4-12 所示。

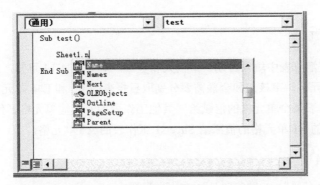

图 4-12 属性的图标是一个手的形状

4.5 案例 14：生成汇总表

打开资料文件"案例 14：生成汇总表.xls"，得到一张汇总表，如图 4-13 所示。该工作簿中还有若干张 5 月的日报表，如图 4-14 所示。本案例要求单击汇总表中的"汇总"按钮后，系统自动在汇总表中填入日期、审核人和金额，实现汇总。

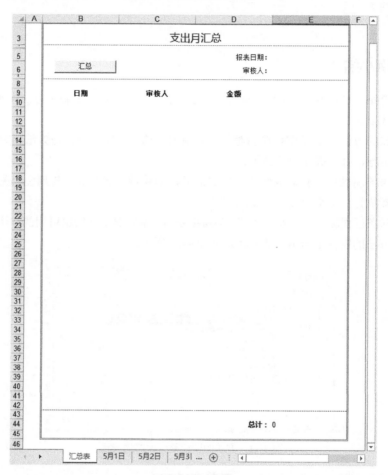

图 4-13　汇总表

4.5.1　案例解析

本案例要求在汇总表中填入日期、审核人和金额。观察图 4-14 可知，日期可取日报表的标签名或者 E5 单元格，审核人和金额需要分别取日报表的 E6 和 E44 单元格。使用等于符号"="可直接将工作表某个单元格的值赋给（其他工作表的）其他单元格。代码清单 4-24 表示将 Sheets2 工作表的 B1 单元格的值赋给 Sheets1 工作表的 A1 单元格。

代码清单 4-24

```
Sheets1.Range("A1") = Sheets2.Range("B1")
```

在工作簿中，第 1 张工作表为汇总表，第 2 张工作表开始为日报表。Sheets(i)表示日报表，则 For 循环中计数变量 i 的取值范围应设为 2 到 Sheets.Count。表达式 Sheets.Count 表示当前工作表的数量。

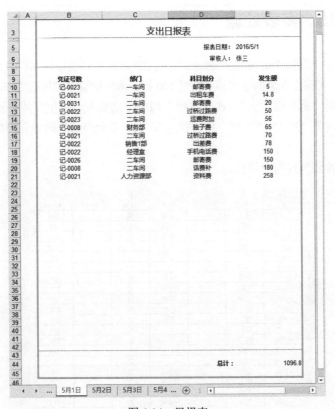

图 4-14　日报表

最后，利用 For 循环取得每张日报表的日期、审核人和金额，逐行填入汇总表的 B、C、D 三列。注意，"汇总表"中的数据应从第 10 行开始填写。

4.5.2　案例代码

使用表达式 Sheets(i) 表示日报表，"汇总表"过程如代码清单 4-25 所示。

代码清单 4-25

```
Sub 汇总表()
    Dim i As Integer
    For i = 2 To Sheets.Count
        Sheets1.Range("B" & i + 8) = Sheets(i).Name            '获取日期
        Sheets1.Range("C" & i + 8) = Sheets(i).Range("E6")     '获取审核人
        Sheets1.Range("D" & i + 8) = Sheets(i).Range("E44")    '获取金额
    Next
End Sub
```

4.5.3　案例小结

本案例介绍了如何将一个单元格的值赋给另一个单元格。需要注意的是，在进行多表操作时，在 Range 对象之前，务必使用英文符号“.”指明所属工作表。

4.6 案例 15：多表处理

本书资料文件“案例 15：多表处理.xls”的内容如图 4-15 所示。图 4-15 中含有多张工作表，且数量不定。每张工作表的数据都不超过 100 行。本案例要求对每张工作表进行如下处理：

- 根据性别“男”或“女”，在“称呼”列中分别填入“先生”或“女士”；
- 根据专业类“理工”“文科”或“财经”，在“专业代号”列中分别填入“LG”“WK”或“CJ”；
- 删除“姓名”列为空的行。

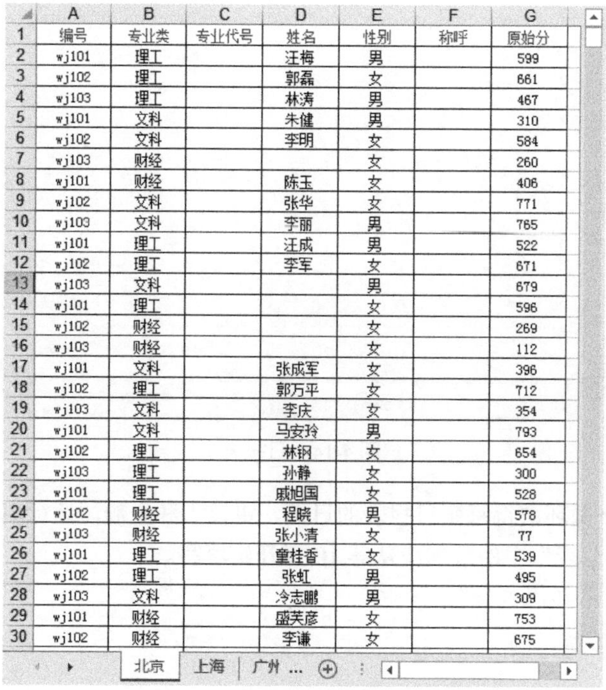

	A	B	C	D	E	F	G
1	编号	专业类	专业代号	姓名	性别	称呼	原始分
2	wj101	理工		汪梅	男		599
3	wj102	理工		郭磊	女		661
4	wj103	理工		林涛	男		467
5	wj101	文科		朱健	男		310
6	wj102	文科		李明	女		584
7	wj103	财经			女		260
8	wj101	财经		陈玉	女		406
9	wj102	文科		张华	女		771
10	wj103	文科		李丽	男		765
11	wj101	理工		汪成	男		522
12	wj102	理工		李军	女		671
13	wj103	文科			男		679
14	wj101	理工			女		596
15	wj102	财经			女		269
16	wj103	财经			女		112
17	wj101	文科		张成军	女		396
18	wj102	理工		郭万平	女		712
19	wj103	文科		李庆	女		354
20	wj101	文科		马安玲	男		793
21	wj102	理工		林钢	女		654
22	wj103	理工		孙静	女		300
23	wj101	理工		戚旭国	女		528
24	wj102	财经		程晓	男		578
25	wj103	财经		张小清	女		77
26	wj101	理工		童桂香	女		539
27	wj102	理工		张虹	男		495
28	wj103	文科		冷志鹏	男		309
29	wj101	财经		盛芙彦	女		753
30	wj102	财经		李谦	女		675

图 4-15 含有多张工作表的工作簿

4.6.1 案例解析

本案例需要使用两层 For 循环。内层 For 循环用于处理单张工作表，相关代码在 3.2.2 节中已给出；外层 For 循环则用于遍历工作簿中的所有工作表。外层 For 循环可使用表达式 Sheets(i)表示工作表，计数变量 i 的取值范围应设为 1 到 Sheets.Count。表达式 Sheets.Count 为工作簿中所有工作表的数量。

在对每张工作表进行操作前，应使用表达式 Sheets(i).Select 选中该工作表，表示接下来的操作都在工作表 Sheets(i)中进行。如此的话，在内层 For 循环中，Range 对象前无须再次指定所属工作表。3.2.2 节的代码清单 3-16 中有选中单元格的代码，但 VBA 代码不支持类似 Sheets2.Range("a1").Select 的写法，除非此时已选中 Sheets2 工作表，否则编辑器会弹出图 4-16 所示的错误提示。因此，在内层 For 循环前，使用 Select 方法选中工作表，可以避免发生类似错误。

图 4-16 "选中某张工作表的某个单元格"的写法会导致编辑器报错

4.6.2 案例代码

本案例的"多表处理"过程如代码清单 4-26 所示。

代码清单 4-26

```
Sub 多表处理()
    Dim i, j As Integer                   '可同时定义两个变量，中间用逗号","隔开
    For i = 1 To Sheets.Count             '外层 For 循环遍历所有工作表
        Sheets(i).Select                  '内侧 For 循环前先选中需要操作的工作表
        For j = 100 To 2 Step -1          '内层 For 循环应从下向上处理工作表
            If Range("e" & j) = "男" Then
                Range("f" & j) = "先生"
            Else
                Range("f" & j) = "女士"
            End If
            If Range("b" & j) = "理工" Then
                Range("c" & j) = "LG"
            ElseIf Range("b" & j) = "文科" Then
                Range("c" & j) = "WK"
            Else
                Range("c" & j) = "CJ"
            End If
            If Range("d" & j) = "" Then
                Range("D" & j).Select
                Selection.EntireRow.Delete
            End If
        Next
    Next
End Sub
```

4.6.3 案例小结

代码清单 4-26 中定义了两个计数变量：i 和 j，定义时用英文逗号","隔开。因为本案例中内外两层 For 循环必须使用不同的计数变量，所以不可混用。

在内层 For 循环之前，应使用表达式 Sheets(i).Select 选中工作表，不但可在内层 For 循环的 Range 对象前指定所属工作表，而且可避免出现如图 4-16 所示的错误提示。

第5章

使用 Workbooks 对象进行跨文件操作

本章将通过讲解以下内容，介绍如何利用 Workbooks（工作簿）对象进行跨文件操作：

- For Each 循环；
- Workbooks 对象；
- Workbooks 对象的各种方法。

5.1 案例 16：使用 For Each 循环为单元格赋值

在 VBA 中，处理同一个问题往往有多种思路。例如，在为工作表的 A1 至 A10 单元格分别赋值 1 至 10 时，可以使用 For 循环，也可以使用 For Each 循环。For Each 循环可看作 For 循环的另一个版本，更适合处理某个集合内的对象。

本案例要求在学习了 For Each 循环后，使用 For Each 循环为工作表的 A1 至 A10 单元格分别赋值 1 至 10。

5.1.1 案例解析

For Each 循环一般用于依次处理一个集合内的所有对象，且无须关注集合内对象的数量，因此 For Each 循环没有计数变量。但 For Each 循环需要使用对象变量逐一指代集合中的每个对象。For Each 循环的语法：

```
For Each 对象变量 In 对象集合
        循环体
Next
```

在使用 For Each 循环时，需要根据集合内的对象类型定义变量的类型。例如，使用 For Each 循环为 A1 到 A10 单元格赋值时，集合内的对象都是单元格（A1 单元格至 A10 单元格），因此需要定义一个单元格变量。变量命名一般遵循一定的规律，以便阅读和理解。例如，整数型变量一般使用 i、j、k 等字母命名，而单元格变量一般使用 rng 命名（Range 的缩写）。定义单元格变量的代码见代码清单 5-1。

代码清单 5-1

```
Dim rng As Range
```

单元格变量 rng 不但可以代替单元格进行赋值或取值，而且能使用 Range 对象的所有方法和属性。单元格变量 rng 在 For Each 循环中为 A1 至 A10 单元格赋值的代码见代码清单 5-2。

代码清单 5-2

```
For Each rng In Range("A1:A10")       '设定对象集合的范围
    rng = 1                           '为单元格赋值
Next
```

代码清单 5-2 可在 A1 至 A10 单元格中写入数值 1。如果要在 A1 到 A10 单元格中依次写入 1 到 10，则需要定义一个整型变量 i，并使 i 在每次循环时利用表达式 i = i + 1 递增，然后将 i 的值赋给变量 rng。表达式 i = i + 1 表示将 i 的当前值+1，然后将结果赋给 i。

5.1.2　案例代码

实现案例 16 的代码如代码清单 5-3 所示。

代码清单 5-3

```
Sub 赋值()
    Dim rng As Range
    Dim i As Integer
    For Each rng In Range("A1:A10")   '设定对象集合的范围
        i = i + 1                     '变量 i 在每次循环时+1
        rng = i                       '将 i 赋值给 rng
    Next
End Sub
```

5.1.3　案例小结

本案例介绍了 For Each 循环的使用方法。一般情况下，For Each 循环很少用于处理单元格集合，这是因为 Range 对象的集合范围比较容易确定，而 For Each 循环更适合用于无法确定范围边界的集合，也就是无法确定对象数量的情况。

代码清单 5-3 虽然定义了整型变量 i，但是在没有赋初始值的情况下直接使用了表达式 i = i + 1，这是因为 VBA 中的所有整型变量的初始值默认为 0，定义后无须赋值即可直接使用。

5.2　案例 17：使用 For Each 循环按要求删除工作表

案例资料"案例 17：删除工作表.xls"中包含一张图 5-1 所示的"绝不能删"工作表，以及多张其他工作表（数量不定）。本案例要求删除工作簿中除"绝不能删"工作表之外的其他所有工作表。

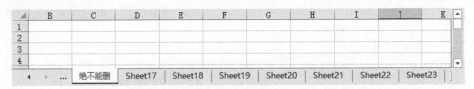

图 5-1　删除工作簿中除"决不能删"工作表之外的所有工作表

5.2.1　案例解析

因为图 5-1 中工作簿内的工作表数量不定，所以本案例使用 For Each 循环更加方便。For Each 循环需要使用工作表变量。工作表变量一般使用 sht 表示（Sheet 的缩写），定义语句见代码清单 5-4。

代码清单 5-4

```
Dim sht As Worksheet
```

工作表变量 sht 可在 For Each 循环中配合表达式 In Sheets 来遍历当前工作簿中所有工作表，如代码清单 5-5 所示。

代码清单 5-5

```
For Each sht In Sheets
```

使用 If 函数判断工作表变量 sht 的标签名，当标签名不为"绝不能删"时，则删除 sht，详见代码清单 5-6。

代码清单 5-6

```
If sht.Name <> "绝不能删" Then
        sht.Delete
End If
```

在 VBA 中，小于符号"<"和大于符号">"连接表示不等于符号"<>"，其含义与其他编程语言中的"≠""!="一样。

在删除工作表时，Excel 程序会弹出警告提示，因此需要在过程中使用 Application 对象关闭警告提示。

小贴士：如果执行过程中不断弹出警告提示，那么可长按 Esc 键中止代码运行。

5.2.2　案例代码

案例 17 的代码见代码清单 5-7。

代码清单 5-7

```
Sub 删除工作表()
    Application.DisplayAlerts = False        '关闭警告提示
    Dim sht As Worksheet                     '定义工作表变量 sht
    For Each sht In Sheets
        If sht.Name <> "绝不能删" Then        '保留"绝不能删"工作表并删除其他工作表
                sht.Delete
        End If
    Next
    Application.DisplayAlerts = True          '打开警告提示
End Sub
```

5.2.3 案例小结

在使用 For 循环时，编程者必须关注循环的次数，也就是关注如何设置计数变量的取值范围。例如，本案例使用 For 循环，就必须利用表达式 Sheets.Count 获取当前工作簿中所有工作表的数量，并以此来界定计数变量的取值范围。

而使用 For Each 循环时，编程者无须关注循环的次数，能够准确表达集合范围即可。虽然这种区别不会导致代码量有太大变化，但是编程者在使用 For Each 循环时会有一种将变量扔进"黑盒子"的感觉，至于"黑盒子"中有多少对象，以及有哪些对象，可以不用关心，把关注点放在其他环节上。在编写代码时，减少关注点，可以有效减少代码的故障点，提高代码的成功率。

5.3 案例 18：打开指定工作簿并修改单元格

Excel 中的工作簿（workbooks）其实就是 Excel 文档的"正式名称"。我们可以把工作簿理解为一张或多张工作表合订的书（book）。

本案例要求在计算机 D 盘的根目录下创建一个 data 文件夹，然后在该文件夹中新建一个 Excel 工作簿，并将其命名为 1.xlsx。编写 VBA 代码打开该工作簿，并在其第一张工作表的 A1 单元格中输入"Hello,VBA!"。

小贴士：扩展名为 xls 的 Excel 工作簿为 97 至 2003 版本，该版本的工作簿支持执行宏代码（即可执行 VBA 过程代码）；而扩展名为 xlsx 的 Excel 工作簿为新版本，不支持执行宏代码。如果需要在扩展名为 xlsx 的工作簿中执行宏，则应先将文件另存为 xlsm 格式。

5.3.1 案例解析

与 Sheets 对象一样，VBA 中的 Workbooks 对象也拥有多种方法，以满足各种操作需要，如打开、关闭、保存、新建、另存为等。Workbooks 对象的 Open 方法可用于打开指定的工作簿。Open 方法有多个参数，其中 filename 参数为必填参数，用于指定打开工作簿的路径和文件名。Open 方法的语法：

```
Workbooks.Open Filename:="目录:\文件名"
```

利用 Workbooks 对象打开 data 文件夹下的 1.xlsx 文件，相关代码见代码清单 5-8。

代码清单 5-8

```
Workbooks.Open Filename:="D:\data\1.xlsx"
```

对于使用 Open 方法打开的工作簿，在没有单击其他工作簿之前，会处于被激活状态。这种状态下的工作簿称为"当前活动工作簿"，在 VBA 中，用 ActiveWorkbook 表示。因此，当使用 Open 方法打开 data 文件夹中的 1.xlsx 时，可以用 ActiveWorkbook 表示该工作簿。在该工作簿的第一张工作表的 A1 单元格中，输入字符串的代码如代码清单 5-9 所示。

代码清单 5-9

```
ActiveWorkbook.Sheets(1).Range("A1") = " Hello,VBA!"
```

Workbooks 对象的 Save 方法用于保存工作簿。Save 方法没有参数，保存当前活动工作簿的代码如代码清单 5-10 所示。

代码清单 5-10

```
ActiveWorkbook.Save
```

在使用 VBA 保存工作簿时，系统经常弹出各种警告提示，如图 5-2 所示。

图 5-2 使用 VBA 保存工作簿时弹出的警告提示

虽然这些警告提示并不会改变过程代码的执行结果，但是会对操作造成不必要的干扰。为了去除警告信息的干扰，可以利用 Application 对象在过程的开始和结尾处分别关闭与打开 Excel 的报警机制。

关闭工作簿需要使用 Workbooks 对象的 Close 方法。和 Save 方法一样，Close 方法也没有参数。关闭当前活动工作表的代码如代码清单 5-11 所示。

代码清单 5-11

```
ActiveWorkbook.Close
```

我们将 Workbooks 对象的各种方法结合，即可得到本案例的过程代码。在代码运行时，打开工作簿和关闭工作簿的过程会在计算机屏幕上"一闪而过"。如果不希望过程代码的执行过程在计算机屏幕上闪现，那么可利用 Application 对象的 ScreenUpdating 属性关闭屏幕刷新。

为了避免混淆，本案例的过程代码不应写在 data 文件夹下的 1.xlsx 工作簿中，而应在新建的工作簿中进行代码的编写和测试。

5.3.2 案例代码

基于 5.3.1 节中 Workbooks 对象的方法，加上关闭/打开报警机制、关闭/打开屏幕刷新等语句，就会得到本案例的实现代码，如代码清单 5-12 所示。

代码清单 5-12

```
Sub 打开工作簿()
    Application.DisplayAlerts = False                      '关闭报警机制
    Application.ScreenUpdating = False                     '关闭屏幕刷新
    Workbooks.Open Filename:="D:\data\1.xlsx"              '打开指定的工作簿
    ActiveWorkbook.Sheets(1).Range("A1") = " Hello,VBA!"   '输入字符串
    ActiveWorkbook.Save                                    '保存工作簿
    ActiveWorkbook.Close                                   '关闭工作簿
    Application.DisplayAlerts = True                       '打开报警机制
    Application.ScreenUpdating = True                      '打开屏幕刷新
End Sub
```

5.3.3　案例小结

本案例介绍了 Workbooks 对象的 Open（打开）、Save（保存）和 Close（关闭）等方法，以及如何对工作簿中的工作表进行操作。对于本案例，我们需要注意以下 4 点：

- ○ Open 方法必须通过参数 Filename 指明打开工作簿的路径和名称；
- ○ Save 方法和 Close 方法没有参数；
- ○ 在过程中关闭 Excel 的报警机制和屏幕刷新后，应该在过程结束时再次打开；
- ○ 在涉及多工作簿操作的过程中，应时刻留意当前代码的操作对象是哪个工作簿。例如，本案例使用 ActiveWorkbook 代替 1.xlsx 工作簿，后续操作的对象全部为 1.xlsx 工作簿，而非编写代码的工作簿。

5.4　案例 19：新建工作簿并进行"另存为"操作

本案例要求首先利用 Workbooks 对象新建一个 Excel 工作簿，并在其第一张工作表的 A1 单元格中输入 "Hello,VBA!"，然后将该工作簿另存在 D 盘的 data 文件夹中，并命名为 2.xlsx。在完成以上操作后，关闭该工作簿。

5.4.1　案例解析

Workbooks 对象的 Add 方法用于新建一个工作簿，与在 Excel 中选择"新建"选项创建工作簿（见图 5-3）的效果一样。通过 Add 方法新建的工作簿会成为当前的活动工作簿，在 VBA 中，可用 ActiveWorkbook 表示。

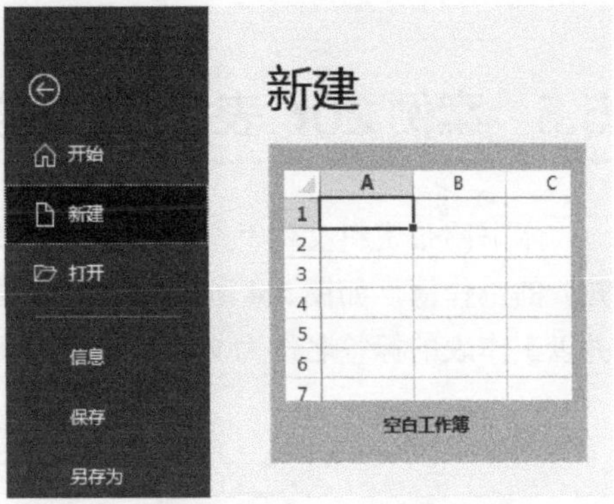

用 Add 方法创建的工作簿会被自动分配类似"工作簿 1.xlsx"的文件名。单击 Excel 工具栏中的"保存"选项或在 VBA 中使用 Workbooks 对象的 Save 方法，将这个工作簿保存到默认的目录下，如"我的文档"目录。Add 方法没有参数，语法如下：

```
Workbooks.Add
```

图 5-3　通过 Excel 的"文件"标签中的"新建"选项新建一个空白工作簿

使用 Add 方法新建工作簿的过程同样会在计算机屏幕上"一闪而过"，如有必要，可使用 Application 主程序对象的 ScreenUpdating（屏幕刷新）属性进行隐藏。

如果希望将使用 Add 方法创建的工作簿保存在其他指定路径中，则需要使用 Workbooks 对象的 SaveAs 方法。SaveAs 即"另存为"。与 Save 方法不同，SaveAs 方法有必填参数 Filename，用于指明"另存为"的路径和文件名。例如，将当前活动工作簿另存至 D 盘的 data 文件夹中，并命名为 2.xlsx，实现代码见代码清单 5-13。

代码清单 5-13

```
ActiveWorkbook.SaveAs Filename:="D:\data\2.xlsx"
```

5.4.2　案例代码

使用 Workbooks 对象的 Add 方法和 SaveAs 方法，可得本案例的实现代码，如代码清单 5-14 所示。

代码清单 5-14

```
Sub 新建工作簿()
    Application.ScreenUpdating = False
    Workbooks.Add
    ActiveWorkbook.Sheets(1).Range("a1") = "Hello,VBA!"
    ActiveWorkbook.SaveAs Filename:="D:\data\2.xlsx"
    ActiveWorkbook.Close
    Application.ScreenUpdating = True
End Sub
```

5.4.3　案例小结

Workbooks 对象的 Add 方法没有参数，无法指定工作簿的保存路径和文件名，因此 Add 方法一般与 SaveAs 方法配合使用。SaveAs 方法的 Filename 参数为必填参数，这与 Save 方法不同。

在本案例中，我们仍然需要留意当前代码的操作对象是哪个工作簿。本案例中编写代码并执行的工作簿与使用 Add 方法新建并另存至 data 文件夹下的“2.xlsx”工作簿并非同一个工作簿。

5.5　案例 20：表格拆分为多个文件

本书附带资料文件“案例 20：表格拆分为多个文件.xls”是一个含有多张工作表（数量未知）的工作簿，如图 5-4 所示。本案例要求将该工作簿中的每张工作表拆分成独立的工作簿，并以工作表的标签名作为文件名，保存到 D 盘的 data 目录下。

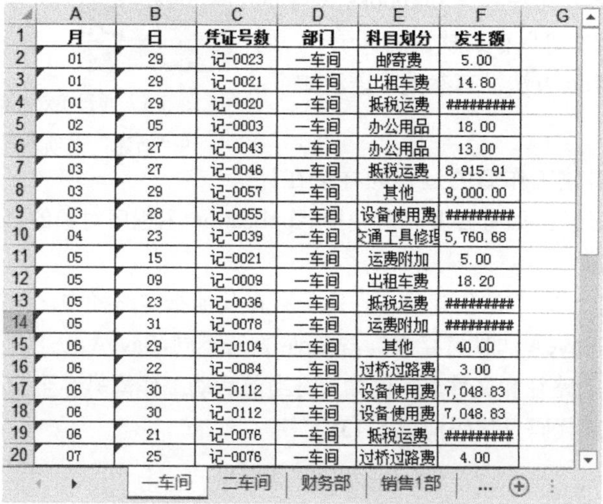

	A	B	C	D	E	F	G
1	月	日	凭证号数	部门	科目划分	发生额	
2	01	29	记-0023	一车间	邮寄费	5.00	
3	01	29	记-0021	一车间	出租车费	14.80	
4	01	29	记-0020	一车间	抵税运费	#########	
5	02	05	记-0003	一车间	办公用品	18.00	
6	03	27	记-0043	一车间	办公用品	13.00	
7	03	27	记-0046	一车间	抵税运费	8,915.91	
8	03	29	记-0057	一车间	其他	9,000.00	
9	03	28	记-0055	一车间	设备使用费	#########	
10	04	23	记-0039	一车间	交通工具修理	5,760.68	
11	05	15	记-0021	一车间	运费附加	5.00	
12	05	09	记-0009	一车间	出租车费	18.20	
13	05	23	记-0036	一车间	抵税运费	#########	
14	05	31	记-0078	一车间	运费附加	#########	
15	06	29	记-0104	一车间	其他	40.00	
16	06	22	记-0084	一车间	过桥过路费	3.00	
17	06	30	记-0112	一车间	设备使用费	7,048.83	
18	06	30	记-0112	一车间	设备使用费	7,048.83	
19	06	21	记-0076	一车间	抵税运费	#########	
20	07	25	记-0076	一车间	过桥过路费	4.00	

图 5-4　含有多张工作表的工作簿

5.5.1 案例解析

对于 Excel 不太熟悉的读者，想要解决这个问题，首先全选每张工作表的所有单元格内容并复制，然后粘贴至新建工作簿中，最后进行"另存为"操作；而对于 Excel 比较熟悉的读者，首先右键单击每张工作表，然后通过"建立副本"的方式将工作表复制到新建工作簿中。使用 VBA 中 Sheets 对象的 Copy 方法可以简便地完成本案例。

第 4 章介绍过 Sheets 对象的 Copy 方法。当 Copy 方法不使用参数时，Excel 会自动新建一份工作簿（而且会成为当前活动工作簿），并将复制的工作表粘贴至其中。

利用 Copy 方法的这个特性，本案例可省去创建工作簿的代码，只需要在 For Each 循环中利用 Sheets 对象的 Copy 方法依次复制工作簿中的每张工作表，且不使用参数。然后，将 Excel 自动创建的工作簿（在 VBA 过程中，可用当前活动工作簿 ActiveWorkbook 表示）以工作表的标签名命名，并保存在指定目录下。注意，保存工作簿时应使用 SaveAs 方法，且保存之后要关闭工作簿。

SaveAs 方法的 Filename 参数值可分为 3 个部分："路径" + "文件名" + "扩展名"。本案例中"另存为"的路径为"D:\data\"，扩展名可选用老版本的".xls"或新版本的".xlsx"，而根据案例要求，文件名应为工作表的标签名，必须使用工作表变量的 Name 属性获取。在 Filename 参数中，如果既有字符串，又有变量，则需要使用连接符号"&"进行连接，并在"&"的两侧留有空格。

为了不让过程代码在执行时"一闪而过"，可以通过 Application 对象的 ScreenUpdating 属性关闭屏幕刷新。

5.5.2 案例代码

本案例代码如代码清单 5-15 所示。

代码清单 5-15

```
Sub 拆分工作簿()
    Application.ScreenUpdating = False
    Dim sht As Worksheet
    For Each sht In Sheets
        sht.Copy
        ActiveWorkbook.SaveAs Filename:="D:\data\" & sht.Name & ".xls"
        ActiveWorkbook.Close
    Next
    Application.ScreenUpdating = True
End Sub
```

5.5.3 案例小结

本案例利用了 Sheets 对象 Copy 方法不使用参数时会自动创建工作簿的特性。我们应注意在字符串中插入变量的方法。

第6章

使用 Range 对象拆分数据（1）

在 Excel 及其 VBA 中，使用最多的对象是 Range 对象。在前面的案例中，也多次提及 Range 对象。本章将围绕 Range 对象介绍以下内容：

- ○ 工作表中单元格和区域的表示方法；
- ○ Range 对象的 Select（选中）方法、Delete（删除）方法和 Copy（复制）方法；
- ○ Range 对象的 Offset（偏移）属性、End（边界）属性、Resize（选区）属性和 EntireRow（整行）属性；
- ○ 实际操作中频繁使用的固定表达式——Range("a65536").End(xlUp).Row；
- ○ 如何利用 Range 对象将数据拆分到多表。

6.1 案例 21：以单元格的值选中工作表

资料文件"案例 21：以单元格的值选中工作表.xls"中含有多张以月份为标签名的工作表，如图 6-1 所示。本案例要求编写 VBA 代码，实现在 Sheet1 工作表的 A1 单元格中输入 1 月至 12 月的任意月份时，选中对应标签名的工作表。

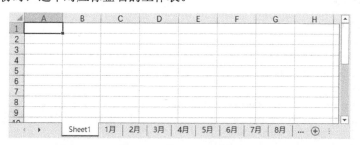

图 6-1　工作簿内有多张以月份为标签名的工作表

6.1.1 案例解析

在 VBA 中，选中 A1 单元格有 3 种表达方式，如代码清单 6-1 所示。

代码清单 6-1

```
[a1].Select            '无法插入变量
Cells(1, 1).Select     '无法选取区域
Range("a1").Select     '使用最多的表达方式
```

这 3 种表达方式各有特点：第一种表达方式无法插入变量；第二种表达方式无法直接选

中单元格区域；第三种表达方式使用 Range 对象，既可插入变量，又能选中一片区域。因此，在 VBA 的实际应用中，Range 对象是使用最多的用来选中单元格的方式。

小贴士： 使用 Cells(x, y)选取单元格时，x 表示行，y 表示列，这与 Range 对象的表示顺序正好相反，如 Cells(2, 3)表示 C2 单元格，而非 B3 单元格。

Range 对象的 Value 属性表示单元格的值，默认情况下，可省略不写。代码清单 6-2 中的两行代码都表示在 A1 单元格中写入字符串 "8 月"。

代码清单 6-2

```
Range("A1") = "8 月"
Range("A1").Value = "8 月"
```

当需要用单元格的值表示工作表的标签名时，必须使用 Range 对象的 Value 属性。如果过程代码中出现类似 Sheets(Range("A1"))的语句，那么编辑器会弹出图 6-2 所示的错误提示，这是因为 Range("A1")是一个 Range 对象，对象之间仅可使用英文符号 "." 连接。因此，需要将语句 Sheets(Range("A1"))改为 Sheets(Range("A1").Value)。

除此之外，如果没有提前声明变量为单元格类型，那么必须使用 value 属性，否则无法进行赋值。例如代码清单 6-3 中的变量 rng，若没有提前声明为单元格变量，也未在 rng 后面使用 value 属性，则无法为 A1 至 A10 单元格赋值。

代码清单 6-3

```
For Each rng In Range("a1:a10")
    rng = 1
Next
```

图 6-2 不使用 value 属性无法直接
使用 Range 对象表示工作表

本案例只需要在 Sheets 对象中正确使用 Range 对象的 Value 属性。

6.1.2 案例代码

本案例的实现代码见代码清单 6-4。

代码清单 6-4

```
Sub 选中工作表()
    Sheet1.Select
    Sheets(Range("a1").Value).Select
End Sub
```

在代码清单 6-4 中，除可使用 Range("a1")以外，还可以使用[a1]或 cells(1,1)表示 A1 单元格，但同样需要使用 Value 属性。

6.1.3 案例小结

本案例介绍了 Range 对象的 Value 属性，以及在什么情况下必须使用 Range 对象的 Value 属性。

6.2 案例 22：Range 对象的 End 属性和 Offset 属性

打开资料文件"案例 22：Range 对象的 End 属性和 Offset 属性.xls"，得到图 6-3 所示的一张工作表，其数据行数未知。本案例要求根据 A 列的性别，在 B 列填写称呼：性别为"男"，称呼为"先生"；性别为"女"，称呼为"女士"。本案例还要求代码中使用 For Each 循环，而非 For 循环。

	A	B
1	性别	称呼
2	男	
3	女	
4	男	
5	女	
6	女	
7	女	
8	男	
9	男	
10	女	
11	女	
12	女	
13	女	
14	女	
15	男	
16	女	
17	女	
18	男	
19	女	
20	女	

图 6-3 根据性别填写称呼

6.2.1 案例解析

使用 Excel 的 Ctrl+方向键（↑、↓、←、→），可以使当前选中单元格的光标移动至区域的边界单元格。以 Ctrl+"↑"为例，当前选中的单元格为空时，使用 Ctrl+"↑"可以选中其上方最近一个不为空的单元格，如图 6-4 中选中 A10 单元格，使用组合键 Ctrl+"↑"后会选中 A5 单元格；当前选中单元格不为空而上方相邻单元格为空时，使用组合键 Ctrl+"↑"同样会选中其上方最近一个不为空的单元格，如图 6-4 中选中 B10 单元格，使用组合键 Ctrl+"↑"后会选中 B5 单元格；当选中单元格不为空，上方相邻单元格也不为空时，使用组合键 Ctrl+"↑"会选中其上方最后一个不为空的单元格，如图 6-4 中选中 C10 单元格，使用组合键 Ctrl+"↑"后会选中 C3 单元格。Ctrl+其他方向键的使用效果以此类推。

图 6-4 组合键 Ctrl+"↑"示例

Range 对象的 End 属性会返回一个单元格对象，返回的规律与选中单元格后使用 Ctrl+方向键的规律一致。End 属性有 4 个参数：xlDown、xlToLeft、xlToRight 和 xlUp，分别对应方向键↓、←、→和↑。在图 6-4 中，表达式 Range("a10").End(xlUp)、Range("b10").End(xlUp)和 Range("c10").End (xlUp)返回的单元格分别为 Range("a5")、Range("b5")和 Range("c3")，与使用组合键 Ctrl + "↑"的结果相同。

根据 End 属性的返回规律，VBA 中常使用表达式 Range("a65536").End(xlUp)寻找工作表中 A 列最后一个有数据的单元格。

小贴士：对于老版本的 Excel 文件（扩展名为 xls），工作表最后一行是第 65 536 行。对于新版本的 Excel 文件（扩展名为 xlsx），工作表最后一行是第 1 048 576 行。在实际应用中，Excel 工作表中的行数一般很难达到 65 536 行。因此，在编写 VBA 代码时，根据 End 属性的特点，表达式 Range("a65536").End(xlUp) 往往能够准确找到工作表中 A 列最后一个有数据的单元格。

在 Visual Basic 编辑器中，输入下面这行代码并运行，光标会选中工作表中 A 列最后一个有数据的单元格。当 A 列没有任何数据时，则选中 A1 单元格。实现代码见代码清单 6-5。

代码清单 6-5

```
Range("a65535").End(xlUp).Select
```

在 VBA 中，更为常见的使用方式是在表达式 Range("a65536").End(xlUp) 的后面加上 Row 属性，以获取最后一行数据的行号，完整的表达式：Range("a65536").End(xlUp).Row。在本案例中，使用该表达式即可得到 A 列最后一行数据的行号，也就是知道了工作表的 A 列一共有多少行数据。

得到 A 列的数据行数后，使用 For 循环实现本案例其实更加简单。但是，本案例要求使用 For Each 循环，则略显麻烦，无法直接在循环中表示 A 列和 B 列，需要使用 Range 对象的 Offset 属性。

Offset 属性有两个参数：下偏移量和右偏移量，分别表示下移多少行和右移多少列。代码清单 6-6 的执行结果是选中 A1 单元格下移两行、右移三列后的单元格，也就是 D3 单元格。

代码清单 6-6

```
Range("a1").Offset(2, 3).Select
```

Offset 属性的参数可以为负数，表示上移多少行和左移多少列。代码清单 6-7 的执行结果是选中 D3 单元格上移 2 行、左移 3 列后的单元格，也就是 A1 单元格。

代码清单 6-7

```
Range("D3").Offset(-2, -3).Select
```

本案例在 For Each 循环中使用单元格变量 rng 表示 A 列的值，使用表达式 rng.Offset(0,1) 表示 B 列的值，使用 If 函数进行逐行判断，问题即可得到解决。当然，也可使用变量 rng 表示 B 列，使用 rng.Offset(0,−1) 表示 A 列。

6.2.2 案例代码

本案例的实现代码如代码清单 6-8 所示。

代码清单 6-8

```
Sub test()
    Dim rng As Range
    For Each rng In Range("a2:a" & Range("a65536").End(xlUp).Row)
        If rng = "男" Then
            rng.Offset(0, 1) = "先生"
        Else
            rng.Offset(0, 1) = "女士"
        End If
    Next
End Sub
```

6.2.3 案例小结

本案例并非实际应用中的典型案例，但提出并解决了在实际应用中很可能遇到的两个问题：

- 当需要操作的工作表的数据行数不确定或有可能发生变化时，可使用表达式 Range(“a65536”).End(xlUp).Row 获取最后一行数据的行号；
- 当需要操作的单元格位置不确定或会发生改变时，可使用 Range 对象的 Offset 属性实现相对引用。

细心的读者应该发现了，在本书的案例 03、案例 04 和案例 05 中使用相对引用录制宏代码时，表示单元格的位置变化时使用的就是 Offset 属性。

6.3 案例 23：Range 对象的 Resize 属性、EntireRow 属性和 Copy 方法

打开资料文件“案例 23：Range 对象的 Resize 属性、EntireRow 属性和 Copy 方法.xls”，得到图 6-5 所示的一张工作表，该表有 12 行、6 列。本案例要求使用 Range 对象的 EntireRow 属性删除工作表中的空白行，然后利用 Resize 属性和 Copy 方法将所有数据复制到从 K 列开始的区域。

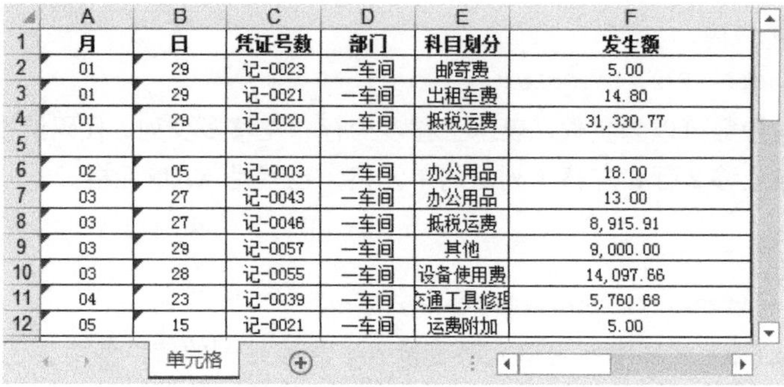

	A	B	C	D	E	F
1	月	日	凭证号数	部门	科目划分	发生额
2	01	29	记-0023	一车间	邮寄费	5.00
3	01	29	记-0021	一车间	出租车费	14.80
4	01	29	记-0020	一车间	抵税运费	31,330.77
5						
6	02	05	记-0003	一车间	办公用品	18.00
7	03	27	记-0043	一车间	办公用品	13.00
8	03	27	记-0046	一车间	抵税运费	8,915.91
9	03	29	记-0057	一车间	其他	9,000.00
10	03	28	记-0055	一车间	设备使用费	14,097.66
11	04	23	记-0039	一车间	交通工具修理	5,760.68
12	05	15	记-0021	一车间	运费附加	5.00

图 6-5 案例 23 的工作表

6.3.1 案例解析

Range 对象的 EntireRow（整行）属性和功能类似的 EntireColum（整列）属性分别表示 Range 对象所在的行与列。代码清单 6-9 中的两行代码分别表示选中工作表的第 1 行和 A 列。

代码清单 6-9

```
Range("a1").EntireRow.Select
Range("a1").EntireColumn.Select
```

与 End 属性和 Offset 属性一样，EntireRow 属性和 EntireColumn 属性的返回对象都是单元格，它们通常与 Range 对象的其他方法配合使用，如 Select 方法、Delete 方法和 Copy 方法等。在本案例中，需要删除工作表的空白行，即第 5 行，相关代码如代码清单 6-10 所示。

代码清单 6-10

```
Range("a5").EntireRow.Delete
```

　　Range 对象的 Resize（选区）属性表示以某个单元格为起点，选中一片区域。Resize 属性有两个参数，分别表示选中多少行和多少列。代码清单 6-11 表示以 A1 单元格为起点，选中 2 行 4 列的区域，也就是选中 A1 单元格到 D2 单元格之间的区域，如图 6-6 所示。

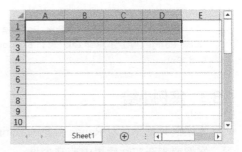

代码清单 6-11

```
Range("a1").Resize(2, 4).Select
```

　　在本案例中，删除第 5 行这个空白行后，数据仅剩 11 行，所在区域为 A1 至 F11 单元格，使用 Resize 属性可表示为 Range("A1").Resize(11, 6)。

图 6-6　代码清单 6-11 的执行结果

　　Range 对象的 Copy 方法用于将单元格或区域复制到目标单元格或区域。Copy 方法后面必须加上参数，以指明复制的目标单元格或区域。代码清单 6-12 表示将 A1 单元格复制到 D5 单元格。

代码清单 6-12

```
Range("a1").Copy Range("d5")
```

　　如果需要复制一个区域中的数据，那么，Copy 方法会以目标单元格为起点，将选中的内容复制到对应的区域内。代码清单 6-13 中的两行代码都表示将 A1 至 B5 单元格的内容复制到 D4 至 E8 单元格的区域内。代码清单 6-13 的运行结果如图 6-7 所示。

代码清单 6-13

```
Range("a1:b5").Copy Range("d4")
Range("a1").Resize(5, 2).Copy Range("d4")
```

　　Range 对象的 Copy 方法可以与 EntireRow 属性或 EntireColumn 属性配合使用。在使用 Copy 方法复制工作表的整行时，其目标单元格必须在 A 列，在复制整列时，目标单元格必须在第 1 行，否则都会因为复制的内容超出范围而导致程序报错，如图 6-8 所示。代码清单 6-14 中的两行代码分别表示将工作表的第 1 行复制到第 5 行和将 B 列复制到 H 列。

图 6-7　代码清单 6-13 的运行结果　　　　图 6-8　因复制的目标单元格设置不正确而报错

代码清单 6-14

```
Range("a1").EntireRow.Copy Range("a5")      '复制第 1 行的数据到第 5 行
Range("b1").EntireColumn.Copy Range("h1")   '复制 B 列的数据到 H 列
```

　　本案例要求将所有数据复制到以 K 列开始的区域内，因此，使用 Copy 方法将数据所在区域的表达式 Range("A1").Resize(11, 6) 复制到目标单元格 K1，即可完成本案例。

6.3.2 案例代码

案例 23 的实现代码见代码清单 6-15。

代码清单 6-15

```
Sub test()
    Range("A5").EntireRow.Delete
    Range("A1").Resize(11, 6).Copy Range("K1")
End Sub
```

6.3.3 案例小结

本案例只是为了对 Range 对象的 EntireRow 属性、Resize 属性和 Copy 方法进行学习和练习，案例要求在实际应用中非常少见。

通过学习这个案例，我们需要掌握的知识点包括：

- ○ Range 对象的 EntireRow 属性和 EntireColumn 属性；
- ○ Range 对象的 Resize 属性；
- ○ Range 对象的 Copy 方法。

6.4 案例 24：Range 对象的 Merge 方法

案例要求：学习 Range 对象的 Merge（合并）方法，并使用 Merge 方法将工作表的 A1 至 H1 单元格分别与其下方单元格进行合并。注意，不是将 A1 至 H2 单元格合并。

6.4.1 案例解析

Range 对象的 Merge 方法用于合并单元格。代码清单 6-16 表示将 A1、A2 两个单元格合并。

代码清单 6-16

```
Range("a1:a2").Merge
```

Range 对象的 Merge 方法与 Excel 功能区中的"合并后居中"按钮功能类似，但它不会将合并后的单元格格式设置为居中。Range 对象与格式设置相关的内容将在后续章节中介绍。

在本案例的 For 循环或 For Each 循环中，配合使用 Range 对象的 Resize 属性和 Merge 方法，逐一将 A1 至 H1 单元格与其下方单元格合并。

6.4.2 案例代码

本案例的实现代码见代码清单 6-17。

代码清单 6-17

```
Sub 合并单元格()
    Dim rng As Range                    '定义单元格变量
```

```
    For Each rng In Range("a1:h1") '指定单元格变量的取值范围
        rng.Resize(2, 1).Merge     '将单元格与下方单元格合并
    Next
End Sub
```

6.4.3 案例小结

Range 对象的 Merge 方法用于合并两个或多个相邻的单元格。其实，对单个 Range 对象使用 Merge 方法，也不会报错，只是没有实际效果。

6.5 案例 25：数据拆分到多表

打开资料文件中的“案例 25：数据拆分到多表.xls”，“数据”工作表如图 6-9 所示，该表中的数据行数未知。

	A	B	C	D	E	F	G
1	月	日	凭证号数	部门	科目划分	发生额	
2	01	29	记-0023	一车间	邮寄费	5.00	
3	01	29	记-0021	一车间	出租车费	14.80	
4	01	31	记-0031	二车间	邮寄费	20.00	
5	01	29	记-0022	二车间	过桥过路费	50.00	
6	01	29	记-0023	二车间	运费附加	56.00	
7	01	24	记-0008	财务部	独子费	65.00	
8	01	29	记-0021	二车间	过桥过路费	70.00	
9	01	29	记-0022	销售1部	出差费	78.00	
10	01	29	记-0022	经理室	手机电话费	150.00	
11	01	29	记-0026	二车间	邮寄费	150.00	
12	01	24	记-0008	二车间	话费补	180.00	
13	01	29	记-0021	人力资源部	资料费	258.00	
14	01	31	记-0037	二车间	办公用品	258.50	
15	01	24	记-0008	财务部	养老保险	267.08	
16	01	29	记-0027	二车间	出租车费	277.70	
17	01	31	记-0037	经理室	招待费	278.00	
18	01	31	记-0031	销售1部	手机电话费	350.00	
19	01	29	记-0027	销售1部	出差费	408.00	
20	01	29	记-0022	销售1部	出差费	560.00	
21	01	29	记-0022	二车间	交通工具消耗	600.00	
22	01	24	记-0008	财务部	采暖费补助	925.00	
23	01	29	记-0027	经理室	招待费	953.00	
24	01	29	记-0022	二车间	过桥过路费	1,010.00	
25	01	29	记-0022	二车间	交通工具消耗	1,016.78	
26	01	29	记-0026	二车间	邮寄费	1,046.00	
27	01	24	记-0008	人力资源部	教育经费	1,066.25	
28	01	24	记-0008	人力资源部	失业保险	1,068.00	
29	01	29	记-0023	销售1部	出差费	1,256.30	
30	01	29	记-0024	二车间	修理费	1,260.00	

数据 | 一车间 | ...

图 6-9 “数据”工作表

工作簿中还有多张以部门名称命名的工作表，这些工作表中仅有一行表头，没有其他数据，如图 6-10 所示。

	A	B	C	D	E	F	G	H	I	J	K
1	月	日	凭证号数	部门	科目划分	发生额					
2											
3											
4											
5											
6											
7											
8											
9											
10											

数据 | 一车间 | 二车间 | 财务部 | 销售1部 | 经理室 | 人力资源部 | 销售2部 | ...

图 6-10 各部门的工作表

本案例要求将"数据"工作表中的数据，按不同部门复制到对应的工作表中。

6.5.1 案例解析

本案例有两种实现思路，第一种思路是先遍历"数据"工作表的每行数据，并判断其属于哪个部门，再将整行数据复制到对应的工作表中；另一种思路是先在"数据"工作表中找到"部门"为"一车间"的所有数据，并复制到"一车间"工作表中，再找出"部门"为"二车间"的所有数据，并复制到"二车间"工作表中，直至所有数据被拆分到对应的工作表中。

无论选择哪种思路，在过程代码中，都要使用两层循环（For 循环和/或 For Each 循环）。在第一种思路中，外层循环遍历"数据"工作表的所有数据，并获取"部门"列的值，内层循环则根据"部门"值寻找对应的工作表；在第二种思路中，外层循环依次读取工作表的标签名，确定"部门"，内层循环则遍历"数据"工作表以找出对应"部门"的数据。

在计算机资源占用、消耗时间方面，两种实现思路在理论上没有太大差别。本案例选择第二种实现思路。如果读者对第一种思路有兴趣，那么可自行编写代码并进行测试。

根据第二种思路，首先将部门为"一车间"的数据全部复制到"一车间"工作表中，然后依次复制"二车间""财务部"等部门的数据。除"数据"工作表以外，其他工作表都应该在外层循环中被遍历。因此，我们可定义一个工作表变量 sht，并使 sht 在 For Each 循环中遍历所有工作表。只有当 sht 的 Name 属性值不为"数据"时，才执行内层循环和其他语句。外层循环的相关代码见代码清单 6-18。

代码清单 6-18

```
For Each sht In Sheets
    If sht.Name <> "数据" Then
    ……
    End If
Next
```

内层循环应逐一判断"数据"工作表的每行数据是否属于外层循环当前的部门。"数据"工作表的数据从第 2 行开始，"部门"列为 D 列。如果第 2 行的"部门"数据与外层循环当前工作表的标签名相同，则将第 2 行数据复制到对应的工作表中，详见代码清单 6-19。

代码清单 6-19

```
If Sheets("数据").Range("d2") = sht.Name Then
    Sheets("数据").Range("d2").EntireRow.Copy sht.Range("a2")
End If
```

"数据"工作表中其他数据的判断语句与代码清单 6-19 类似。因此，可将代码清单 6-19 嵌入 For 循环，并使用计数变量 i 代替"数据"工作表中单元格的行号。计数变量 i 的取值范围应为 2 到"数据"工作表最后一行数据的行号。在 VBA 中，按照惯例，使用整型变量 irow 表示工作表最后一行数据的行号，也就是将表达式 Range("a65536").End(xlUp).Row 的值赋给变量 irow，如此可使 For 循环的代码更加简洁，irow 也能在代码中被多次使用。

还需要定义一个整型变量 k，其初始值为 2，表示 sht 工作表中数据的行号。每复制一行数据到 sht 工作表，k 的值就加 1。

加入整型变量 irow 和 k 之后的 For 循环代码见代码清单 6-20。

代码清单 6-20

```
irow = Sheets("数据").Range("a65536").End(xlUp).Row
k = 2
For i = 2 To irow
    If Sheets("数据").Range("d" & i) = sht.Name Then
            Sheets("数据").Range("a" & i).EntireRow.Copy sht.Range("a" & k)
            k = k + 1
    End If
Next
```

在将数据复制到 sht 工作表时，若 sht 工作表中除表头以外，还有其他数据，或许影响代码运行的结果。因此，可以在复制数据前，清空 sht 工作表中的多余数据。Range 对象清除数据的方法有多种，包括 Delete 方法、Clear 方法和 ClearContents 方法等。Delete 方法表示删除单元格，Clear 方法表示清除单元格中的所有内容（包括格式、数据和批注等），而 ClearContents 仅清除单元格中的数据。例如，清除"数据"工作表中 A2 至 F10000 单元格范围内的所有数据的代码见代码清单 6-21。

代码清单 6-21

```
sht.Range("a2:f10000").ClearContents
```

可以使用表达式 Range("a65536").End(xlUp).Row 获取 sht 工作表最后一行数据的行号。

考虑到其他工作表也可能需要使用清除数据的代码，因此，可将代码清单 6-21 写入一个单独的过程（过程可命名为"清除数据"），以便单独执行，也能在拆分"数据"工作表的过程中调用它。在 VBA 的过程（或函数、事件中），调用另一个过程只需要使用关键字 Call 和过程名，如调用"清除数据"过程的代码见代码清单 6-22。

代码清单 6-22

```
Call 清除数据
```

在"清除数据"过程中，应使用 For Each 函数遍历所有工作表，同时使用 If 函数确保只在非"数据"工作表中清除数据。

6.5.2 案例代码

"清除数据"的实现代码如代码清单 6-23 所示。

代码清单 6-23

```
Sub 清除数据()
    For Each sht In Sheets
        If sht.Name <> "数据" Then
            sht.Range("a2:h10000").ClearContents
        End If
    Next
End Sub
```

将代码清单 6-20 嵌入代码清单 6-18 的 For Each 循环中，并调用"清除数据"过程，就可得到本案例的实现代码，如代码清单 6-24 所示。

代码清单 6-24

```
Sub 数据拆分()
    Dim i, k As Integer
    Dim irow As Integer
    Dim sht As Worksheet
    irow = Sheets("数据").Range("a65536").End(xlUp).Row
    Call 清除数据
    For Each sht In Sheets
        If sht.Name <> "数据" Then
            k = 2
            For i = 2 To irow
                If Sheets("数据").Range("d" & i) = sht.Name Then
                    Sheets("数据").Range("a" & i).EntireRow.Copy sht.Range("a" & k)
                    k = k + 1
                End If
            Next
        End If
    Next
End Sub
```

6.5.3 案例小结

本案例综合使用了 Range 对象的 EntireRow 属性、Copy 方法，以及用于获取工作表最后一行数据的行号的表达式 Range("a65536").End(xlUp).Row 等。

本案例涉及的新知识：过程调用。在默认情况下，在过程中使用关键字 Call 和过程名，即可调用同模块或其他模块中的过程。

第7章 使用 Range 对象拆分数据（2）

虽然 VBA 中的 For 循环足够强大，能够满足多种需求，但是，在某些情况下，For 循环会消耗过多的计算机资源，导致效率低下。例如，“案例 25：数据拆分到多表”中使用了 For 循环，导致过程代码执行时间较长，计算机甚至会出现短暂的“假死”现象。因此，本章将介绍 Range 对象的筛选方法，并优化拆分数据到多表的过程代码。

此外，本章还将介绍以下内容：

- 批量创建工作表并避免工作表重名；
- 多表合并；
- InputBox（输入框）函数；
- MsgBox（提示框）函数。

7.1 案例 26：利用筛选将数据拆分到多表

打开案例文件“案例 26：利用筛选将数据拆分到多表.xls”，得到一个与案例 25 相同的工作簿。该工作簿包含一张数据行数未知的“数据”工作表，以及多张没有数据的部门工作表，如图 7-1 所示。

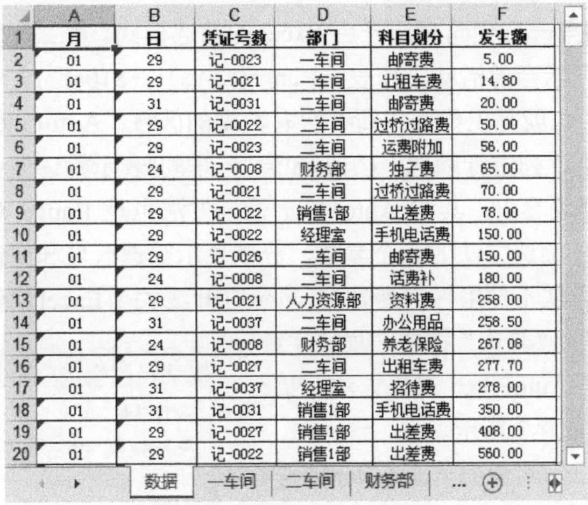

	A	B	C	D	E	F
1	月	日	凭证号数	部门	科目划分	发生额
2	01	29	记-0023	一车间	邮寄费	5.00
3	01	29	记-0021	一车间	出租车费	14.80
4	01	31	记-0031	二车间	邮寄费	20.00
5	01	29	记-0022	二车间	过桥过路费	50.00
6	01	29	记-0023	二车间	运费附加	56.00
7	01	24	记-0008	财务部	独子费	65.00
8	01	29	记-0021	二车间	过桥过路费	70.00
9	01	29	记-0022	销售1部	出差费	78.00
10	01	29	记-0022	经理室	手机电话费	150.00
11	01	29	记-0026	二车间	邮寄费	150.00
12	01	24	记-0008	二车间	话费补	180.00
13	01	29	记-0021	人力资源部	资料费	258.00
14	01	31	记-0037	二车间	办公用品	258.50
15	01	24	记-0008	财务部	养老保险	267.08
16	01	29	记-0027	二车间	出租车费	277.70
17	01	31	记-0037	经理室	招待费	278.00
18	01	31	记-0031	销售1部	手机电话费	350.00
19	01	29	记-0027	销售1部	出差费	408.00
20	01	29	记-0022	销售1部	出差费	560.00

图 7-1　案例 26 的工作簿

本案例要求将“数据”工作表中的数据，按照不同的部门，复制到对应的工作表中。在拆分数据的过程中，要求使用 Excel 的筛选方法。

7.1.1　案例解析

在 Excel 功能区的"开始"标签中，单击"筛选"按钮，即可打开 Excel 的筛选模式。在筛选模式下，用户可根据条件筛选需要的数据。再次单击"筛选"按钮，可关闭筛选模式。在图 7-1 所示的工作簿中，筛选出"部门"为"一车间"的所有数据，结果如图 7-2 所示。

	A	B	C	D	E	F
1	月	日	凭证号	部门	科目划	发生额
2	01	29	记-0023	一车间	邮寄费	5.00
3	01	29	记-0021	一车间	部门:	14.80
42	01	29	记-0020	一车间	等于"一车间"	31,330.77
43	02	05	记-0003	一车间	办公用品	18.00
90	03	27	记-0043	一车间	办公用品	13.00
166	03	27	记-0046	一车间	抵税运费	8,915.91
167	03	29	记-0057	一车间	其他	9,000.00
168	03	28	记-0055	一车间	设备使用费	14,097.66
224	04	23	记-0039	一车间	交通工具修理	5,760.68
229	05	15	记-0021	一车间	运费附加	5.00
230	05	09	记-0009	一车间	出租车费	18.20
320	05	23	记-0036	一车间	抵税运费	10,737.78
329	05	31	记-0078	一车间	运费附加	60,000.00
332	06	29	记-0104	一车间	其他	40.00
333	06	22	记-0084	一车间	过桥过路费	3.00
416	06	30	记-0112	一车间	设备使用费	7,048.83
417	06	30	记-0112	一车间	设备使用费	7,048.83
424	06	21	记-0076	一车间	抵税运费	21,935.91
426	07	25	记-0076	一车间	过桥过路费	4.00
427	07	25	记-0076	一车间	出租车费	13.10
428	07	03	记-0007	一车间	运费附加	15.30
429	07	11	记-0030	一车间	出租车费	16.00
504	07	25	记-0069	一车间	交通工具消耗	4,790.50
518	08	14	记-0019	一车间	运费附加	4.00
519	08	21	记-0051	一车间	过桥过路费	5.00

数据　一车间 …

图 7-2　在"数据"工作表中，筛选出"部门"为"一车间"的数据

将以上过程录制成宏，可得到两行与筛选有关的代码，见代码清单 7-1。

代码清单 7-1

```
Selection.AutoFilter
ActiveSheet.Range("$A$1:$F$1048").AutoFilter Field:=4, Criteria1:="一车间"
```

代码清单 7-1 中的第一行代码表示开启 Excel 的筛选模式。第二行代码中各个字段的意义分别为：ActiveSheet 表示当前活动工作表；Range("$A$1:$F$1048")表示筛选的区域为 A1 单元格到 F1048 单元格，也就是工作表中所有含有数据的区域；AutoFilter Field:=4 表示对工作表的第 4 列，也就是对 D 列进行筛选；Criterial:= "一车间"表示筛选条件是"一车间"。

从代码清单 7-1 可以看出，其实 AutoFilter 筛选方法也是 Range 对象的方法之一，Field 和 Criterial 是 AutoFilter 筛选方法的两个参数，分别表示筛选区域和筛选条件。

当 AutoFilter 筛选方法不使用任何参数时，表示打开或关闭 Excel 的筛选模式，效果与 Excel 功能区"开始"标签中的"筛选"按钮一样。注意，如果对空的单元格使用 AutoFilter 筛选方法，那么会导致 Excel 报错，如图 7-3 所示。

在 VBA 中使用 Range 对象的 AutoFilter 筛选方法时，无须提前打开工作表的筛选状态。但是，在完成筛选操作后，应再次使用 AutoFilter 方法关闭工作表的筛选状态。

在本案例中，如果使用 Range 对象的 AutoFilter

图 7-3　筛选时的错误提示

筛选方法，只需要在 For Each 循环中以所有工作表的标签名为筛选条件来对"数据"工作表进行筛选，然后将筛选结果复制到对应的工作表中。For Each 循环的相关代码见代码清单 7-2。

代码清单 7-2

```
For Each sht In Sheets
        Sheets("数据").Range("A1:F1048").AutoFilter field:=4, Criteria1:=sht.Name
        Sheets("数据").Range("A1:F1048").Copy sht.Range("a1")
Next
```

相比案例 25 的过程代码，使用 Range 对象的 AutoFilter 筛选方法可以省略内层 For 循环，避免反复读取工作表的数据，导致代码执行时间过长。在使用 Range 对象的 AutoFilter 筛选方法时，无须判断工作表是否为非"数据"工作表。因为"数据"工作表中并没有"数据"部门，所以以"数据"为条件对"部门"列进行筛选的结果是一张仅剩表头的空白表格，即使将其复制到"数据"工作表中，对过程的执行结果也没有影响。

虽然并不确定每个部门的筛选结果有多少行数据，但是因为"数据"工作表的数据一共是 1048 行，所以在每次的筛选结果中复制 A1 单元格到 F1048 单元格，就可以确保不遗漏任何数据。

7.1.2 案例代码

本案例的实现代码如代码清单 7-3 所示。

代码清单 7-3

```
Sub 拆分工作表()
    Dim sht As Worksheet
    Call 清除数据
    For Each sht In Sheets
            Sheets("数据").Range("A1:F1048").AutoFilter field:=4, Criteria1:=sht.Name
            Sheets("数据").Range("A1:F1048").Copy sht.Range("a1")
    Next
    Sheets("数据").Range("a1:f1048").AutoFilter
End Sub
```

代码清单 7-3 调用了"清除数据"过程，用以清除非"数据"工作表中的数据。"清除数据"过程的代码与案例 25 中的一致，因此本节不再列出。

7.1.3 案例小结

相比案例 25 中的代码清单 6-24，代码清单 7-3 不但代码行数大幅减少，而且运行时间显著缩短。可见，在工作表中对单元格的数据进行指定查询时，使用 Range 对象的 AutoFilter 筛选方法比使用 For 循环在逻辑上更加清晰，运行效率更高，占用的计算机资源更少。

7.2 案例 27：新建工作表并避免重名

打开资料文件"案例 27：新建工作表并避免重名.xls"，得到图 7-4 所示的工作簿。本案例要求以"Sheet1"工作表 A 列的值为标签名创建工作表，需要避免新建的工作表与已有工作表重名。

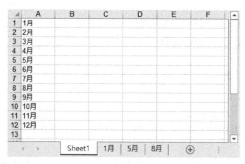

图 7-4 根据 Sheet1 工作表的 A 列新建工作表

7.2.1 案例解析

创建一张工作表并将其标签名命名为"1 月"，如代码清单 7-4 所示。

代码清单 7-4

```
Sheets.Add after:=Sheets(Sheets.Count)
Sheets(Sheets.Count).name = "1月"
```

已知工作表 Sheets(Sheets.Count)表示工作簿中最右侧的工作表，而代码清单 7-4 使用了 after 参数，表示将新建的工作表置于工作表 Sheets(Sheets.Count)的右侧，也就是最右侧工作表的右侧，因此此时新建的工作表成为当前工作簿中最右侧的工作表，在接下来的代码中，可使用表达式 Sheets(Sheets.Count)表示。

如果要依次以 Sheet1 工作表 A 列的值为标签名创建工作表，那么将代码清单 7-4 略加修改，嵌入 For 循环即可，结果如代码清单 7-5 所示。

代码清单 7-5

```
For i = 1 To 12
        Sheets.Add after:=Sheets(Sheets.Count)
        Sheets(Sheets.Count).Name = Sheet1.Range("a" & i)
Next
```

图 7-4 所示的工作簿中已经存在"1 月""5 月"和"8 月"3 张工作表，如果直接执行代码清单 7-5 中的 For 循环，那么会导致工作表重名，Excel 会弹出图 7-5 所示的报错信息。

因此，在新建工作表前，应先判断是否存在同名工作表，也就是需要将"Sheet1"工作表 A 列的值逐一与已有工作表的标签名进行比较，如果存在相同的值，则不创建以此值为标签名的工作表。

可考虑定义一个整型变量 k 用于标记，其初始值为 0。当 Sheet1 工作表 A 列的某个值与已有工

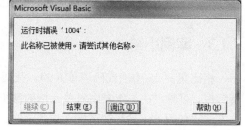

图 7-5 工作表重名时弹出的报错信息

作表的标签名相同时，将 k 置 1。如果与所有工作表的标签名全部比较完毕，k 的值仍为 0，则允许以该值为标签名新建工作表。

7.2.2 案例代码

本案例的实现代码见代码清单 7-6。

代码清单 7-6

```
Sub 新建工作表()
    Dim sht As Worksheet
    Dim i, k As Integer
    For i = 1 To 12
        '将标记变量 k 置 0
        k = 0
        '查找是否存在标签名与单元格的值相同的工作表，若有，将 k 置 1
        For Each sht In Sheets
            If sht.Name = Sheet1.Range("a" & i) Then
                k = 1
            End If
        Next
        '只有当 k 为 0 时，才以单元格的值为标签名新建工作表
        If k = 0 Then
            Sheets.Add after:=Sheets(Sheets.Count)
            Sheets(Sheets.Count).Name = Sheet1.Range("a" & i)
        End If
    Next
End Sub
```

7.2.3 案例小结

虽然 VBA 中整型变量的初始值默认为 0，定义后无须赋值即可直接使用，但是，在代码清单 7-6 中，当单元格的值与工作表的标签名相同时，变量 k 会被置 1，因此需要在每次循环时将 k 重新置 0，以避免上一次循环的结果对当次循环造成干扰。

在编写“当一个值在某个范围内存在，则执行指定操作”的代码时，无须使用标记变量，直接使用 If 函数；在编写“当一个值在某个范围内不存在，则执行指定操作”的代码时，往往需要使用标记变量。

7.3 案例 28 ：根据部门拆分工作表

打开资料文件“案例 28：根据部门拆分工作表.xls”，得到图 7-6 所示的一张“数据”工作表。本案例要求根据“数据”工作表中的“部门”列创建工作表，并确保不重名，然后将数据按照不同部门复制到对应的工作表中。

	A	B	C	D	E	F
1	月	日	凭证号数	部门	科目划分	发生额
2	01	29	记-0023	一车间	邮寄费	5.00
3	01	29	记-0021	一车间	出租车费	14.80
4	01	31	记-0031	二车间	邮寄费	20.00
5	01	29	记-0022	二车间	过桥过路费	50.00
6	01	29	记-0023	二车间	运费附加	56.00
7	01	24	记-0008	财务部	独子费	65.00
8	01	29	记-0021	二车间	过桥过路费	70.00
9	01	29	记-0022	销售1部	出差费	78.00
10	01	29	记-0022	经理室	手机电话费	150.00
11	01	29	记-0026	二车间	邮寄费	150.00
12	01	24	记-0008	二车间	话费补	180.00
13	01	29	记-0021	人力资源部	资料费	258.00
14	01	31	记-0037	二车间	办公用品	258.50
15	01	24	记-0008	财务部	养老保险	267.08
16	01	29	记-0027	二车间	出租车费	277.70
17	01	31	记-0037	经理室	招待费	278.00
18	01	31	记-0031	销售1部	手机电话费	350.00
19	01	29	记-0027	销售1部	出差费	408.00
20	01	29	记-0022	销售1部	出差费	560.00

数据

图 7-6 “数据”工作表

7.3.1 案例解析

对于本案例，只需要将案例 27 和案例 26 的过程代码进行整合。

首先参照案例 27 的代码，根据"数据"工作表的"部门"列新建工作表，同时避免新建工作表重名。

然后参照案例 26 的代码，使用 Range 对象的 AutoFilter 筛选方法根据部门对"数据"工作表进行筛选，并将结果复制到对应的工作表中。

虽然上面两个过程都需要使用 For Each 循环（或 For 循环）遍历工作簿中的每张工作表，但是新建工作表和复制数据到对应工作表的过程存在先后顺序，因此，两个循环不能合并成一个。

最后，本案例无须清除非"数据"工作表中的数据，因为所有"数据"工作表之外的工作表都是在过程中新建的。

7.3.2 案例代码

本案例的实现代码如代码清单 7-7 所示。

代码清单 7-7

```
Sub 拆分工作表()
    Dim sht As Worksheet
    Dim i, k As Integer
    Dim irow As Integer
    '将"数据"工作表中最后有数据的一行的行号赋给 irow
    irow = Sheet1.Range("a65536").End(xlUp).Row
    '按部门新建工作表
    For i = 2 To irow
        k = 0
        For Each sht In Sheets
            If sht.Name = Sheet1.Range("D" & i) Then
                k = 1
            End If
        Next
        If k = 0 Then
            Sheets.Add after:=Sheets(Sheets.Count)
            Sheets(Sheets.Count).Name = Sheet1.Range("D" & i)
        End If
    Next
    '按部门进行筛选并复制数据
    For Each sht In Sheets
        Sheet1.Range("a1:f" & irow).AutoFilter Field:=4, Criteria1:=sht.Name
        Sheet1.Range("a1:f" & irow).Copy sht.Range("a1")
    Next
    '关闭"数据"工作表的筛选状态
    Sheet1.Range("a1:f" & irow).AutoFilter
End Sub
```

7.3.3 案例小结

本案例并没有介绍新知识点，只是将前两个案例的过程代码进行了整合。在实际的工作和应用中，根据工作表的某列新建工作表和拆分数据的问题比较常见，代码清单 7-7 可以很好地解决此类问题。

本案例的代码仍然有一定的局限性，如果需要按照其他列而非“部门”列新建工作表并拆分数据，则需要修改代码。如果在数据拆分前，能够给用户一次交互的机会，让用户选择根据哪一列新建工作表并拆分数据，无疑会使过程代码更加完善。

7.4 案例 29：按用户要求拆分工作表

打开资料文件“案例 29：按用户要求拆分工作表.xls”，得到图 7-7 所示的“数据”工作表（与案例 28 中的“数据”工作表是同一张工作表）。本案例要求进一步完善过程代码，并在工作表上添加一个按钮，单击该按钮，弹出输入框。用户可在输入框中设置需要按照第几列进行数据拆分。系统根据用户的要求新建工作表并拆分数据。在所有操作完成后，返回“数据”工作表。

	A	B	C	D	E	F
1	月	日	凭证号数	部门	科目划分	发生额
2	01	29	记-0023	一车间	邮寄费	5.00
3	01	29	记-0021	一车间	出租车费	14.80
4	01	31	记-0031	二车间	邮寄费	20.00
5	01	29	记-0022	二车间	过桥过路费	50.00
6	01	29	记-0023	二车间	运费附加	56.00
7	01	24	记-0008	财务部	独子费	65.00
8	01	29	记-0021	二车间	过桥过路费	70.00
9	01	29	记-0022	销售1部	出差费	78.00
10	01	29	记-0022	经理室	手机电话费	150.00
11	01	29	记-0026	二车间	邮寄费	150.00
12	01	24	记-0008	二车间	话费补	180.00
13	01	29	记-0021	人力资源部	资料费	258.00
14	01	31	记-0037	二车间	办公用品	258.50
15	01	24	记-0008	财务部	养老保险	267.08
16	01	29	记-0027	二车间	出租车费	277.70
17	01	31	记-0037	经理室	招待费	278.00
18	01	31	记-0031	销售1部	手机电话费	350.00
19	01	29	记-0027	销售1部	出差费	408.00
20	01	29	记-0022	销售1部	出差费	560.00

数据

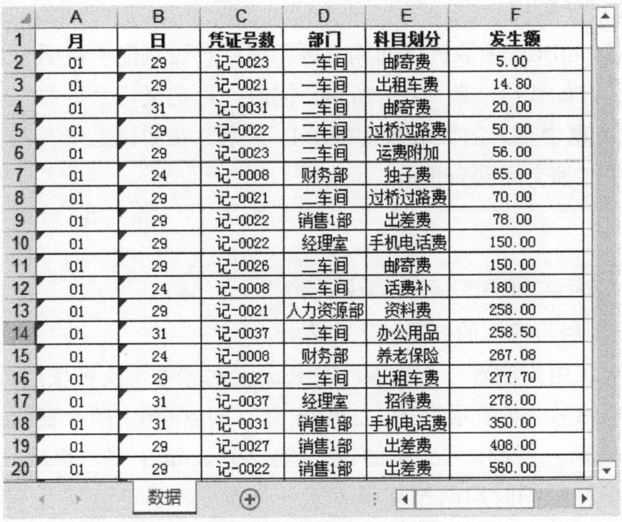

图 7-7 “数据”工作表

7.4.1 案例解析

本案例含有 5 个要求，因此，我们可先将案例的要求逐一列出，然后分别给出解析思路，并逐一完善代码。

- 要求 1：在工作表中，创建按钮，实现与用户交互并拆分工作表的功能。

这个要求比较简单，在过程代码全部编写完成后，创建按钮并绑定宏即可。

- 要求 2：单击按钮，弹出输入框，让用户设置按照第几列进行数据拆分。

对于这个要求，需要使用 VBA 的 InputBox 函数，也就是对话框函数。InputBox 函数可在 Excel 程序中弹出一个对话框，并返回用户在对话框中输入的值。运行代码清单 7-8，会在 Excel 中弹出图 7-8 所示的对话框并将用户在对话框中输入的值赋给变量 i。

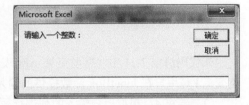

图 7-8 Excel 中弹出的对话框

代码清单 7-8

```
Dim i As Integer
i = InputBox("请输入一个整数：")
```

除 InputBox 函数以外，VBA 中还有 MsgBox 函数，它可以与 InputBox 函数搭配使用。

MsgBox 函数可在 Excel 中弹出一个提示框，并将代码指定的信息展示给用户，相关代码见代码清单 7-9。

代码清单 7-9

```
Dim i As Integer
i = InputBox("请输入一个整数：")
MsgBox "您输入的整数是：" & i
```

执行代码清单 7-9 后，会在 Excel 中弹出一个输入框，请用户输入一个整数，用户输入数字并单击输入框中的"确定"按钮后，会弹出一个提示框，显示用户输入的整数。例如，在输入框中输入整数 365 后，Excel 会弹出图 7-9 所示的提示框。

本案例可使用 InputBox 函数提供的输入框，请用户设置需要根据第几列进行数据拆分，如代码清单 7-10 所示。同时，可定义一个整数变量 l，将用户在输入框中输入的数值赋给变量 l。之后，在新建工作表和拆分数据的代码中，都会用到变量 l。

图 7-9　提示框会展示用户输入的整数

代码清单 7-10

```
l = InputBox("请问需要根据第几列进行数据拆分？")
```

○　要求 3：根据用户输入的列新建工作表。

InputBox 函数要求用户输入一个数字，但 Range 对象并不支持使用数值表示列。因此，需要使用 Range 对象的另一种表示方式：Cells(x,y)。Cells(x,y) 中的 x 表示行，y 表示列，且都能使用数值或变量表示。例如，Cells(2,3) 表示第 2 行、第 3 列，也就是 C2 单元格。使用 Cell(x,y) 可在 For 循环中同时用两个变量表示一个单元格。新建工作表并避免重名的代码如代码清单 7-11 所示。

代码清单 7-11

```
For i = 2 To irow
    k = 0
    For Each sht In Sheets
        If Cells(i, l) = sht.Name Then
            k = 1
        End If
    Next
    If k = 0 Then
        Sheets.Add after:=Sheets(Sheets.Count)
        Sheets(Sheets.Count).Name = Sheet1.Cells(i, l)
    End If
Next
```

在代码清单 7-11 中，整型变量 irow 表示"数据"工作表中最后有数据的一行的行号，整型变量 l 是用户在 InputBox 函数提供的输入框中输入的数值。

○　要求 4：根据用户输入的列进行数据筛选。

在使用 Range 对象的筛选方法时，应注意 Field 参数的值并非常量，而是变量 1，即由用户指定的列。筛选操作的相关代码见代码清单 7-12。

代码清单 7-12

```
For Each sht In Sheets
    Sheets("数据").Range("A1:F1048").AutoFilter field:=l, Criteria1:=sht.Name
    Sheets("数据").Range("A1:F1048").Copy sht.Range("a1")
Next
Sheets("数据").Range("a1:f1048").AutoFilter
```

○ 要求 5：在数据拆分完成后，回到"数据"工作表。

使用 Sheets 对象的 Select 方法即可满足这个要求。虽然本案例没有要求，但是，为了使过程代码更加完善，还可以在代码最开始的位置删除其他工作表，仅保留"数据"工作表。这样可避免因反复执行过程代码而导致工作簿中堆积多余的工作表，或者出现其他不可预知的错误。在删除工作表时，Excel 会弹出警告提示，因此，还需加入关闭和开启报警机制的代码语句。

在过程代码的最后，还可以加入一个提示框，提示工作表已根据用户指定的列进行了数据拆分，相关代码如代码清单 7-13 所示。

代码清单 7-13

```
MsgBox "数据已按照第" & l & "列拆分完成！"
```

本节的各段代码整合后，可得到本案例完整的"拆分工作表"过程代码，见 7.4.2 节。

在工作表中，创建按钮，并绑定"拆分工作表"宏。然后，单击按钮，Excel 会弹出图 7-10 所示的输入框。

例如，在输入框中，输入数字 5，即表示按照第 5 列"科目划分"进行数据拆分，单击"确定"按钮后，最终得到图 7-11 所示的工作表和提示框。

图 7-10　输入框

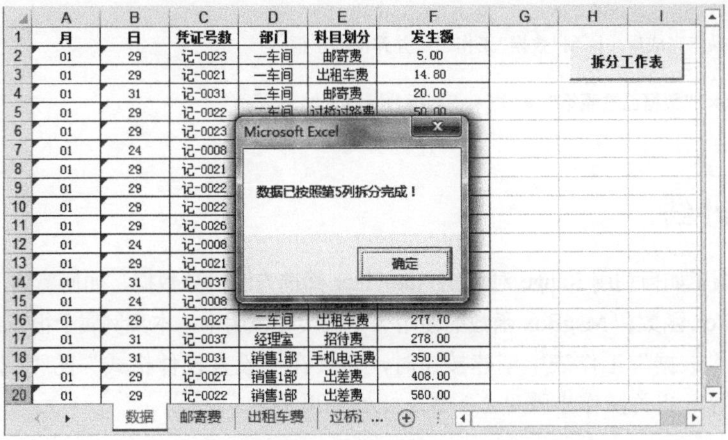

图 7-11　根据第 5 列拆分工作表后的结果

7.4.2　案例代码

对于本案例，"拆分工作表"过程的完整代码如代码清单 7-14 所示。

代码清单 7-14

```
Sub 拆分工作表()
    Dim sht As Worksheet
    Dim i, k, l As Integer
    Dim irow As Integer
    '获取"数据"工作表中最后有数据的一行的行号
    irow = Sheet1.Range("a65536").End(xlUp).Row
    '由用户指定根据第几列进行数据拆分
    l = InputBox("请问需要根据第几列进行数据拆分？")
    '删除"数据"工作表之外的其他所有工作表
    Application.DisplayAlerts = False
    For Each sht In Sheets
        If sht.Name <> "数据" Then
            sht.Delete
        End If
    Next
    Application.DisplayAlerts = True
    '根据用户指定的列新建工作表并确保表名不重复
    For i = 2 To irow
        k = 0
        For Each sht In Sheets
            If Sheet1.Cells(i, l) = sht.Name Then
                k = 1
            End If
        Next
        If k = 0 Then
            Sheets.Add after:=Sheets(Sheets.Count)
            Sheets(Sheets.Count).Name = Sheet1.Cells(i, l)
        End If
    Next
    '根据用户指定的列进行筛选和复制
    For Each sht In Sheets
        Sheet1.Range("a1:f" & irow).AutoFilter Field:=1, Criteria1:=sht.Name
        Sheet1.Range("a1:f" & irow).Copy sht.Range("a1")
    Next
    Sheet1.Range("a1:f" & irow).AutoFilter
    '所有操作完成后，回到"数据"工作表，并弹出提示框
    Sheet1.Select
    MsgBox "数据已按照第" & l & "列拆分完成！"
End Sub
```

7.4.3　案例小结

本案例介绍了如何利用 Range 对象的 AutoFilter 筛选方法拆分数据，如何新建工作表并避免重名，以及 InputBox 函数和 MsgBox 函数的使用等。在实际应用中，本案例属于很有代表性的案例。

注意，在"数据"工作表中创建按钮时，需要在"设置控件格式"的"属性"标签中固定其大小和位置，相关操作步骤见 2.3 节，此处不再赘述。

7.5　案例 30：合并工作表

打开资料文件"案例 30：合并多表数据.xls"，可以得到一张没有数据的"数据"工作表，

以及多张有数据的部门工作表，如图 7-12 所示。

图 7-12   没有数据的"数据"工作表和多张有数据的部门工作表

其中，"一车间"工作表如图 7-13 所示。

	A	B	C	D	E	F	G
1	月	日	凭证号数	部门	科目划分	发生额	
2	01	29	记-0023	一车间	邮寄费	5.00	
3	01	29	记-0021	一车间	出租车费	14.80	
4	01	29	记-0020	一车间	抵税运费	#########	
5	02	05	记-0003	一车间	办公用品	18.00	
6	03	27	记-0043	一车间	办公用品	13.00	
7	03	27	记-0046	一车间	抵税运费	8,915.91	
8	03	29	记-0057	一车间	其他	9,000.00	
9	03	28	记-0055	一车间	设备使用费	#########	
10	04	23	记-0039	一车间	交通工具修理	5,760.68	
11	05	15	记-0021	一车间	运费附加	5.00	
12	05	09	记-0009	一车间	出租车费	18.20	
13	05	23	记-0036	一车间	抵税运费	#########	
14	05	31	记-0078	一车间	运费附加	#########	
15	06	29	记-0104	一车间	其他	40.00	
16	06	22	记-0084	一车间	过桥过路费	3.00	
17	06	30	记-0112	一车间	设备使用费	7,048.83	
18	06	30	记-0112	一车间	设备使用费	7,048.83	
19	06	21	记-0076	一车间	抵税运费	#########	
20	07	25	记-0076	一车间	过桥过路费	4.00	

图 7-13   "一车间"工作表

本案例要求将各部门工作表的数据合并到"数据"工作表中。

7.5.1   案例解析

相比拆分工作表，合并工作表要简单许多，依次将各张部门工作表的数据复制到"数据"工作表即可。在操作时，应注意以下两点。

首先，在复制第一张部门工作表的数据之前，要为"数据"工作表复制一个表头。我们可以先对"数据"工作表的第一行进行判断，若没有数据，则复制一张完整的部门工作表到"数据"工作表（包含表头）；若已有数据，则只需要从部门工作表的第二行开始复制数据。

其次，在复制每张部门工作表的数据之前，应关注"数据"工作表当前数据的行数。我们可在过程代码中定义两个整型变量：irow 和 irow1。变量 irow1 用于获取每张部门工作表的数据行数；变量 irow 用于获取"数据"工作表当前数据的行数。从复制第二张部门工作表的数据开始，在每次复制数据前，必须利用表达式 Sheets(1).Range("a65536").End(xlUp).Row 获取"数据"工作表当前数据的行数，并将数据复制到"数据"工作表的第 irow+1 行。

"数据"工作表中存在多余的数据会影响代码执行的结果，因此，可在过程的开始加入清除"数据"工作表中所有数据的代码语句。

7.5.2　案例代码

本案例的实现代码如代码清单 7-15 所示。

代码清单 7-15

```
Sub 合并工作表()
    Dim i As Integer
    Dim irow, irow1 As Integer
    '合并工作表前，先清除"数据"工作表的所有数据
    Sheets(1).Range("a1:f65536").ClearContents
    For i = 2 To Sheets.Count
        '获取部门工作表中最后有数据的一行的行号
        irow1 = Sheets(i).Range("a65536").End(xlUp).Row
        '如果"数据"工作表为空，则复制所有数据
        If Sheets(1).Range("a1") = "" Then
            Sheets(i).Range("a1:f" & irow1).Copy Sheets(1).Range("a1")
        '否则，从第 2 行数据开始复制，并粘贴在"数据"工作表当前最后一行数据的下一行
        Else
            irow = Sheets(1).Range("a65536").End(xlUp).Row
            Sheets(i).Range("a2:f" & irow1).Copy Sheets(1).Range("a" & irow + 1)
        End If
    Next
End Sub
```

7.5.3　案例小结

本案例没有介绍新知识点，其难点在于"数据"工作表的表头的处理，以及如何及时获取"数据"工作表最后一行数据的行号。

在处理表头时，还可采用另一种思路：先复制一行表头到"数据"工作表，再"无差别"地复制所有部门工作表的数据到"数据"工作表。有兴趣的读者可自行尝试。

代码清单 7-15 中的整型变量 irow 一定要位于循环中，以便及时获取当前"数据"工作表最后一行数据的行号。

第 8 章

利用事件使 Excel 更加智能

在 VBA 中，由某些特定的操作触发并自动执行的过程称为事件。加入事件的 Excel 文件会变得更加 "智能"，可以对用户的操作进行辨别，并执行预定义的代码。本章将围绕 VBA 的事件，介绍以下知识点：

- ○ VBA 中的 With 语句；
- ○ VBA 中的事件，以及事件的调用；
- ○ 工作表的常用事件；
- ○ 工作簿的常用事件。

8.1 案例 31：设置单元格字号

本案例要求使用 VBA 将工作表的 A1 至 A10 单元格的字号设置为 18 号。

8.1.1 案例解析

以设置 A1 单元格的字号为例，通过录制宏获取相关代码，步骤如下：单击 "开发工具" 标签下的 "录制宏" 按钮，选中 A1 单元格，将字号设置为 18 号，停止录制。录制完成后会得到代码清单 8-1 所示的代码。

代码清单 8-1

```
Sub 宏1()
    Range("A1").Select
    With Selection.Font
        .Name = "等线"
        .FontStyle = "常规"
        .Size = 18
        .Strikethrough = False
        .Superscript = False
        .Subscript = False
        .OutlineFont = False
        .Shadow = False
        .Underline = xlUnderlineStyleNone
        .ThemeColor = xlThemeColorLight1
        .TintAndShade = 0
        .ThemeFont = xlThemeFontMinor
    End With
End Sub
```

观察代码清单 8-1，有两个值得注意的知识点。

首先，代码清单 8-1 中使用了 With 语句。VBA 中的 With 语句用于对单个对象（或对象变量）执行一系列语句。With 语句的语法：

```
With 对象
    .语句 1
    .语句 2
    ……
End With
```

在关键字 With 和 End With 之间，使用英文符号"."即可引用对象。在代码清单 8-1 中，如果需要对当前所选单元格的 Font（字体）对象进行一系列属性设置，那么在关键字 With 后面引用一次 Selection.Font，后面的代码使用英文符号"."，即可引用 Font 对象的各个属性。

With 语句中的代码在 With 语句之外无法单独执行。如果代码清单 8-1 中设置当前所选单元格的 Font 对象各个属性的代码位于 With 语句之外，那么必须加上 Selection.Font 或者 Range("A1").Font。

举个例子，对 Sheet1 工作表的 Range("A1")、Range("A3")、Range("A4")、Range("A6")单元格分别赋值 1、7、2、6，这一系列操作没有任何规律，无法使用 For 循环，如果不使用 With 语句，直接逐行书写，那么实现代码见代码清单 8-2。

代码清单 8-2

```
Sub test()
    Sheet1.Range("a1") = 1
    Sheet1.Range("a3") = 7
    Sheet1.Range("a4") = 2
    Sheet1.Range("a6") = 6
End Sub
```

如果使用 With 语句，则可将代码清单 8-2 修改为代码清单 8-3 所示的形式。

代码清单 8-3

```
Sub test()
    With Sheet1
        .Range("a1") = 1
        .Range("a3") = 7
        .Range("a4") = 2
        .Range("a6") = 6
    End With
End Sub
```

其次，Range 对象的 Font 属性会返回一个用于指定单元格的 Font 对象，该对象包含多个属性。右键选中任意单元格，然后选择"设置单元格格式"选项，在弹出的"设置单元格格式"对话框中，单击"字体"标签，如图 8-1 所示。Font 对象的各个属性与"字体"标签中的选项一一对应。在使用工具栏的快捷方式修改单元格字体的某个属性时，Excel 会默认将单元格字体的所有属性重新设置一次，因此，代码清单 8-1 中才会有如此多代码。

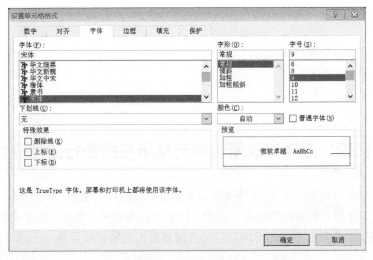

图 8-1 "字体"标签

Font 对象的各个属性的含义如代码清单 8-4 所示。

代码清单 8-4

```
Sub 宏1()
    With Selection.Font
        .Name = "Arial"                      '字体名称
        .Size = 18                           '字号
        .Strikethrough = False               '是否有删除线
        .Superscript = False                 '是否有上标
        .Subscript = False                   '是否有下标
        .OutlineFont = False                 '是否为大纲字体
        .Shadow = False                      '是否有阴影
        .Underline = xlUnderlineStyleNone    '设置下画线
        .ThemeColor = xlThemeColorLight1     '字体颜色
        .TintAndShade = 0                    '颜色变深或变浅
        .ThemeFont = xlThemeFontMinor        '主体字体
    End With
End Sub
```

如果只是修改 A1 单元格的字号，那么设置 Font 对象的 Size（字号）属性即可。如果不使用 With 语句，那么将 A1 单元格的字号设置为 18 号的代码见代码清单 8-5。

代码清单 8-5

```
Range("a1").Font.Size = 18
```

如果需要修改单元格字体的其他设置，那么在 Font 对象中修改对应的属性即可。

8.1.2 案例代码

利用 Font 对象的 Size 属性，可得本案例的实现代码，如代码清单 8-6 所示。

代码清单 8-6

```
Sub 设置字号()
    Range("a1:a10").Font.Size = 18
End Sub
```

8.1.3 案例小结

本案例涉及的两个重要知识点：

- With 语句的用法；
- Font 对象及其属性。

8.2 案例32：自动修改所选单元格所在的整行的填充色

打开资料文件“案例32：自动修改所选单元格整行的填充色.xls”，得到图8-2所示的一张工作表，该工作表中的数据列较多。由于工作表中的列较多，因此，在单击某个单元格时，尤其在左右拖动工作表右下方的滑块后，很难清晰看出与所选单元格处于同一行的单元格还有哪些。

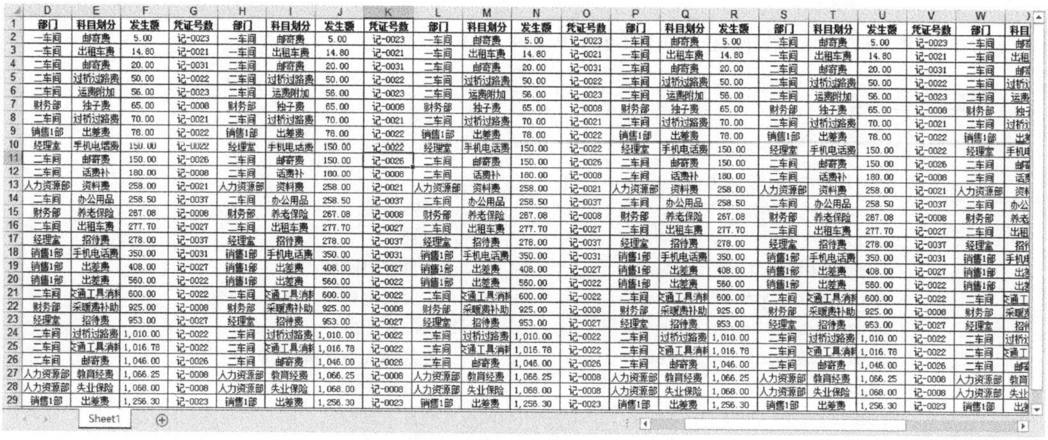

	D	E	F	G	H	I	J	K	L	M	N	O	P	Q	R	S	T	U	V	W
1	部门	科目划分	发生额	凭证号数	部门	科目划分	发生额	凭证号数	部门	科目划分	发生额	凭证号数	部门	科目划分	发生额	部门	科目划分	发生额	凭证号数	部门
2	一车间	邮寄费	5.00	记-0023	一车间	邮寄费	5.00	记-0023	一车间	邮寄费	5.00	记-0023	一车间	邮寄费	5.00	一车间	邮寄费	5.00	记-0023	一车间
3	一车间	出租车费	14.80	记-0021	一车间	出租车费	14.80	记-0021	一车间	出租车费	14.80	记-0021	一车间	出租车费	14.80	一车间	出租车费	14.80	记-0021	一车间
4	二车间	邮寄费	20.00	记-0031	二车间	邮寄费	20.00	记-0031	二车间	邮寄费	20.00	记-0031	二车间	邮寄费	20.00	二车间	邮寄费	20.00	记-0031	二车间
5	二车间	过桥过路费	50.00	记-0022	二车间	过桥过路费	50.00	记-0022	二车间	过桥过路费	50.00	记-0022	二车间	过桥过路费	50.00	二车间	过桥过路费	50.00	记-0022	二车间
6	二车间	运费附加	56.00	记-0023	二车间	运费附加	56.00	记-0023	二车间	运费附加	56.00	记-0023	二车间	运费附加	56.00	二车间	运费附加	56.00	记-0023	二车间
7	财务部	独子费	65.00	记-0008	财务部	独子费	65.00	记-0008	财务部	独子费	65.00	记-0008	财务部	独子费	65.00	财务部	独子费	65.00	记-0008	财务部
8	二车间	过桥过路费	70.00	记-0021	二车间	过桥过路费	70.00	记-0021	二车间	过桥过路费	70.00	记-0021	二车间	过桥过路费	70.00	二车间	过桥过路费	70.00	记-0021	二车间
9	销售1部	出差费	78.00	记-0022	销售1部	出差费	78.00	记-0022	销售1部	出差费	78.00	记-0022	销售1部	出差费	78.00	销售1部	出差费	78.00	记-0022	销售1部
10	经理室	手机电话费	150.00	记-0022	经理室	手机电话费	150.00	记-0022	经理室	手机电话费	150.00	记-0022	经理室	手机电话费	150.00	经理室	手机电话费	150.00	记-0022	经理室
11	二车间	邮寄费	150.00	记-0026	二车间	邮寄费	150.00	记-0026	二车间	邮寄费	150.00	记-0026	二车间	邮寄费	150.00	二车间	邮寄费	150.00	记-0026	二车间
12	二车间	话费补	180.00	记-0008	二车间	话费补	180.00	记-0008	二车间	话费补	180.00	记-0008	二车间	话费补	180.00	二车间	话费补	180.00	记-0008	二车间
13	人力资源部	资料费	258.00	记-0021	人力资源部	资料费	258.00	记-0021	人力资源部	资料费	258.00	记-0021	人力资源部	资料费	258.00	人力资源部	资料费	258.00	记-0021	人力资源部
14	二车间	办公用品	258.50	记-0037	二车间	办公用品	258.50	记-0037	二车间	办公用品	258.50	记-0037	二车间	办公用品	258.50	二车间	办公用品	258.50	记-0037	二车间
15	财务部	养老保险	267.08	记-0008	财务部	养老保险	267.08	记-0008	财务部	养老保险	267.08	记-0008	财务部	养老保险	267.08	财务部	养老保险	267.08	记-0008	财务部
16	二车间	出租车费	277.70	记-0027	二车间	出租车费	277.70	记-0027	二车间	出租车费	277.70	记-0027	二车间	出租车费	277.70	二车间	出租车费	277.70	记-0027	二车间
17	经理室	招待费	278.00	记-0037	经理室	招待费	278.00	记-0037	经理室	招待费	278.00	记-0037	经理室	招待费	278.00	经理室	招待费	278.00	记-0037	经理室
18	销售1部	手机电话费	350.00	记-0031	销售1部	手机电话费	350.00	记-0031	销售1部	手机电话费	350.00	记-0031	销售1部	手机电话费	350.00	销售1部	手机电话费	350.00	记-0031	销售1部
19	销售1部	出差费	408.00	记-0027	销售1部	出差费	408.00	记-0027	销售1部	出差费	408.00	记-0027	销售1部	出差费	408.00	销售1部	出差费	408.00	记-0027	销售1部
20	销售1部	出差费	560.00	记-0022	销售1部	出差费	560.00	记-0022	销售1部	出差费	560.00	记-0022	销售1部	出差费	560.00	销售1部	出差费	560.00	记-0022	销售1部
21	二车间	交通工具消耗	600.00	记-0022	二车间	交通工具消耗	600.00	记-0022	二车间	交通工具消耗	600.00	记-0022	二车间	交通工具消耗	600.00	二车间	交通工具消耗	600.00	记-0022	二车间
22	财务部	采暖费补助	925.00	记-0008	财务部	采暖费补助	925.00	记-0008	财务部	采暖费补助	925.00	记-0008	财务部	采暖费补助	925.00	财务部	采暖费补助	925.00	记-0008	财务部
23	经理室	招待费	953.00	记-0027	经理室	招待费	953.00	记-0027	经理室	招待费	953.00	记-0027	经理室	招待费	953.00	经理室	招待费	953.00	记-0027	经理室
24	二车间	过桥过路费	1,010.00	记-0022	二车间	过桥过路费	1,010.00	记-0022	二车间	过桥过路费	1,010.00	记-0022	二车间	过桥过路费	1,010.00	二车间	过桥过路费	1,010.00	记-0022	二车间
25	二车间	交通工具消耗	1,016.78	记-0022	二车间	交通工具消耗	1,016.78	记-0022	二车间	交通工具消耗	1,016.78	记-0022	二车间	交通工具消耗	1,016.78	二车间	交通工具消耗	1,016.78	记-0022	二车间
26	二车间	邮寄费	1,046.00	记-0026	二车间	邮寄费	1,046.00	记-0026	二车间	邮寄费	1,046.00	记-0026	二车间	邮寄费	1,046.00	二车间	邮寄费	1,046.00	记-0026	二车间
27	人力资源部	教育经费	1,066.25	记-0008	人力资源部	教育经费	1,066.25	记-0008	人力资源部	教育经费	1,066.25	记-0008	人力资源部	教育经费	1,066.25	人力资源部	教育经费	1,066.25	记-0008	人力资源部
28	人力资源部	失业保险	1,068.00	记-0008	人力资源部	失业保险	1,068.00	记-0008	人力资源部	失业保险	1,068.00	记-0008	人力资源部	失业保险	1,068.00	人力资源部	失业保险	1,068.00	记-0008	人力资源部
29	销售1部	出差费	1,256.30	记-0023	销售1部	出差费	1,256.30	记-0023	销售1部	出差费	1,256.30	记-0023	销售1部	出差费	1,256.30	销售1部	出差费	1,256.30	记-0023	销售1部

图8-2 一张数据列较多的工作表

本案例要求编写VBA代码实现下述功能：在单击工作表的某个单元格时，首先取消整张工作表的所有填充色，然后将所选单元格所在的整行的填充色改成黄色，以便查看数据。

8.2.1 案例解析

本案例要求将所选单元格所在的整行的填充色修改为黄色，以及取消整张工作表的填充色，相关代码在之前的章节中没有介绍过，因此可以通过录制宏得到。

在选中任意单元格后，开始录制宏，然后修改单元格的填充色为黄色，停止录制。录制得到的修改单元格填充色的代码如代码清单8-7所示。

代码清单8-7

```
Sub 宏1()
    With Selection.Interior
        .Pattern = xlSolid
        .PatternColorIndex = xlAutomatic
        .Color = 65535
        .TintAndShade = 0
```

```
        .PatternTintAndShade = 0
    End With
End Sub
```

取消整张工作表填充色的录制步骤：开始录制宏，单击工作表左上角的小方框选中整张工作表，如图 8-3 所示，然后，在"开始"菜单中，将单元格的填充色设置为"无填充"，如图 8-4 所示，停止录制。

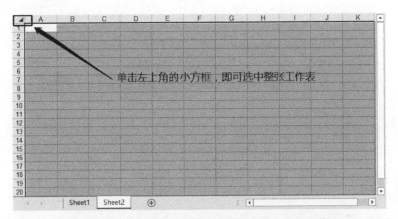

图 8-3　单击工作表左上角的小方框即可选中整张工作表

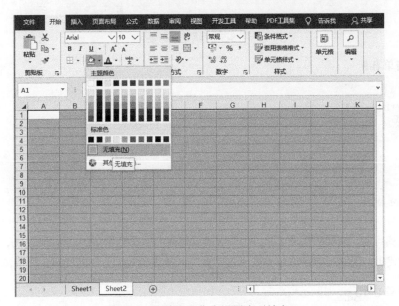

图 8-4　将整张工作表设置为无填充

录制所得的代码如代码清单 8-8 所示。

代码清单 8-8

```
Sub 宏2()
    Cells.Select
    With Selection.Interior
        .Pattern = xlNone
        .TintAndShade = 0
        .PatternTintAndShade = 0
```

```
        End With
    End Sub
```

代码清单 8-7 使用 With 语句为单元格 Interior（内部属性）对象的各个属性进行赋值。Interior 对象与 Font 对象一样，虽然只是 Range 对象的属性，但是会返回一个用于指定单元格内部属性的对象。Interior 对象的各个属性与"填充"标签中的选项一一对应，如图 8-5 所示。Interiro 对象的各个属性的具体含义如代码清单 8-9 所示。

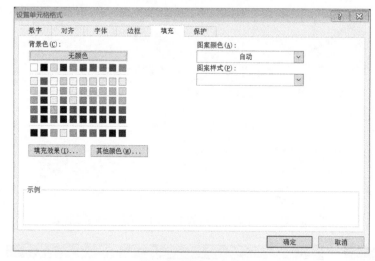

图 8-5 "填充"标签

代码清单 8-9

```
Sub 宏1()
    With Selection.Interior
        .Pattern = xlSolid                 '图案样式
        .PatternColorIndex = xlAutomatic   '图案颜色
        .Color = 65535                     '填充色
        .TintAndShade = 0                  '颜色变深或变浅
        .PatternTintAndShade = 0           '对象淡色和底纹图案
    End With
End Sub
```

通过观察可知，在代码清单 8-7 中，与所选单元格的填充色相关的属性是 Color，值 65535 为黄色的颜色代码。因此，将所选单元格所在的整行的填充色改为黄色的代码见代码清单 8-10。

代码清单 8-10

```
Selection.EntireRow.Interior.Color = 65535
```

通过观察代码清单 8-8 可知，选中整张工作表的代码如代码清单 8-11 所示。

代码清单 8-11

```
Cells.Select
```

在 VBA 中，Cells 表示整张工作表。

通过代码清单 8-9 中 Interior 对象的各个属性的含义可知，在代码清单 8-8 中，与设置整张工作表为"无填充"有关的属性应为 Pattern（图案样式）。当 Pattern 属性取值为 xlNone 时，表示单元格无填充。将整张工作表设置为无填充的代码如代码清单 8-12 所示。

代码清单 8-12

```
Cells.Interior.Pattern = xlNone
```

将代码清单 8-10 和代码清单 8-12 合并为一个 VBA 过程，即可得到"取消整张工作表的填充色，然后将所选单元格所在的整行改为黄色"的代码，如代码清单 8-13 所示。

代码清单 8-13

```
Sub 改填充色()
    Cells.Interior.Pattern = xlNone                '取消整张工作表的填充色
    Selection.EntireRow.Interior.Color = 65535     '将所选单元格所在的整行的填充色改成黄色
End Sub
```

在选中工作表的任意单元格后，执行"改填充色"宏，即可将所选单元格所在的整行改成黄色。但本案例的要求是在单击单元格的同时将整行改色，即不能有执行过程（或宏）的操作。因此，本案例还需要使用 VBA 事件，将"改填充色"过程设置为单击工作表的单元格时自动执行。

在 VBA 中，由某些特定操作触发并自动执行的私有过程称为事件。工作表中包含多种事件，针对不同的操作，其中 SelectionChange（选区变化）事件表示工作表的所选单元格（或区域）发生变化时执行的操作。

工作表的 SelectionChange 事件（以及其他事件）需要在工作表的专属代码窗口中创建。在 Visual Basic 编辑器的"工程资源管理器"中，双击工作表，便会打开一个专属于这张工作表的代码窗口，图 8-6 就是专属于 Sheet1 工作表的代码窗口。

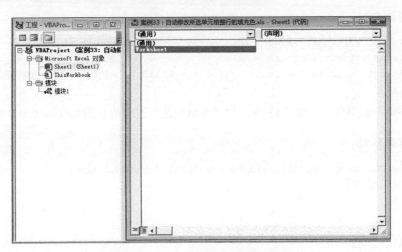

图 8-6　Sheet1 工作表的专属代码窗口

选中代码窗口左侧下拉菜单中的"Worksheet"，编辑器就会自动创建 Sheet1 工作表的 SelectionChange 事件，如图 8-7 所示。

在图 8-7 的右侧下拉菜单中，可以选择并创建工作表的其他事件。事件都是私有过程，这样可以避免其他工作表中的操作触发该工作表中的事件。

将代码清单 8-13 所示的"改填充色"过程的主体部分复制到工作表的 SelectionChange 事件中，即可满足本案例的要求：在单击工作表的任意单元格时，先取消整张工作表的填充色，再将所选单元格所在的整行的填充色改为黄色。

我们也可在通用模块中编写"改填充色"过程，然后在工作表的 Worksheet_SelectionChange 事件中调用，这样做的优势是，可使"改填充色"过程供有类似需求的其他事件或过程调用。

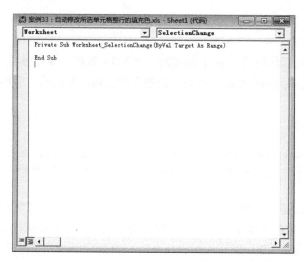

图 8-7 选中 "Worksheet" 后，编辑器自动创建的事件

8.2.2 案例代码

在工作表的 Worksheet_SelectionChange 事件中，直接执行改填充色的操作的代码如代码清单 8-14 所示。

代码清单 8-14

```
Private Sub Worksheet_SelectionChange(ByVal Target As Range)
      Cells.Interior.Pattern = xlNone                '取消整张工作表的填充色
      Selection.EntireRow.Interior.Color = 65535     '将所选单元格整行的填充色改成黄色
End Sub
```

在事件中，调用代码清单 8-13 所示的 "改填充色" 过程的代码如代码清单 8-15 所示。

代码清单 8-15

```
Private Sub Worksheet_SelectionChange(ByVal Target As Range)
      Call 改填充色
End Sub
```

8.2.3 案例小结

本案例涉及的知识点：

❑ 通过录制宏得到所需的代码（如修改单元格填充色的代码）；

❑ 单元格 Interior 对象中与填充色有关的属性——Color（颜色）和 Pattern（图案样式）；

❑ 创建工作表的事件；

❑ 工作表的 SelectionChange 事件；

❑ 在事件中，调用其他模块的过程。

注意，对于本案例中的代码清单 8-15，工作表的 SelectionChange 事件和 "改填充色" 过程应在不同的代码窗口中编写：SelectionChange 事件应在工作表的专属代码窗口中编写，而 "改填充色" 过程应在通用模块的代码窗口中编写。

8.3 案例 33：自动筛选

打开资料文件"案例 33：自动筛选.xls"，得到图 8-8 所示的工作表。本案例要求实现以 I2 单元格的值为条件进行自动筛选的功能：在 I2 单元格中，输入任意部门名称，工作表的 A 至 F 列以该部门为条件进行筛选，并将筛选的结果复制到 L 至 Q 列，然后取消工作表的筛选状态。

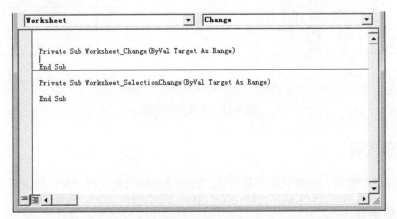

	A	B	C	D	E	F	G	H	I	J
1	月	日	凭证号数	部门	科目划分	发生额			部门	
2	01	29	记-0023	一车间	邮寄费	5.00			一车间	
3	01	29	记-0021	一车间	出租车费	14.80				
4	01	31	记-0031	二车间	邮寄费	20.00				
5	01	29	记-0022	二车间	过桥过路费	50.00				
6	01	29	记-0023	二车间	运费附加	56.00				
7	01	24	记-0008	财务部	独子费	65.00				
8	01	29	记-0021	二车间	过桥过路费	70.00				
9	01	29	记-0022	销售1部	出差费	78.00				
10	01	29	记-0022	经理室	手机电话费	150.00				
11	01	29	记-0026	二车间	邮寄费	150.00				
12	01	24	记-0008	二车间	话费补	180.00				
13	01	29	记-0021	人力资源部	资料费	258.00				
14	01	31	记-0037	二车间	办公用品	258.50				
15	01	24	记-0008	财务部	养老保险	267.08				
16	01	29	记-0027	二车间	出租车费	277.70				
17	01	31	记-0037	经理室	招待费	278.00				
18	01	31	记-0031	销售1部	手机电话费	350.00				
19	01	29	记-0027	销售1部	出差费	408.00				
20	01	29	记-0022	销售1部	出差费	560.00				

图 8-8 以 I2 单元格的值为条件进行自动筛选

8.3.1 案例解析

除 SelectionChange 事件以外，工作表还有 Change（变化）事件——当工作表中任意单元格的值发生变化时，立即执行事件中的操作。

打开 Visual Basic 编辑器，然后，在"工程资源管理器"中，打开任意工作表的代码窗口。首先，选中代码窗口的左侧下拉菜单中的 Worksheet，然后选中代码窗口的右侧下拉菜单中的 Change 选项，编辑器就会创建工作表的 Change 事件，如图 8-9 所示。

```
Worksheet                          ▼   Change                          ▼

     Private Sub Worksheet_Change(ByVal Target As Range)

     End Sub

     Private Sub Worksheet_SelectionChange(ByVal Target As Range)

     End Sub
```

图 8-9 在选中代码窗口的右侧下拉菜单中的 Change 后，自动创建工作表的 Change 事件

在工作表的 Change 事件中，加入 MsgBox 函数进行测试，如代码清单 8-16 所示。

代码清单 8-16

```
Private Sub Worksheet_Change(ByVal Target As Range)
    MsgBox "工作表发生变化了！"
End Sub
```

在工作表中，任意修改一个单元格的值，会弹出图 8-10 所示的提示框。

本案例要求在 I2 单元格中输入部门名称后，工作表自动进行筛选，这需要使用工作表的 Change 事件。首先，在通用模块中，编写筛选的过程代码（详见 8.3.2 节中的代码清单 8-17），然后在工作表的 Change 事件中调用该过程（详见 8.3.2 节中的代码清单 8-18）。

注意，如果在事件中直接调用"筛选"过程，那么 Excel 程序会陷入"死"循环，这是因为"筛选"过程代码中的

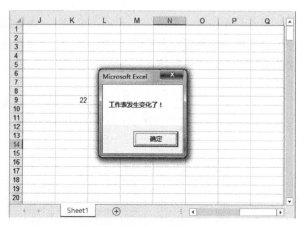

图 8-10   在任意单元格输入数值时，会弹出提示框

操作（如清除数据、复制数据等）会改变单元格的值，从而触发 Change 事件并反复执行"筛选"过程。

为了避免这种情况，在调用"筛选"过程之前，需要先将 Application 对象的 EnableEvent（事件触发）属性的值设置为 False，关闭 Excel 的事件触发机制；筛选完成后，再将 EnableEvent 属性值设置为 True，打开事件触发机制。

在创建好"筛选"过程和工作表的 Change 事件后，回到 Sheet1 工作表，在 I2 单元格中，输入任意部门的名称，然后按回车键，即可实现自动筛选，如图 8-11 所示。

	A	B	C	D	E	F	G	H	I	J	K	L	M	N	O	P	Q
1	月	日	凭证号数	部门	科目划分	发生额			部门			月	日	凭证号数	部门	科目划分	发生额
2	01	29	记-0023	一车间	邮寄费	5.00			一车间			01	29	记-0023	一车间	邮寄费	5.00
3	01	29	记-0021	一车间	出租车费	14.80						01	29	记-0021	一车间	出租车费	14.80
4	01	31	记-0031	二车间	邮寄费	20.00						01	29	记-0021	一车间	装税运寄	#########
5	01	29	记-0022	二车间	过桥过路费	50.00						02	05	记-0003	一车间	办公用品	18.00
6	01	29	记-0023	二车间	运费附加	56.00						03	27	记-0043	一车间	办公用品	13.00
7	01	24	记-0008	财务部	独子费	65.00						03	27	记-0046	一车间	装税运寄	8,915.91
8	01	29	记-0022	二车间	过桥过路费	70.00						03	29	记-0057	一车间	其他	9,000.00
9	01	29	记-0022	销售1部	出差费	78.00						03	29	记-0055	一车间	设备使用费	#########
10	01	29	记-0022	经理室	手机电话费	150.00						04	23	记-0039	一车间	交通工具维修	5,760.68
11	01	29	记-0026	二车间	邮寄费	150.00						05	15	记-0021	一车间	运费附加	5.00
12	01	24	记-0008	二车间	话费补	180.00						05	09	记-0009	一车间	出租车费	18.20
13	01	29	记-0021	人力资源部	资料费	258.00											
14	01	31	记-0037	二车间	办公用品	258.50											
15	01	24	记-0008	财务部	养老保险	267.08											
16	01	29	记-0027	二车间	出租车费	277.70											
17	01	31	记-0037	经理室	招待费	278.00											
18	01	31	记-0031	销售1部	手机电话费	350.00											
19	01	29	记-0027	销售1部	出差费	408.00											
20	01	29	记-0022	销售1部	出差费	560.00											

图 8-11   实现自动筛选

8.3.2   案例代码

关于"筛选"过程，创建思路不再赘述，直接给出代码和注释，如代码清单 8-17 所示。

代码清单 8-17

```
Sub 筛选()
    Dim irow As Integer
```

```
irow = Range("a65536").End(xlUp).Row        '获取最后一行数据的行号
Range("l1:q" & irow).ClearContents          '清空之前筛选的结果
Range("a1:f" & irow).AutoFilter field:=4, Criteria1:=Range("i2")
                                            '以 I2 单元格为条件进行筛选
Range("a1:f" & irow).Copy Range("l1")       '复制筛选结果到 L1 单元格
Range("a1:f" & irow).AutoFilter             '取消筛选状态
End Sub
```

在 Sheet1 工作表的 Change 事件中，调用"筛选"过程，如代码清单 8-18 所示。

代码清单 8-18

```
Private Sub Worksheet_Change(ByVal Target As Range)
    Application.EnableEvents = False        '关闭事件触发
    Call 筛选                               '调用"筛选"过程
    Application.EnableEvents = True         '打开事件触发
End Sub
```

8.3.3 案例小结

本案例介绍了工作表的 Change 事件。因为工作表的 Change 事件容易导致 Excel 程序陷入"死"循环，所以应妥善使用 Application 对象的 EnableEvent 属性，在合适的位置，关闭和打开工作表的事件触发机制。

8.4 案例 34：自动刷新透视表

打开资料文件"案例 34：自动刷新透视表.xls"，得到一张"数据源"工作表和一张"统计数据"工作表，分别如图 8-12 和图 8-13 所示。其中，"统计数据"工作表是一张透视表，当"数据源"工作表中"金额"列的任意数据发生变化后，打开"统计数据"工作表，然后单击 Excel 工具栏中"数据"标签下的"全部刷新"按钮，即可刷新对应的统计数据。

本案例要求编写 VBA 代码实现每次打开"统计数据"工作表时，自动刷新统计数据。

	A	B	C	D	E	F	G	H	I	J	K
1	订购日期	发票号	销售部门	销售人员	工单号	ERPCO号	所属区域	产品类别	数量	金额	成本
1206	2007/11/27	HD0012990	四科	熊牧	C016360-002	C04-179	南京	警告标	500	11,517.83	8,276.53
1207	2007/12/12	HD0013005	四科	熊牧	C016360-001	C04-059	南京	警告标	500	11,517.83	8,023.36
1208	2007/6/18	HD0012990	四科	熊牧	C016361-002	C04-180	南京	睡袋	1000	24,597.41	16,617.13
1209	2007/7/19	HD0013005	四科	熊牧	C016361-001	C04-060	南京	暖靴	1000	24,597.41	16,110.78
1210	2007/8/22	HD0012966	四科	熊牧	C015541-001	C03-012	南京	暖靴	500	13,860.44	9,061.62
1211	2007/9/18	HD0013005	四科	熊牧	C014935-002	C12-040	南京	暖靴	100	10,000,000,000.00	9,600.00
1212	2007/10/22	HD0013048	四科	熊牧	C016224-001	D03-025	南京	暖靴	1500	100,000,000.00	86,935.69
1213	2007/11/27	HD0013048	四科	熊牧	C016368-001	D04-030	南京	暖靴	500	86,286.14	73,032.21
1214	2007/12/12	HD0013048	四科	熊牧	C016369-001	D04-019	南京	暖靴	200	34,717.48	26,339.96
1215	2007/5/25	HD0013048	四科	熊牧	C016017-001	B04-003	南京	睡袋	200	27,096.19	20,494.54
1216	2007/4/28	HD0013048	四科	熊牧	C015270-001	A04-067	南京	睡袋	1000	90,893.27	75,286.74
1217	2007/2/13	HD0013048	四科	熊牧	C016021-001	A04-003	南京	睡袋	250	19,990.27	15,706.50
1218	2007/3/21	HD0012990	一科	赵晶江	C016067-001	Z02-006	南京	睡袋	2200	7,782.00	5,182.24
1219	2007/1/24	HD0013005	一科	赵晶江	C016067-002	Z02-007	南京	睡袋	1400	4,952.18	3,297.79
1220	2007/12/27	HD0013005	一科	赵晶江	C016068-001	Z03-035	无锡	睡袋	3500	12,380.46	9,686.97
1221	2007/12/29	HD0013005	一科	赵晶江	C016194-001	Z03-038	无锡	睡袋	2200	7,782.00	6,087.41

数据源 | 统计数据 | ⊕

图 8-12 "数据源"工作表

	A	B	C	D	E	F	G
3	求和项:金额	所属区域					
4	订购日期	常熟	昆山	南京	苏州	无锡	总计
5	1月	177531.466	159183.3503	134313.6071	287253.9929	316418.088	1074700.504
6	2月	154442.7409	102324.4603	187129.1314	105940.344	464012.2024	1013848.879
7	3月	780894.9695	101447.3039	98528.15568	800824.8869	689765.7359	2471461.052
8	4月	413047.7692	126823.7048	241869.8754	576831.2966	1477885.745	2836458.391
9	5月	534930.1326	94407.96387	136967.3779	662964.018	927455.0727	2356724.565
10	6月	323517.2287	171868.628	146488.9161	329583.7453	775929.5058	1747388.024
11	7月	387626.9095	268400.0976	407179.3243	592388.6753	758208.1843	2413803.191
12	8月	370987.7919	181346.2034	111106.9313	499294.6963	417413.8773	1580149.5
13	9月	716061.913	511526.721	10000246604	476447.6275	665769.393	10002616410
14	10月	611061.7794	468819.5544	100180206.6	504960.5597	505264.2076	102270312.7
15	11月	2118503.539	351023.2417	286329.8801	1269351.39	633915.4125	4659123.463
16	12月	324454.4874	1096212.746	894522.0599	347939.303	1040127.192	3703255.789
17	总计	6913060.727	3633383.975	10103071246	6453780.535	8672164.617	10128743636

数据源 统计数据

图 8-13 "统计数据"工作表

8.4.1 案例解析

本案例需要使用工作表的 Activate(激活)事件:当工作表被选中成为当前活动工作表时,执行事件中的操作。

因为本案例要求在打开"统计数据"工作表时进行数据刷新,所以需要在"统计数据"工作表的代码窗口中创建 Activate 事件。在 Visual Basic 编辑器的"工程资源管理器"中,双击 Sheet2(统计数据)工作表,打开其所属的代码窗口,然后,在代码窗口的左侧下拉菜单中,选中 Worksheet 选项,在右侧下拉菜单中,选中 Activate 选项,编辑器会创建"统计数据"工作表的 Activate 事件。在该事件中,写入刷新透视表的代码,即可完成本案例。

刷新透视表的相关代码可通过录制宏获取,步骤如下:开始录制宏,单击"数据"标签中的"全部刷新"按钮,如图 8-14 所示,停止录制。

图 8-14 "数据"标签中的"全部刷新"按钮

录制得到的代码如代码清单 8-19 所示。

代码清单 8-19

```
Sub 宏1()
    ActiveWorkbook.RefreshAll
End Sub
```

8.4.2 案例代码

将代码清单 8-19 写入"统计数据"工作表的 Activate 事件中,即可得到本案例的代码,如代码清单 8-20 所示。

代码清单 8-20

```
Private Sub Worksheet_Activate()
    ActiveWorkbook.RefreshAll
End Sub
```

8.4.3 案例小结

因为刷新数据的代码比较简单，所以本案例没有专门为其编写过程并在事件中调用，而是直接写入事件中。

利用工作表的 Activate 事件，本案例实现了在"数据源"工作表中对"金额"列进行任意修改后，单击"统计数据"工作表时，统计数据会被自动更新。

VBA 中常用的事件及其说明如图 8-15所示。

事件	说明（事件激活条件）
Activate	工作表激活（转为活动状态）
Deactivate	工作表从活动状态转为非活动状态
BeforeDoubleClick	双击工作表
BeforeRightClick	右键单击工作表
Calculate	对工作表进行重新计算
Change	工作表中的任意单元格发生变化
FollowHyperlink	单击工作表上的任意超链接
PivotTableUpdate	工作簿中的数据透视表更新
SelectionChange	工作表上的选定区域发生改变

图 8-15 常用事件及其说明

8.5 案例 35：重要数据自动备份

本案例要求编写 VBA 代码，实现资料文件"案例 35：重要数据自动备份.xls"工作簿的自动备份功能：在单击"保存"按钮时，自动在指定路径（如"D:\data"）下保存工作簿的备份文件，备份文件以"重要文件"+备份时间方式命名，备份时间的格式为"YYYYMMDDHHMMSS"。

8.5.1 案例解析

本案例共有两个要求：一是在保存工作簿时，再保存一个备份文件到指定目录；二是在备份文件的文件名中加入备份的日期和时间。

在 VBA 中，工作表有事件，工作簿也有事件。打开 Visual Basic 编辑器，可以看到，VBAProject（工程资源管理器）中除有工作表以外，还有 ThisWorkbook，如图 8-16 所示。

双击 ThisWorkbook，可以打开一个属于整个工作簿的代码窗口。在代码窗口的左侧下拉菜单中选中 Workbook 后，右侧下拉菜单中出现多个工作簿事件，如图 8-17 所示。

图 8-16 工程资源管理器中的 ThisWorkbook

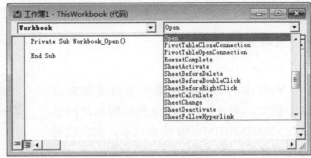

图 8-17 工作簿事件

根据本案例的要求，在工作簿保存的同时，进行备份，因此需要使用工作簿的 BeforeSave（保存）事件——当工作簿保存时，立即执行事件中的代码。在代码窗口的左侧下拉菜单中，选择 Workbook，在右侧下拉菜单中，选择 BeforeSave，编辑器会自动在代码窗口中创建工作簿的 BeforeSave 事件，如图 8-18 所示。

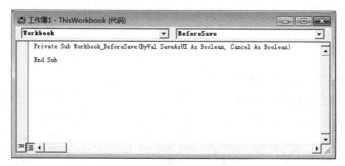

图 8-18 工作簿的 BeforeSave 事件

将"以指定文件名创建备份文件并将其保存至指定目录"的代码写入工作簿的 BeforeSave 事件中，即可完成本案例。

在 VBA 中，Workbook 对象的 Save 方法用于直接保存当前工作簿，但无法指定文件名和保存路径。本案例要求另外创建一个备份文件，且必须以指定文件名格式保存在指定路径中，因此，本案例不能使用 Workbook 对象的 Save 方法。

Workbook 对象的 SaveAs（另存为）方法，虽然可以指定文件名和保存路径，但是会将当前活动工作簿切换为"另存为"之后的工作簿，而原始工作簿会被直接关闭。这意味着，如果在工作簿的 BeforeSave 事件中使用 SaveAs 方法，那么会导致当前活动工作簿被切换成备份文件，还会导致对原始工作簿的修改全部被保存在备份文件中，而不是原始文件中。这明显与本案例的要求不符。本案例要求对工作簿的改动同时保存在原始文件和备份文件中。在保存工作簿之后，当前激活工作簿依然是原始工作簿，而非备份文件。

因此，本案例需要使用 Workbook 对象的 SaveCopyAs（备份保存）方法，该方法可以为当前活动工作簿创建一个副本，且不会改变当前活动工作簿，是一个专门用于备份工作簿的方法。SaveCopyAs 方法有一个必选参数 FileName，用于指定副本的文件名和保存路径。

在 VBA 中，ActiveWorkbook 表示当前活动工作簿，ThisWorkbook 表示代码所在的工作簿，在本案例中，可使用任意一种方式表示需要备份的原始工作簿。例如，对 ThisWorkbook 使用 SaveCopyAs 方法，然后使用 FileName 参数指定文件名和保存路径。

本案例还要求在备份文件的文件名中加入备份的日期和时间。VBA 中的 Now 函数用于获取当前日期和时间，如在 A1 单元格中写入当前日期和时间，实现代码如代码清单 8-21 所示，结果如图 8-19 所示。

代码清单 8-21

```
Range("a1") = Now
```

VBA 中的 Format 函数用于修改数据格式。例如，将 A1 单元格中的日期和时间以 YYYYMMDDHHMMSS 格式显示，实现代码如代码清单 8-22 所示。

图 8-19 使用 Now 函数获取当前日期和时间

代码清单 8-22

```
Range("a1") = Format(Now, "YYYYMMDDHHMMSS")
```

执行代码清单 8-22 后的结果如图 8-20 所示。

在 SaveCopyAs 方法的 FileName 参数中，

图 8-20 使用 Format 函数修改当前
日期和时间的格式

使用 Now 函数和 Format 函数，即可得到本案例要求的文件名。

8.5.2 案例代码

本案例的事件代码如代码清单 8-23 所示。

代码清单 8-23

```
Private Sub Workbook_BeforeSave(ByVal SaveAsUI As Boolean, Cancel As Boolean)
    ThisWorkbook.SaveCopyAs "D:\data\重要文件" & Format(Now, "YYYYMMDDHHMMSS") & ".xls"
End Sub
```

8.5.3 案例小结

本案例介绍了以下知识点：

❑ 工作簿的 BeforeSave 事件；

❑ Workbook 对象的 SaveCopyAs 方法；

❑ 用于获取当前日期和时间的 Now 函数；

❑ 用于设置数据格式的 Format 函数。

在工作簿的代码窗口右侧的下拉菜单中，可以看到工作簿包含的各种事件，其中常用的事件如图 8-21 所示。

事件	说明
Activate	激活工作簿时
AddinInstall	当工作簿作为加载宏安装时
AddinUninstall	工作簿作为加载宏卸载时
BeforeClose	关闭工作簿前
BeforePrint	打印工作簿（或其中任何内容）之前
BeforeSave	保存工作簿前
Deactivate	工作簿从活动状态转为非活动状态时
NewSheet	在工作簿中新建工作表时
Open	打开工作簿时
PivotTableCloseConnection	在数据透视表关闭与其数据源的连接之后
PivotTableOpenConnection	在数据透视表打开与其数据源的连接之后
SheetActivate	激活任何一张表时
SheetBeforeDoubleClick	双击任何工作表时
SheetBeforeRightClick	鼠标右键单击任意工作表时
SheetCalculate	工作表重新计算时
SheetChange	更改工作表的单元格时
SheetDeactivate	任一工作表由活动状态转为非活动状态时
SheetFollowHyperlink	单击 Excel 中的任意超链接时
SheetPivotTableUpdate	数据透视表的工作表更新之后
SheetSelectionChange	工作簿中的数据透视表更新之后
WindowActivate	工作簿的窗口激活时
WindowDeactivate	工作簿的窗口变为非活动状态时
WindowResize	工作簿窗口调整大小时

图 8-21 常用的工作簿事件

8.6 案例 36：制作密码验证

打开资料文件"案例 36：制作密码验证.xls"，如图 8-22 所示，工作簿中有一张"登录"

工作表和 6 张其他工作表。本案例要求编写 VBA 代码实现该工作簿的密码验证功能：在打开工作簿时，仅显示"登录"工作表，并弹出一个输入框，请用户输入密码；若输入的密码为"123"，则显示张三的 3 张工作表，并隐藏"登录"工作表；若输入的密码为"456"，则显示李四的 3 张工作表，并隐藏"登录"工作表；若输入其他密码，则提示"无对应工作表！"；在关闭工作簿时，显示"登录"工作表，并隐藏其他工作表。

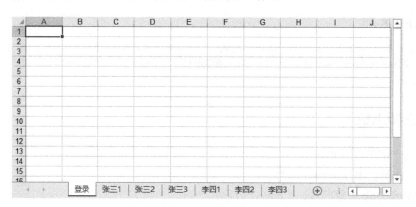

图 8-22　"登录"工作表

8.6.1　案例解析

本案例需要使用工作簿的两个事件：Open（打开）事件和 BeforeClose（关闭）事件。本案例的其他代码需要分别写入这两个事件中。

另外，隐藏工作表需要用到 Sheets 对象的 Visible（可视）属性。Visible 属性有 3 个值，具体如代码清单 8-24 所示。

代码清单 8-24

```
Sheet1.Visible = xlSheetHidden        '隐藏 Sheet1，可手动取消隐藏
Sheet1.Visible = xlSheetVeryHidden    '隐藏 Sheet1，无法手动取消隐藏
Sheet1.Visible = xlSheetVisible       '显示 Sheet1
```

在隐藏工作表时，本案例将 Visible 属性取值为 xlSheetVeryHidden，这更符合本案例的要求。

小贴士：在通过录制宏获取的代码中，属性 Visible 的值分别为 False 和 True，分别表示隐藏工作表和显示工作表。

根据本案例的要求，应在工作簿的 Open 事件中定义一个整型变量，用于获取用户在输入框中输入的密码；然后，使用 If 函数对密码进行判断，并根据判断的结果决定是打开"张三"的工作表还是"李四"的工作表，或者显示提示"无对应工作表！"。

因为 Excel 不允许关闭或隐藏所有工作表，即至少保留一张可视工作表，因此，在工作簿的 BeforeClose 事件中，应先显示"登录"工作表，再隐藏其他工作表，否则 Excel 会报错。

8.6.2　案例代码

工作簿的 Open 事件的相关代码如代码清单 8-25 所示。

代码清单 8-25

```
Private Sub Workbook_Open()
    Dim i As Integer
    '获取用户输入的密码
    i = InputBox("请输入密码：")
    '对用户密码进行判断
    If i = "123" Then
        Sheets("张三 1").Visible = xlSheetVisible
        Sheets("张三 2").Visible = xlSheetVisible
        Sheets("张三 3").Visible = xlSheetVisible
        Sheets("登录").Visible = xlSheetVeryHidden
    ElseIf i = "456" Then
        Sheets("李四 1").Visible = xlSheetVisible
        Sheets("李四 2").Visible = xlSheetVisible
        Sheets("李四 3").Visible = xlSheetVisible
        Sheets("登录").Visible = xlSheetVeryHidden
    Else
        MsgBox "无对应工作表！"
    End If
End Sub
```

工作簿的 BeforeClose 事件的相关代码如代码清单 8-26 所示。

代码清单 8-26

```
Private Sub Workbook_BeforeClose(Cancel As Boolean)
    Dim sht As Worksheet
    '先显示"登录"工作表
    Sheets("登录").Visible = xlSheetVisible
    '再隐藏其他工作表
    For Each sht In Sheets
        If sht.Name <> "登录" Then
            sht.Visible = xlSheetVeryHidden
        End If
    Next
End Sub
```

8.6.3 案例小结

本案例介绍了以下知识点：

❍ 工作簿的 Open 事件和 BeforeClose 事件；

❍ Sheets 对象的 Visible 属性及其 3 个值。

本案例只是搭建了一个比较粗糙的密码验证系统的框架，如果应用于实际工作，那么还必须考虑很多细节：实现由用户设置密码；当密码输入错误时，重新弹出密码输入框；在密码输入错误达到一定次数后，自动关闭工作簿；允许用户退出登录状态等。读者可尝试解决上述细节问题。

第**9**章

在 VBA 中使用函数

本章主要介绍 VBA 中的两类函数：工作表函数和 VBA 函数。

工作表函数是指在 Excel 中原本就存在的函数。这类函数在 VBA 中以 WorksheetFunction（工作表函数）对象的方法的形式存在，其功能和使用方法与在 Excel 中基本一致。本章将介绍以下 4 个工作表函数：

- ❍ VLookup 函数，根据条件在指定区域的某一列中查找并返回对应的值；
- ❍ CountA 函数，统计某个区域内非空单元格的数量；
- ❍ CountIf 函数，统计某个区域内符合条件的单元格的数量；
- ❍ Find 函数，在工作表中查找特定信息。

VBA 函数是指仅存在于 VBA 中的函数。根据操作的对象，VBA 函数可分为文本函数、数学函数、信息函数和交换函数等。VBA 函数可直接被调用。本章将介绍以下 7 个 VBA 函数：

- ❍ Val 函数，将字符串转换为合适长度的数值类型；
- ❍ IsNumeric 函数，判断变量或常量中是否仅含数字；
- ❍ InStr 函数，查找某个字符或字符串在另一个字符串中的位置；
- ❍ Split 函数，将某个字符串按要求进行分割，并取出其中的一段；
- ❍ Left 函数，取字符串左边若干字符；
- ❍ Mid 函数，取字符串中间若干字符；
- ❍ Right 函数，取字符串右边若干字符。

本章的知识点还包括"On Error Resume Next"，它用于中止报错，并执行下一行代码。

9.1 案例 37：使用工作表函数进行查询和统计

打开资料文件"案例 37：使用工作表函数进行查询和统计.xlsm"，得到图 9-1 所示的"汇总"工作表，以及图 9-2 所示的多张以地区命名的成绩表。本案例要求编写 VBA 代码以实现输入准考证号后，单击"查询"按钮可得到对应的考生姓名、性别、专业类、总分和地区；单击"统计"按钮可得到成绩表录入的考生的总人数，以及男生和女生的人数。

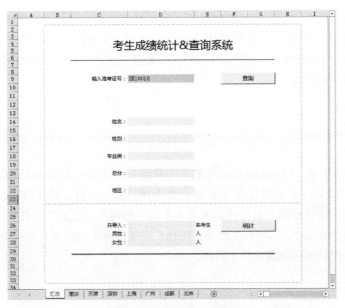

图 9-1 “汇总”工作表

	A	B	C	D	E	F	G	H
1	准考证号	编号	专业类	专业代号	姓名	性别	称呼	原始分
2	CQ10001	wj103	理工		苏文	男		191
3	CQ10002	wj101	财经		钱建宁	男		113
4	CQ10003	wj102	文科		彭波	女		582
5	CQ10004	wj103	文科			女		565
6	CQ10005	wj101	财经		呙建霞	男		662
7	CQ10006	wj102	文科		陈菲	男		522
8	CQ10007	wj103	理工		叶建华	女		723
9	CQ10008	wj101	财经		李争光	女		526
10	CQ10009	wj102	财经		喜梅	女		506
11	CQ10010	wj103	文科			女		251
12	CQ10011	wj101	文科			男		128
13	CQ10012	wj102	文科		孙庆棋	男		618
14	CQ10013	wj103	文科		虞萍	女		581
15	CQ10014	wj101	财经		王义梅	女		778
16	CQ10015	wj102	理工		王志欣	男		672
17	CQ10016	wj103	财经		浦靖	男		522
18	CQ10017	wj101	理工		戴宁	男		620
19	CQ10018	wj102	理工		姜小妹	女		784
20	CQ10019	wj103	财经		李洁	女		433
21	CQ10020	wj101	文科		王翠萍	女		515
22	CQ10021	wj102	财经		李建宁	男		789
23	CQ10022	wj103	财经			女		651
24	CQ10023	wj101	文科		梁伟	男		202
25	CQ10024	wj102	财经		李燕	男		673
26	CQ10025	wj103	文科		沈恒度	男		654
27	CQ10026	wj101	文科		戴渊	女		643
28	CQ10027	wj102	财经		吴红花	女		645
29	CQ10028	wj103	财经		周涛	男		116
30	CQ10029	wj101	理工		高赐林	女		646
31	CQ10030	wj102	文科		张丹	男		696
32	CQ10031	wj103	财经		赵振	女		701

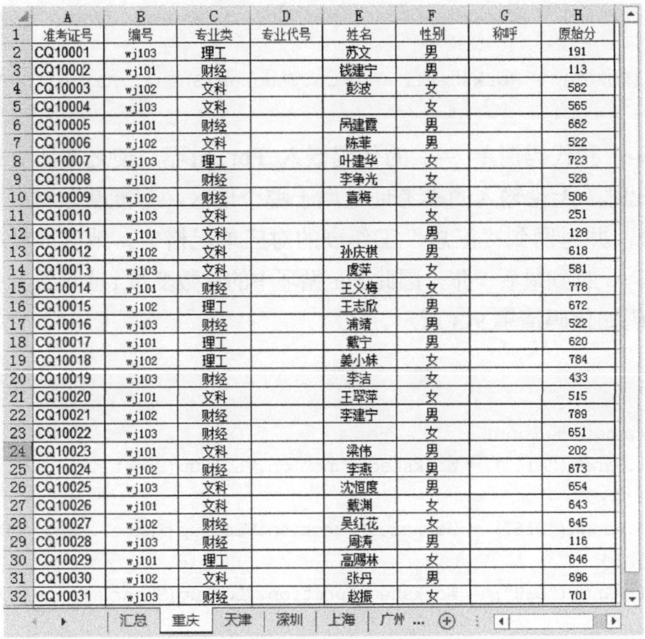

图 9-2 各地区成绩表

9.1.1 案例解析

相比 If 函数和 For 循环，VBA 中工作表函数的使用会使本案例的解决过程变得更加简单。

工作表函数是指在 VBA 中以 WorksheetFunction 对象的方法形式存在的函数，且在 Excel 中存在与之对应，功能和使用方法基本一致的函数，如本案例中需要使用的 VLookup 函数、CountA 函数和 CountIf 函数等。

VLookup 函数可以根据条件在指定区域的某一列中查找并返回对应的值。VLookup 函数一共有 4 个参数，分别表示查找条件、查找区域、在哪一列中查找和是否精确查找。

以图 9-1 为例,"汇总"工作表的 D9 单元格中输入的准考证号为"SH10018",从准考证号的前两位字母可以推断,该考生对应的地区为上海,其相关信息应在上海地区的成绩表(Sheet5)中查询。在 VBA 中,使用 VLookup 函数查询该考生的姓名并返回到 D14 单元格的代码如代码清单 9-1 所示。

代码清单 9-1

```
Sheet1.Range("D14") = WorksheetFunction.VLookup(Sheet1.Range("D9"), Sheet5.Range
("a:h"), 5, 0)
```

在代码清单 9-1 中,VLookup 函数中的 4 个参数分别表示:以 Sheet1 工作表 D9 单元格的值为查询条件、以 Sheet5 工作表的 A 至 H 列为查找范围、在查找范围的第 5 列(即"姓名"列)中查找、使用精确查找。执行代码清单 9-1 后,即可在"汇总"工作表的 D14 单元格中返回准考证号为"SH10018"的考生姓名。同理,查找该考生的性别、专业类和总分,并返回到对应单元格的代码如代码清单 9-2 所示。

代码清单 9-2

```
Sheet1.Range("D16") = WorksheetFunction.VLookup(Sheet1.Range("D9"), Sheet5.Range
("a:h"), 6, 0)
Sheet1.Range("D18") = WorksheetFunction.VLookup(Sheet1.Range("D9"), Sheet5.Range
("a:h"), 3, 0)
Sheet1.Range("D20") = WorksheetFunction.VLookup(Sheet1.Range("D9"), Sheet5.Range
("a:h"), 8, 0)
```

将代码清单 9-1 和代码清单 9-2 的代码嵌入 For 循环,使之在所有地区成绩表中使用 VLookup 函数。此时,无论输入的准考证号属于哪个地区,都能获取对应的考生的姓名、性别、专业类和总分,并返回到"汇总"工作表的对应单元格中。地区成绩表从工作簿左侧的第二张工作表开始,一直到最后一张,因此 For 循环中的计数变量 i 应设置为 2 到 Sheets.Count。For 循环的相关代码如代码清单 9-3 所示。

代码清单 9-3

```
For i = 2 To Sheets.Count
        Sheet1.Range("D14") = WorksheetFunction.VLookup(Sheet1.Range("D9"), Sheets(i).
Range("a:h"), 5, 0)
        Sheet1.Range("D16") = WorksheetFunction.VLookup(Sheet1.Range("D9"), Sheets(i).
Range("a:h"), 6, 0)
        Sheet1.Range("D18") = WorksheetFunction.VLookup(Sheet1.Range("D9"), Sheets(i).
Range("a:h"), 3, 0)
        Sheet1.Range("D20") = WorksheetFunction.VLookup(Sheet1.Range("D9"), Sheets(i).
Range("a:h"), 8, 0)
    Next
```

代码清单 9-3 存在下列 3 个问题。

○ 当输入的准考证号无法在第一张地区成绩表中找到对应的信息时,Visual Basic 会弹出图 9-3 所示的错误提示信息,且中断代码的执行。

○ 即使输入准考证号后能够在第一张地区成绩表中获取对应的信息,For 循环也会

图 9-3 VLookup 函数的错误提示信息

继续在第二张地区成绩表中使用 VLookup 函数，导致 Visual Basic 依然弹出图 9-3 所示的错误提示信息。

○ 因为考生的地区信息并不属于某个列，所以无法使用 VLookup 函数获取，换言之，代码清单 9-3 中的 For 循环无法获得考生的地区信息。

依次解决以上 3 个问题。

○ 当 VLookup 函数在某张工作表中无法根据查询条件找到对应的信息时，就会导致 Visual Basic 报错，并中断过程的继续执行。因此，需要在 For 循环前加一行代码：On Error Resume Next，当过程发生错误时，Visual Basic 不会弹出错误提示，而是忽略错误并继续执行下一行代码。加入这行代码后，如果在某张地区成绩表中，VLookup 函数未找到对应的信息，不会弹出错误提示，而是继续执行下一次循环。

○ 虽然使用代码 "On Error Resume Next" 的同时能解决第二个问题，但应注意，第二个问题出现的根本原因在于，即使找到准考证号对应的信息，For 循环依然继续执行，直至循环完最后一张地区成绩表。其实，这是不必要的。为了提高效率，可以在执行 For 循环之前先清空"汇总"工作表的姓名栏（D14 单元格），然后在 For 循环中对 D14 单元格进行判断。当找到准考证号对应的姓名并返回 D14 单元格后（此时 D14 单元格不为空），使用 "Exit For" 退出 For 循环。相关代码如代码清单 9-4 所示。

代码清单 9-4

```
If Sheet1.Range("D14") <> "" Then    '若"汇总"工作表中的 D14 单元格不为空，跳出 For 循环
     Exit For
End If
```

○ 解决第二个问题的判断语句和中止循环语句，会在找到准考证号对应信息的同时，将 For 循环停留在准考证号对应的地区成绩表。因此，在 For 循环结束后（无论是被中止还是正常循环结束），Sheets(i)工作表的标签名就是准考证号对应的地区。相关代码如代码清单 9-5 所示。

代码清单 9-5

```
Sheet1.Range("D22") = Sheets(i).Name    'For 循环结束后的 Sheets(i)工作表的标签名即地区
```

将代码清单 9-3 和解决上述 3 个问题的代码合并至同一个过程，即可得到"汇总"工作表中"查询"按钮需要绑定的宏。在"汇总"工作表的"统计"按钮对应的过程代码中，考生的人数，以及男生、女生的人数分别需要使用工作表函数中的 CountA 函数和 CountIf 函数得到。

CountA 函数用于统计某个区域中非空单元格的个数。在本案例中，利用 CountA 函数统计某地区成绩表 A 列非空单元格的数量，减去 1（不计算表头）后得到的值就是该地区考生的人数。相关代码嵌入 For 循环，即可得到所有地区的考生人数。定义一个变量（如 k），对每个地区的考生人数进行累加，即可统计所有考生的数量，如代码清单 9-6 所示。

代码清单 9-6

```
For i = 2 To Sheets.Count
     k = k + WorksheetFunction.CountA(Sheets(i).Range("A:A")) - 1
Next
```

CountIf 函数用于统计某个区域内符合条件的单元格数量。CountIf 函数有两个必选参数，分别表示统计区域和统计条件。例如，使用 CountIf 函数统计某地区男生的人数，应使用表达式 WorksheetFunction.CountIf(Sheets(i).Range("F:F"), "男")。该表达式表示在工作表的 F 列（"性

别"列）中统计值为"男"的单元格个数，注意，该表达式中无须减 1。将该表达式返回的值赋给某个变量（如 l），然后，在 For 循环中，累加其他地区成绩表的男生人数，即可得到所有男生的总人数。相关代码如代码清单 9-7 所示。

代码清单 9-7

```
For i = 2 To Sheets.Count
        l = l + WorksheetFunction.CountIf(Sheets(i).Range("F:F"), "男")
Next
```

统计女生人数的代码与代码清单 9-7 类似，但需要另外定义一个累加变量（如 m），且 CountIf 函数的统计条件为"女"，如代码清单 9-8 所示。

代码清单 9-8

```
For i = 2 To Sheets.Count
        m = m + WorksheetFunction.CountIf(Sheets(i).Range("F:F"), "女")
Next
```

9.1.2 案例代码

本案例中的"查询"按钮对应的过程代码如代码清单 9-9 所示。

代码清单 9-9

```
Sub 查询()
    Dim i As Integer
    Sheet1.Range("D14").ClearContents    '清除"汇总"工作表的 D14 单元格中的内容
    On Error Resume Next                 '忽略程序报错并执行下一行代码
    For i = 2 To Sheets.Count            '在所有地区成绩表中，使用 VLookup 函数
        Sheet1.Range("D14") = WorksheetFunction.VLookup(Sheet1.Range("D9"),
Sheets(i).Range("a:h"), 5, 0)
        Sheet1.Range("D16") = WorksheetFunction.VLookup(Sheet1.Range("D9"),
Sheets(i).Range("a:h"), 6, 0)
        Sheet1.Range("D18") = WorksheetFunction.VLookup(Sheet1.Range("D9"),
Sheets(i).Range("a:h"), 3, 0)
        Sheet1.Range("D20") = WorksheetFunction.VLookup(Sheet1.Range("D9"),
Sheets(i).Range("a:h"), 8, 0)
        If Sheet1.Range("D14") <> "" Then    '若"汇总"工作表 D14 单元格不为空，跳出 For 循环
            Exit For
        End If
    Next
    Sheet1.Range("D22") = Sheets(i).Name 'For 循环结束后的 Sheets(i) 工作表的标签名即地区
End Sub
```

"统计"按钮对应的过程代码如代码清单 9-10 所示。

代码清单 9-10

```
Sub 统计()
    Dim i As Integer
    Dim k, l, m As Integer    '定义 3 个累加变量
    For i = 2 To Sheets.Count '循环累加所有表的考生人数、男生人数和女生人数
        k = k + WorksheetFunction.CountA(Sheets(i).Range("A:A")) - 1
```

```
            l = l + WorksheetFunction.CountIf(Sheets(i).Range("F:F"), "男")
            m = m + WorksheetFunction.CountIf(Sheets(i).Range("F:F"), "女")
        Next
        Sheet1.Range("D26") = k
        Sheet1.Range("D27") = l
        Sheet1.Range("D28") = m
End Sub
```

将"汇总"工作表中的"查询"按钮和"统计"按钮分别绑定对应的宏，本案例完成。

9.1.3 案例小结

本案例涉及的知识点：

- 工作表函数；
- VLookup 函数、CountA 函数和 CountIf 函数；
- "On Error Resume Next"语句。

本案例的难点并非如何使用 VLookup、CountA 和 CountIf 3 个函数，而是解决"查询"过程中的 3 个问题。在编写 VBA 代码时，会遇到各种各样的问题，在尝试解决它们时，应充分使用 VBA 的各种工具，以及转换思路或优化思路。

9.2 案例 38：按用户要求拆分工作表（最后的完善）

打开资料文件"案例 38：按用户要求拆分工作表（最后的完善）.xls"，可以看到"数据"工作表中有一个"拆分工作表"按钮，如图 9-4 所示。本案例是对 7.4 节中案例 29 的进一步完善。

	A	B	C	D	E	F	G	H	I	J
1	月	日	凭证号数	部门	科目划分	发生额				
2	01	29	记-0023	一车间	邮寄费	5.00				
3	01	29	记-0021	一车间	出租车费	14.80		拆分工作表		
4	01	31	记-0031	二车间	邮寄费	20.00				
5	01	29	记-0022	二车间	过桥过路费	50.00				
6	01	29	记-0023	二车间	运费附加	56.00				
7	01	24	记-0008	财务部	独子费	65.00				
8	01	29	记-0021	二车间	过桥过路费	70.00				
9	01	29	记-0022	销售1部	出差费	78.00				
10	01	29	记-0022	经理室	手机电话费	150.00				
11	01	29	记-0026	二车间	邮寄费	150.00				
12	01	24	记-0008	二车间	话费补	180.00				
13	01	29	记-0021	人力资源部	资料费	258.00				
14	01	31	记-0037	二车间	办公用品	258.50				
15	01	24	记-0008	财务部	养老保险	267.08				

数据

图 9-4 "数据"工作表中的"拆分工作表"按钮

单击"拆分工作表"按钮，会弹出图 9-5 所示的输入框。当用户在输入框中输入 1 至 6 的数字时，工作表会按照对应的列进行数据拆分。当用户输入非数字，或者输入的数字大于 6、小于 1 时，工作表就会弹出图 9-6 或图 9-7 所示的错误提示。

本案例要求完善案例代码，当用户输入的内容不符合要求时，弹出"请输入正确的数字"提示框，且不弹出报错信息。

图 9-5 单击"拆分工作表"按钮弹出的输入框

图 9-6　输入非数字时的错误提示　　　　图 9-7　输入的数字小于 1 或大于 6 时的错误提示

9.2.1　案例解析

在案例 29 的过程代码中，InputBox（输入框）函数获取的值返回给整型变量 1。因此，如果在输入框中输入的内容不是数字，也就是与变量 1 的类型不一致时，就会弹出图 9-6 所示的错误提示。换言之，这个错误提示是在 InputBox 函数运行时发生的，且发生后代码不会继续往下执行。因此，要避免这个报错，只能考虑不定义变量 1 的类型，也就是说，无论用户输入什么内容，InputBox 函数都会将其视为字符串并返回给变量 1，工作表也不会报错。变量 1 的定义语句如代码清单 9-11 所示。

代码清单 9-11

```
Dim l
```

小贴士：如果想知道错误提示的错误发生在哪一行代码，那么可以单击错误提示框中的"调试"按钮。

即使不定义变量 1 的类型，在执行后续代码时，依然会弹出图 9-7 或图 9-8 所示的错误提示，这是因为变量 1 没有定义类型，InputBox 函数返回的所有内容都会默认为字符，导致创建工作表操作或筛选操作无法进行，并产生报错。

如果用户在输入框中输入的内容是数字，那么可以利用 VBA 中的 Val 函数将其类型由字符串转换为数值。Val 函数的作用是提取字符串中的数字，并

图 9-8　筛选报错

以合适的类型返回。在本案例中，可将对变量 1 使用 Val 函数的结果再返回给 1，案例 29 中与筛选相关的语句就无须修改了。Val 函数的相关语句如代码清单 9-12 所示。

代码清单 9-12

```
l = Val(l)
```

如果用户输入的内容不是数字，就应当终止整个过程。IsNumeric 函数用于判断字符串中是否仅含有数字，如果是，则返回 True，如果不是，则返回 False。利用 IsNumeric 函数对变量 1 进行判断，若结果为 False，就需要使用 MsgBox 函数弹出提示框，并利用语句 Exit Sub 退出整个过程。

同时，判断变量 1 是否小于 1 或者大于 6，如果是，那么同样需要退出过程。

9.2.2　案例代码

在案例 29 的过程代码的基础上，本案例修改和增添了部分代码语句，代码清单 9-13 已将修改和添加的代码语句加粗。

代码清单 9-13

```
Sub 拆分工作表()
    Dim sht As Worksheet
    Dim i, j, k As Integer
    Dim l
    Dim irow As Integer
    '获取"数据"工作表中最后一行数据的行号
    irow = Sheet1.Range("a65536").End(xlUp).Row
    '由用户指定根据第几列进行数据拆分
    l = InputBox("请问需要根据第几列进行数据拆分？")
    '如果 l 不是数字、小于 1 或大于 6，那么弹出提示框中止过程
    If IsNumeric(l) = False Or l < 1 Or l > 6 Then
        MsgBox "请输入正确的数字"
        Exit Sub
    End If
    '将 l 转变为数字类型
    'l = Val(l)
    '删除"数据"工作表之外的其他所有工作表
    Application.DisplayAlerts = False
    For Each sht In Sheets
        If sht.Name <> "数据" Then
            sht.Delete
        End If
    Next
    Application.DisplayAlerts = True
    '根据用户指定的列，新建工作表并确保表名不重复
    For i = 2 To irow
        k = 0
        For Each sht In Sheets
            If Sheet1.Cells(i, l) = sht.Name Then
                k = 1
            End If
        Next
        If k = 0 Then
            Sheets.Add after:=Sheets(Sheets.Count)
            Sheets(Sheets.Count).Name = Sheet1.Cells(i, l)
        End If
    Next
    '根据用户指定的列，进行筛选和复制
    For j = 2 To Sheets.Count
        Sheet1.Range("a1:f" & irow).AutoFilter Field:=l, Criteria1:=Sheets(j).Name
        Sheet1.Range("a1:f" & irow).Copy Sheets(j).Range("a1")
    Next
    Sheet1.Range("a1:f" & irow).AutoFilter
    '所有操作完成后，回到"数据"工作表，并弹出提示框
    Sheet1.Select
    MsgBox "数据已按照第" & l & "列拆分完成！"
End Sub
```

9.2.3 案例小结

本案例介绍了以下两个 VBA 函数：

- Val 函数，用于提取字符串中的数字并将其转换为合适长度的数值类型；
- IsNumeric 函数，用于判断变量或常量中是否仅含数字。

另外，本案例还使用了 Exit Sub 语句中止 VBA 过程。

本案例中使用的 Val 函数、IsNumeric 函数、InputBox 函数和 MsgBox 函数，都属于 VBA 函数。与工作表函数不同，VBA 函数并不需要作为某个对象的方法来调用，可直接使用。

9.3 案例 39：练习使用 InStr 函数和 Split 函数

资料文件"案例 39：练习使用 InStr 函数和 Split 函数.xlsm"中含有图 9-9 所示的一列产品信息。本案例要求对该列信息进行判断，如果含有"–"，则提取信息中的年和周，并填入 B 列；如果产品信息中不含"–"，则不进行提取。产品信息的代码含义为："品类-产品-年-周-款式号"。

图 9-9 产品信息

9.3.1 案例解析

想要判断产品信息列里是否有"–"，可以使用工作表函数 Find 或 VBA 函数 InStr。这两个函数都可在某个字符串中查询指定的字符或字符串，并返回其位置。Find 函数的语法：

```
WorksheetFunction.Find(Str1, Str2)
```

Find 函数会返回字符（串）Str1 在 Str2 中的位置。对于图 9-9，代码清单 9-14 会在 A10 单元格中返回数字 9，表示"@"符号在 A8 单元格的字符串中位于第 9 位。

代码清单 9-14

```
Range("a10") = WorksheetFunction.Find("@", Range("a8"))
```

InStr 函数的语法：

```
InStr(Str1, Str2)
```

与 Find 函数不同，InStr 函数的返回值是字符（串）Str2 在 Str1 中的位置。还是以图 9-9 为例，代码清单 9-15 同样会在 A10 单元格中返回数字 9。

代码清单 9-15

```
Range("a10") = InStr(Range("a8"), "@")
```

Find 函数和 InStr 函数的不同在于，当找不到指定的字符（串）时，Find 函数会弹出图 9-10 所示的错误提示，而 InStr 函数则返回数字 0。

在本案例中，可先使用 InStr 函数在产品信息中查找"–"符号，当返回值不为 0 时，再进行数据提取。

图 9-10 当找不到指定的字符（串）时，
Find 函数会报错

　　VBA 函数 Split 可以在一个字符串中根据指定的字符进行分段，并提取其中的某一段。Split 函数的语法：

```
Split(Str1, Str2)(Num)
```

　　Split 函数会以 Str2 为分割点将 Str1 分割为若干段，并得到一个数组。数组中至少含有一个元素，Num 是数组的下标，表示取出数组中的第几个元素，或者取出 Str1 被分割后的第几段。

　　小贴士：数组是指某几个同类型（VBA 中允许有不同类型）元素的集合，在之后的章节中，会有详细介绍。此处，只需要将其理解为被分割后的 Str1 成为了几段字符串的集合。

　　以图 9-9 为例，代码清单 9-16 会用 "–" 符号分割 A2 单元格中的字符串，得到一个由字符串 "PW" "023" "2015" "37" "001" 组成的数组，并将其中的第 1 段，也就是字符串 "PW"，返回给 A10 单元格。

代码清单 9-16

```
Range("a10") = Split(Range("a2"), "-")(0)
```

　　关于 Split 函数，需要注意以下 4 点。

❏ 分割所得的数组的下标从 0 开始，也就是分割后的第 1 段下标为 0，第 2 段下标为 1，以此类推。

❏ 当数组下标超过元素的个数（也就是分割后的段数）时，会弹出图 9-11 所示的错误提示框。在代码清单 9-16 中，如果将数组下标从 0 改为 5，表示取出 A2 单元格被 Split 函数分割后的第 6 段，但 A2 单元格一共只被分成了 5 段，那么会弹出错误提示框。

❏ Split 函数中的 Str2 和 Str1 可以相同，分割后的数组有两个元素。

图 9-11　数组下标越界报错

❏ Split 函数中的 Str2 可以为 Str1 中没有的字符或字符串，分割后的数组仅有 1 个元素，就是 Str1 本身。

　　在 For 循环中，对图 9-9 所示的 "产品信息" 工作表的 A2 至 A9 单元格依次使用 InStr 函数，查找 "–"，当返回值不为 0 时，再使用 Split 函数以 "–" 进行分段，取出其中的第 3 段和第 4 段，就能得到产品信息中的年和周。

9.3.2　案例代码

　　本案例的过程代码如代码清单 9-17 所示。

代码清单 9-17

```
Sub 提取()
    Dim i As Integer
    For i = 2 To 9
        If InStr(Range("a" & i), "-") <> 0 Then
```

```
                Range("b" & i) = Split(Range("a" & i), "-")(2) & "年 第" & Split
    (Range ("a" & i), "-")(3) & "周"
            End If
        Next
    End Sub
```

9.3.3 案例小结

本案例介绍了 InStr 函数和 Split 函数。

因为 Split 函数分割所得的数组的下标从 0 开始，所以在本案例的代码清单 9-17 中，年和周虽然分别是分割后的第 3 段和第 4 段，但是在数组中的下标分别是 2 和 3。

9.4 案例 40：提取身份证号中的生日

打开资料文件"案例 40：提取日期.xls"，可得图 9-12 所示的一张工作表。该工作表的 A 列是身份证号（均为虚构）。本案例要求在该工作表的 B 列中以"××××年××月××日"格式填写身份证号中的生日。

图 9-12 提取身份证号中的生日，并填写在 B 列中

9.4.1 案例解析

本案例需要使用 3 个 VBA 函数：Left 函数、Mid 函数和 Right 函数。Left 函数和 Right 函数分别表示从某个字符串的左侧或右侧取出指定位数的字符。这两个函数的语法：

```
Left(Str, Len)
Right(Str, Len)
```

Str 表示被取值的字符串，Len 表示要取出的长度。如果在 8 位数字"19800226"取出左侧 4 位，那么应使用表达式 Left("19800226", 4)；如果取出右侧 2 位，则需要使用表达式 Right ("19800226", 2)。

如果从字符串的中间取出指定位数的字符，就需要使用 Mid 函数。Mid 函数的语法：

```
Mid(Str, Start, Len)
```

Mid 函数比 Left 函数和 Right 函数多了一个参数：Start，它表示从字符串 Str 的第几位开始取值。例如，表达式 Mid("19800226", 5, 2)表示从字符串 19800226 的第 5 位开始取字符，一共取 2 个字符，返回结果为 "02"。

本案例首先需要使用 Mid 函数在身份证号中取出表示生日的 8 位数字，然后利用 Left 函数、Mid 函数和 Right 函数分别取出 8 位数字中的年、月、日。

9.4.2　案例代码

本案例的过程代码如代码清单 9-18 所示。

代码清单 9-18

```
Sub 取日期()
    Dim i, irow As Integer
    Dim str As String
    irow = Range("a65536").End(xlUp).Row
    For i = 2 To irow
        str = Mid(Range("a" & i), 7, 8)
        Range("b" & i) = Left(str, 4) & "年" & Mid(str, 5, 2) & "月" & Right
(str, 2) & "日"
    Next
End Sub
```

9.4.3　案例小结

代码清单 9-18 首先定义了一个字符串变量 str，并将使用 Mid 函数从身份证号中取出的 8 位数字返回变量 str，然后，对变量 str 分别使用 Left 函数、Mid 函数和 Right 函数取出年、月、日。这样的设置可大幅减少代码的长度。

运行代码清单 9-18 后的结果如图 9-13 所示。

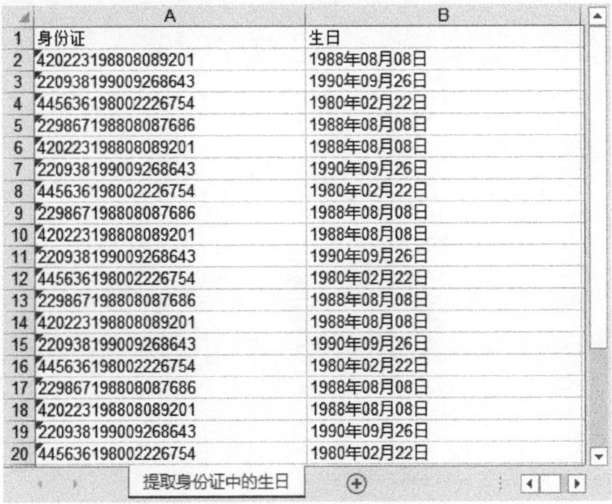

	A	B
1	身份证	生日
2	420223198808089201	1988年08月08日
3	220938199009268643	1990年09月26日
4	445636198002226754	1980年02月22日
5	229867198808087686	1988年08月08日
6	420223198808089201	1988年08月08日
7	220938199009268643	1990年09月26日
8	445636198002226754	1980年02月22日
9	229867198808087686	1988年08月08日
10	420223198808089201	1988年08月08日
11	220938199009268643	1990年09月26日
12	445636198002226754	1980年02月22日
13	229867198808087686	1988年08月08日
14	420223198808089201	1988年08月08日
15	220938199009268643	1990年09月26日
16	445636198002226754	1980年02月22日
17	229867198808087686	1988年08月08日
18	420223198808089201	1988年08月08日
19	220938199009268643	1990年09月26日
20	445636198002226754	1980年02月22日

提取身份证中的生日

图 9-13　提取身份证号中的生日

本案例使用 Left、Mid 和 Right 3 个函数，将身份证号中的生日以 "××××年××月××日" 的格式显示。其实，本案例也可以使用 DateSerial 函数。DateSerial 函数用于将 3 段数字组合成"年-月-日"的形式，其语法如下：

```
DateSerial(Year, Month, Day)
```

DateSerial 函数的参数 Year、Month 和 Day 分别为表示年、月与日的数字。如果使用 DateSerial 函数，那么代码清单 9-18 的 For 循环中的相应代码语句应改为代码清单 9-19 所示的代码语句。

代码清单 9-19

```
Range("b" & i) = DateSerial(Left(str, 4), Mid(str, 5, 2), Right(str, 2))
```

执行使用 DateSerial 函数的过程代码，本案例的结果应如图 9-14 所示。

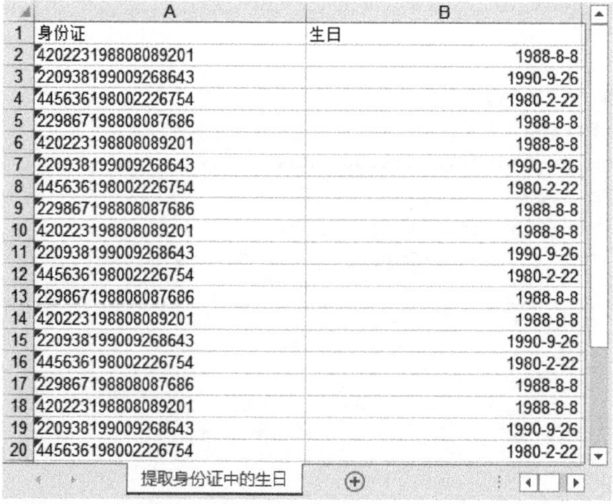

	A	B
1	身份证	生日
2	420223198808089201	1988-8-8
3	220938199009268643	1990-9-26
4	445636198002226754	1980-2-22
5	229867198808087686	1988-8-8
6	420223198808089201	1988-8-8
7	220938199009268643	1990-9-26
8	445636198002226754	1980-2-22
9	229867198808087686	1988-8-8
10	420223198808089201	1988-8-8
11	220938199009268643	1990-9-26
12	445636198002226754	1980-2-22
13	229867198808087686	1988-8-8
14	420223198808089201	1988-8-8
15	220938199009268643	1990-9-26
16	445636198002226754	1980-2-22
17	229867198808087686	1988-8-8
18	420223198808089201	1988-8-8
19	220938199009268643	1990-9-26
20	445636198002226754	1980-2-22

提取身份证中的生日

图 9-14　使用 DateSerial 函数后的结果

第 10 章

在 Excel 中添加自定义函数和按钮

本章主要内容包括：

- ○ 创建并调用自定义函数；
- ○ 利用自定义函数在工作表中调用 VBA 函数；
- ○ 创建并调用带参数的过程代码；
- ○ 将自定义函数添加到加载宏并在多文件中调用；
- ○ 将 VBA 过程添加到加载宏并在多文件中执行。

10.1 案例 41：自定义美元换算函数

打开资料文件"案例 41：自定义美元换算函数.xls"，得到图 10-1 所示的一张工作表。本案例要求自定义一个美元换算函数，将工作表中的实发工资换算为美元。换算公式为：美元=人民币/7-人民币×0.03（注：本书给出的汇率并非真实数据，仅供本书中的案例使用）。

	A	B	C	D	E	F	G	H	I	J	K	L
1	姓名	工号	月基本薪资	加其他	应付工资	事假扣款	缺勤扣款	应发工资	个人承担的	所得税	实发数	美元
2	汪梅	SU1001	6300	47.93	6347.93	0	3884.356	2463.57	0	0	2463.57	
3	郭磊	SU1002	6300		6300	0	0	6300	0	152.39	5921.51	
4	林涛	SU1003	600		600	0	0	600	0	0	600	
5	朱健	SU1004	2400		2400	0	0	2400	100	0	2073.9	
6	李明	SU1005	2000	32.02	2032.02	0	1233.129	798.89	0	0	798.89	
7	王建国	SU1006	3000		3000	0	0	3000	100	0	2673.9	
8	陈玉	SU1007	4000		4000	1802.147	0	2197.85	100	0	1871.75	
9	张华	SU1008	1800		1800	0	488.6503	1311.35	0	0	1311.35	
10	李丽	SU1009	1600		1600	0	0	1600	0	0	1373.9	
11	汪成	SU1010	3000		3000	0	0	3000	0	0	2773.9	
12	李军	SU1011	3000		3000	230.0613	1734.663	1035.28	0	0	1035.28	

图 10-1 自定义美元换算函数

10.1.1 案例解析

VBA 中的自定义函数用于执行一系列操作，并返回执行结果。有别于 VBA 过程，函数以关键字 Function 开始，以关键字 End Function 结束。自定义函数的命名规则与过程的命名规则类似：不能为纯数字，也不能与已有的关键字冲突。自定义函数的标准结构：

```
Function 函数名()
......
End Function
```

函数名后面的括号用于定义函数的输入参数。函数的运行结果随着输入参数的变化而变化。例如本案例中的美元换算函数，输入参数应为人民币数额，运行结果是换算后的美元数额。

打开 VBA 编辑器，在"工程资源管理器"中，右键单击鼠标以插入一个模块，然后在模块中自定义美元换算函数，如代码清单 10-1 所示。

代码清单 10-1

```
Function ToDollar(RMB As Integer)
    ToDollar = RMB / 7 - RMB * 0.03
End Function
```

调用自定义函数的方法与调用工作表函数或 VBA 函数的方法一样，如代码清单 10-2 所示，利用自定义的函数 ToDollar，将 100 元人民币换算为美元，并将结果返回到 A1 单元格。

代码清单 10-2

```
Range("a1") = ToDollar(100)
```

如果需要换算的人民币数额较大，就应该考虑将参数 RMB 定义为取值范围更大的数值类型，如 Long 等。

小贴士：整型（Integer）变量的取值范围为 -32 768 至 32 767，长整型（Long）变量的取值范围为 -2 147 483 648 至 2 147 483 647。在定义变量时，应以"够用就好"的原则选择变量的类型，避免过多占用计算机资源。

在模块中自定义函数 ToDollar 后，再在过程中调用，就能便捷地对图 10-1 中 K 列的人民币数额进行换算了。

关于自定义函数，还有下列两点需要注意。

❑ 自定义函数除可以在过程中调用以外，还可以直接在工作表中调用。

例如，在模块中自定义 ToDollar 函数后，可以直接在图 10-1 所示的工作表中使用，Excel 还会提示函数名，如图 10-2 所示。

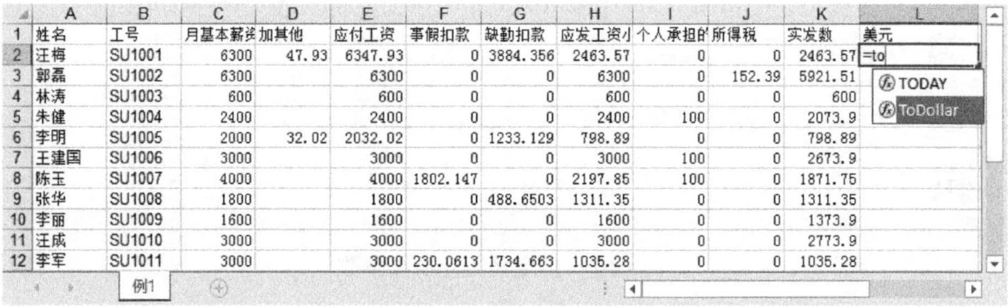

图 10-2 提示函数名

❑ 自定义函数可以没有参数。没有参数的自定义函数的运行结果唯一。

例如，调用代码清单 10-3 中的自定义函数 Hello，会返回一个字符串："你好！"。

代码清单 10-3

```
Function Hello()
    Hello = "你好！"
End Function
```

注意，即使是没有参数的自定义函数，也必须返回给对象或变量，不能在某行代码中单独执行。

对于本书之前的很多案例，可以通过编写自定义函数实现其中的部分功能。例如 3.2 节中的案例 07，可以将根据性别判断称呼的代码提取出来，自定义为函数 Chengh。在 Chengh 函数中，以性别作为输入参数，判断对应的称呼并输出，如代码清单 10-4 所示。又如 9.4 节中的案例 40，需要将 8 位数字的字符串转换为××××年××月××日的日期格式，其实可以自定义一个函数，如代码清单 10-5 所示。在编写自定义函数时，还应考虑对输入参数进行限制的问题，如代码清单 10-4 中的 Chengh 函数，如果输入参数不是"男"或者"女"，那么该如何处理？对于代码清单 10-5 中的 GetDate 函数，如果输入参数不是一个 8 位数字，那么该如何处理？

代码清单 10-4

```
Function Chengh(Xingb as String)
    If Xingb = "男" Then
            Chengh = "先生"
    ElseIf Xingb = "女" Then
            Chengh = "女士"
    End If
End Function
```

代码清单 10-5

```
Function GetDate(Str As String)
    GetDate = Left(Str, 4) & "年" & Mid(Str, 5, 2) & "月" & Right(Str, 2) & "日"
End Function
```

10.1.2　案例代码

ToDollar 函数的相关代码已在 10.1.1 节中给出，本节不再重复。在过程中，调用 ToDollar 函数，并计算工作表的 L 列中的美元数额，相关代码如代码清单 10-6 所示。

代码清单 10-6

```
Sub 美元换算()
    Dim i, irow As Integer
    irow = Range("a65536").End(xlUp).Row
    For i = 2 To irow
            Range("l" & i) = ToDollar(Range("k" & i))
    Next
End Sub
```

10.1.3　案例小结

本案例主要介绍了如何自定义函数，以及如何调用自定义函数。

自定义函数的命名遵守易写和易记的原则。函数名不能全部为数字，也不能与 Excel 和 VBA 的关键字冲突。另外，与过程命名不同，自定义函数的名称不能为中文。

本案例中的自定义函数 ToDollar，也可以命名为 ToDol、Doller，或者以拼音简写命名，如 MYHS 等。

10.2 案例42：创建自定义函数，在工作表中实现 Split 函数的功能

在之前的章节中介绍过，VBA 中的 Split 函数属于 VBA 函数，而非工作表函数，这就意味着它无法在 Excel 工作表中使用。打开资料文件"案例 42：在工作表中调用 Split 函数.xlsx"，得到图 10-3 所示的工作表（与案例 39 中的工作表相同）。本案例要求通过创建自定义函数，在工作表中实现 Split 函数的功能，即提取 A 列中的年和周，然后填入 B 列中。如果 A 列中不含"–"，则不进行提取。产品信息的代码含义为："品类-产品-年份-周-款式号"。

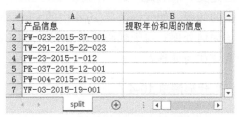

图 10-3 在工作表中实现 Split 函数的功能

小贴士：本案例的资料文件为新版本的 Excel 文件，扩展名为 xlsx，它不能保存 VBA 代码（可以使用）。如果要在新版本的 Excel 文件中保存 VBA 代码，那么需要将其另存为扩展名为 xlsm 的文件。

10.2.1 案例解析

Split 函数的作用是将一个字符串根据指定的字符或字符串进行分割，并返回其中的某一段。作为 VBA 函数，Split 函数无法在工作表中直接调用，因此需要创建一个与 Split 函数功能一样的自定义函数。

我们将这个自定义函数命名为 GetStr。与 Split 函数的参数一一对应，GetStr 函数也需要定义 3 个参数：Str1、Str2 和 i。其中 Str1 为需要分割的字符串，Str2 表示按照什么字符进行分割，i 表示取出 Str1 被分割后的第几段。自定义函数的参数之间用英文符号","隔开。

注意，自定义函数 GetStr 的参数 i 对应 Split 函数的数组下标。由于 Split 函数的数组下标从 0 开始，也就是分割后的第 1 段字符在 Split 函数中的下标为 0，第 2 段字符对应的下标为 1，以此类推，因此 GetStr 的参数 i 必须减 1 后才能作为 Split 函数的数组下标。

在 VBA 编辑器中，插入模块，写入 GetStr 函数的相关代码（详见 10.2.2 节），然后，Excel 能够在工作表的单元格中自动补齐 GetStr 函数的名称，如图 10-4 所示。注意，在没有定义 GetStr 函数之前，Excel 不会有这个函数的提示。

在单元格中，利用连接符号"&"将字符"年""周"和 GetStr 函数进行连接，如在 B2 单元格中输入"=GetStr(A2,"-",3)&"年"&GetStr(A2,"-",4)&"周""，即可得到正确结果，如图 10-5 所示。

图 10-4 Excel 自动补齐 GetStr 函数的名称

图 10-5 在工作表的单元格中调用 GetStr 函数的结果

10.2.2 案例代码

自定义函数 GetStr 的代码如代码清单 10-7 所示。

代码清单 10-7

```
Function GetStr(Str1 As String, Str2 As String, i As Integer)
    GetStr = Split(Str1, Str2)(i-1)
End Function
```

10.2.3 案例小结

自定义函数不仅用于将一段比较长的 VBA 代码拆分为一个函数和一段比较短的 VBA 代码，通过本案例可知，利用**工作表可以调用自定义函数**这一特性，可以将很多无法直接在工作表中使用但功能又非常强大的 VBA 函数转换为自定义函数，从而实现在工作表中调用。

10.3 案例 43：创建带参数的过程

资料文件"案例 43：创建带参数的过程.xls"中有两张工作表，每张工作表有一个按钮。本案例要求在"表格 1"中单击按钮，判断是否有与"表格 1"的 A1 单元格重名的工作表，如果没有，则以 A1 单元格的值为标签名新建一张工作表；在"表格 2"中单击按钮，判断是否有与"表格 2"的 A8 单元格重名的工作表，如果没有，则以 A8 单元格的值为标签名新建一张工作表，分别如图 10-6 和图 10-7 所示。

图 10-6 根据 A1 单元格判断是否新建工作表

图 10-7 根据 A8 单元格判断是否新建工作表

10.3.1 案例解析

以某个单元格的值为标签名新建工作表，并避免重名的过程代码，在之前的章节中有过介绍。例如，以"表格 1"的 A1 单元格为标签名新建工作表，其过程代码如代码清单 10-8 所示。

代码清单 10-8

```
Sub 新建工作表()
    Dim sht As Worksheet
    Dim k As Integer
    '将所有工作表的标签名依次与 A1 单元格进行比较，若相同，则给标记变量 k 赋 1
    For Each sht In Sheets
```

```
            If sht.Name = Sheet1.Range("a1") Then
                 k = 1
            End If
        Next
        '若 k 的值不为 1, 则表示可以 A1 单元格的值为标签名新建工作表
        If k <> 1 Then
            Sheets.Add after:=Sheets(Sheets.Count)
            Sheets(Sheets.Count).Name = Sheet1.Range("a1")
        End If
    End Sub
End Sub
```

以表格 2 的 A8 单元格创建工作表的过程代码与代码清单 10-8 类似，我们只需要将 Sheet1. Range("a1")替换为 Sheet2.Range("a8")。

对于代码高度重合的过程，其实可以改写为一个带参数的过程，以供其他过程调用。带参数的过程与自定义函数类似，过程名后面的括号中可以定义若干参数。在调用该过程时，输入不同的参数，可以得到不同的结果。带参数的过程的格式：

```
Sub 过程名(参数 1, 参数 2, 参数 3……)
……
End Sub
```

在本案例中，可以将"新建工作表"过程代码中的 Sheet1.Range("a1")或 Sheet2.Range("a8")用一个参数 Str 代替，然后分别在"表格 1"和"表格 2"中调用，调用时分别将 Range("a1")和 Range("a8")作为参数。

10.3.2　案例代码

改写后的带参数的过程代码如代码清单 10-9 所示。

代码清单 10-9

```
Sub NewSht(Str As String)
    Dim sht As Worksheet
    Dim k As Integer
    For Each sht In Sheets
        If sht.Name = Str Then
             k = 1
        End If
    Next
    If k <> 1 Then
        Sheets.Add after:=Sheets(Sheets.Count)
        Sheets(Sheets.Count).Name = Str
    End If
End Sub
```

"表格 1"和"表格 2"通过调用 NewSht 过程新建工作表的代码如代码清单 10-10 所示。

代码清单 10-10

```
Sub 新建工作表 1()
    Call NewSht(Sheet1.Range("a1"))
    Sheet1.Select
End Sub

Sub 新建工作表 2()
    Call NewSht(Sheet2.Range("a8"))
```

```
        Sheet2.Select
End Sub
```

将"表格 1"和"表格 2"中的按钮分别绑定"新建工作表 1"宏和"新建工作表 2"宏，即可根据对应的单元格新建工作表并保证工作表不重名，且新建工作表后会返回单击按钮的工作表。

10.3.3 案例小结

本案例介绍了如何创建带参数的过程，以及如何调用带参数的过程。

在调用带参数的过程时，编辑器会自动给出过程的参数提示，就如同调用对象的方法或属性。在本案例中，编写好带参数的过程 NewSht 后，在过程"新建工作表 1"和"新建工作表 2"中调用 NewSht，编辑器就会给出过程 NewSht 的参数提示，如图 10-8 所示。

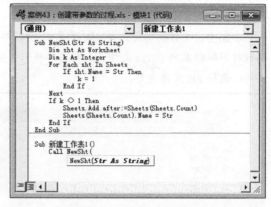

图 10-8 调用 NewSht 过程时编辑器会弹出参数提示

10.4 案例 44：在 Excel 中加载自定义函数

在"案例 41：自定义美元换算函数"中，创建了一个用于美元换算的自定义函数 ToDollar，还自定义了根据性别判断称呼的 Chengh 函数、将 8 位数字转换为×××× 年 ×× 月 ×× 日格式的 GetDate 函数。本案例要求，将上述 3 个自定义函数和未来创建的自定义函数保存到 Excel 程序中，并在打开任意 Excel 文件时自动加载，以供工作表或 VBA 过程调用。

10.4.1 案例解析

本案例无须编写 VBA 代码，只需要完成以下步骤。

第一步，新建一个 Excel 文件，打开 Visual Basic 编辑器，插入模块，然后将 3 个自定义函数的代码写入其中，如图 10-9 所示。

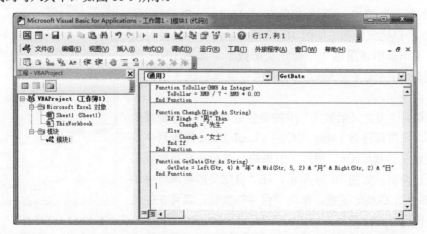

图 10-9 将 3 个自定义函数的代码写入新建 Excel 文件的 Visual Basic 编辑器中

第二步，关闭 Visual Basic 编辑器，在 Excel 工具栏中，单击"另存为"，选择任意保存位置，在弹出的"另存为"对话框中，将"保存类型"选择为"Excel 加载宏(*.xlam)"或"Excel 97-2003 加载宏(*.xla)"，并填写合适的文件名，如"自定义函数库"等，单击"保存"按钮。注意，当"保存类型"选择为 xlam 或 xla 时，保存路径会被自动修改为图 10-10 所示的路径，这个路径用于保存所有微软程序的插件，因此不要对其进行修改。

小贴士：文件类型无论是 xla 还是 xlam，都不会影响后续操作。xla 和 xlam 的差别只是分别针对不同版本的 Excel 文件。如果想要确保老版本的 Excel 文件也能使用加载的宏和函数，那么可以选择 xla 文件类型。

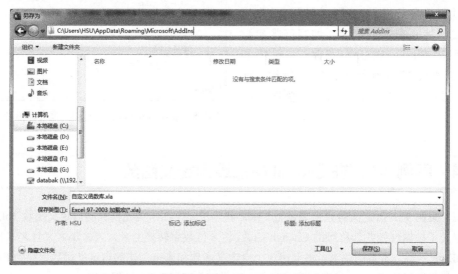

图 10-10　另存为加载宏后，不要修改保存路径

第三步，打开 Excel 工具栏中的"开发工具"标签，单击"Excel 加载项"按钮，弹出图 10-11 所示的"加载项"对话框。选择上面保存的 xla 文件类型或 xlam 文件类型的文件名，如"自定义函数库"，单击"确定"按钮。

此时，打开任意 Excel 文件的 Visual Basic 编辑器，都会看到"工程资源管理器"中已经加载了"自定义函数库.xla"，且已经插入一个模块，模块内含有 ToDollar、Chengh 和 GetDate 3 个自定义函数，如图 10-12 所示。这表示已经可以在 Excel 工作表中调用这 3 个自定义函数了，如图 10-13 所示。在编写 VBA 过程代码时，我们也可以调用这 3 个自定义函数。

如果要对"自定义函数库"中的函数进行修改、删除或新增等操作，则需在任意 Excel 文件的 Visual Basic 编辑器中，双击"自定义函数库.xla"项目下的模块，然后在打开的代码窗口中进行编辑。如图 10-14 所示，在"自定义函数库"中添加 10.2 节中的 GetStr 函数。单击"保存"按钮，就可在任意工作簿中使用 GetStr 函数。

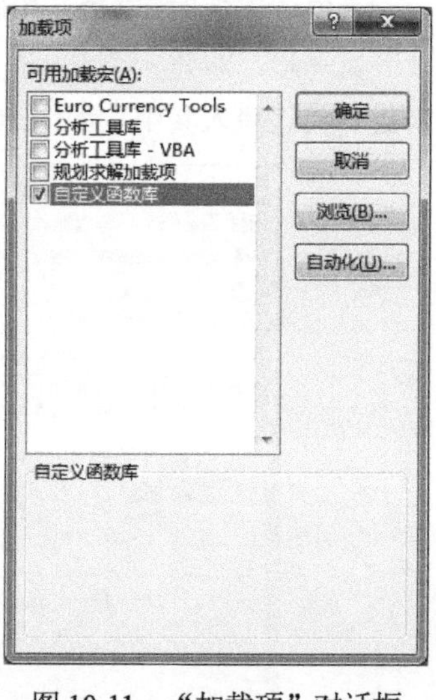

图 10-11　"加载项"对话框

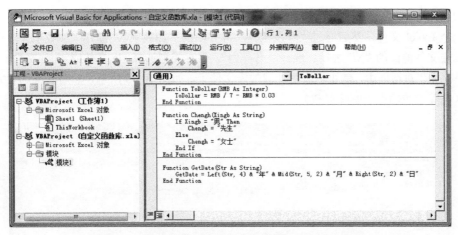

图 10-12 任意工作簿都会自动加载自定义的 3 个函数

图 10-13 在任意工作表的单元格中都能直接调用自定义函数

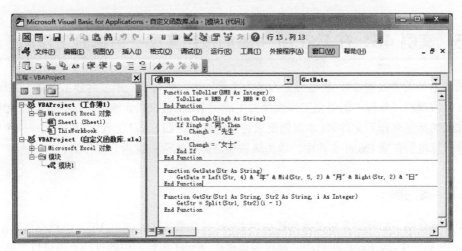

图 10-14 在"自定义函数库"中添加 GetStr 函数

10.4.2 案例代码

本案例没有代码。

10.4.3 案例小结

本案例将在前面章节中编写的自定义函数加载到 Excel 程序的自定义函数库中，以供计算机中的任意 Excel 文件调用。

如果想要删除 xla 或 xlam 加载宏文件，但在计算机中找不到 AddIns 文件夹，那么，首先打开一个 Excel 文件，然后通过"开发工具"标签中的"加载项"，打开"加载项"对话框，将加载宏文件前面的"√"去掉；选择"另存为"，保存类型选择 xla 文件或 xlam 文件，此时，在"另存为"对话框中，就可以看到加载的宏文件了，如图 10-15 所示，然后右键选中并删除即可（删除前应确保已解除加载）。

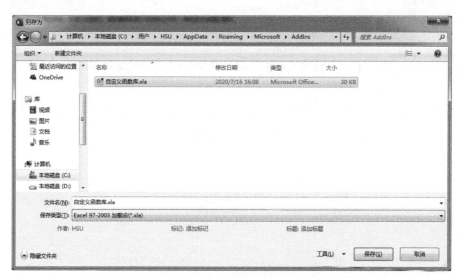

图 10-15　在"另存为"对话框中删除之前报错的加载宏文件

10.5　案例 45：在 Excel 中添加按钮实现一键拆分工作簿

在 5.5 节的"案例 20：表格拆分为多个文件"中，编写了一个"拆分工作簿"过程，该过程可以实现将工作簿中的每张工作表单独生成一个 Excel 文件，然后保存到指定目录中，并以工作表的标签名作为文件名。本案例要求将该过程添加到 Excel 加载宏中，并制作一个按钮，在本台计算机的任意 Excel 文件中，单击该按钮，即可实现一键拆分工作簿。

10.5.1　案例解析

10.4 节介绍了如何将自定义函数添加到 Excel 的加载宏中，其实 VBA 过程也可以添加到 Excel 的加载宏中，使 Excel 在启动时就自带该过程。Excel 加载宏中的过程不但可以直接调用，而且可以绑定到快速工具栏或其他位置的按钮上，以实现一键执行。

以本案例要求的一键拆分工作簿为例，首先新建一张工作表，并打开 Visual Basic 编辑器，将"拆分工作簿"过程的代码复制到其中，如图 10-16 所示。为了避免之前加载的自定义函数或其他 VBA 过程对本案例的操作产生干扰，可以先在通过"开发工具"标签中的"加载项"打开的"加载项"对话框中，去掉所有加载项前面的"√"。

然后关闭 Visual Basic 编辑器，回到 Excel，单击"另存为"，选中任意保存位置，将保存类型选择为"Excel 加载宏(*.xlam)"或"Excel 97-2003 加载宏(*.xla)"，修改文件名为"自定义代码库"（或其他合适的名字），最后单击"保存"按钮，如图 10-17 所示。与 10.4.1 节一样，将文件另存为加载宏类型后，文件会自动保存在 AddIns 文件夹下，请不要修改保存路径。

图 10-16　在插入的模块中复制"拆分工作簿"过程的代码

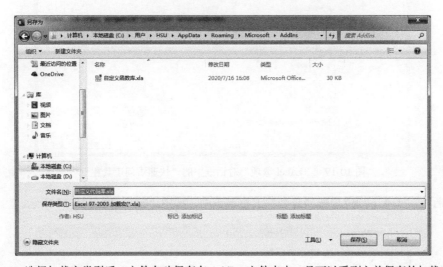

图 10-17　选择加载宏类型后，文件自动保存在 AddIns 文件夹中，且可以看到之前保存的加载宏文件

　　通过"开发工具"标签中的"加载项"，打开"加载项"对话框，在上面保存的"自定义代码库"前面打上"√"，之前去掉"√"的加载项也可以重新打上"√"，然后单击"确定"按钮，如图 10-18 所示。

图 10-18　在需要加载的项目前面打上"√"

接着单击"文件"菜单中的"选项"，在打开的"Excel 选项"对话框中，单击"快速访问工具栏"，如图 10-19 所示。

图 10-19　"Excel 选项"对话框中的"快速访问工具栏"

然后，在"从下列位置选择命令"下拉菜单中，选中"宏"，如图 10-20 所示。

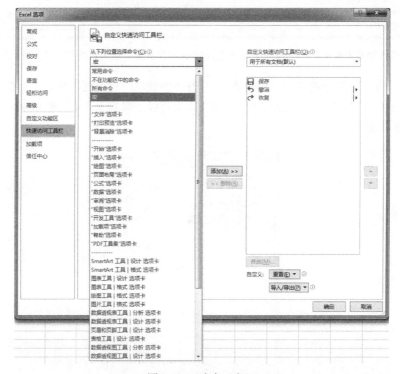

图 10-20　选中"宏"

因为当前工作簿中共有两段"拆分工作簿"过程的代码（一段为之前复制到模块中的代

码，另一段是保存为加载宏文件后被 Excel 自动加载的代码），所以选中"宏"后，会在下面的列表中看到两个"拆分工作簿"宏，如图 10-21 所示。

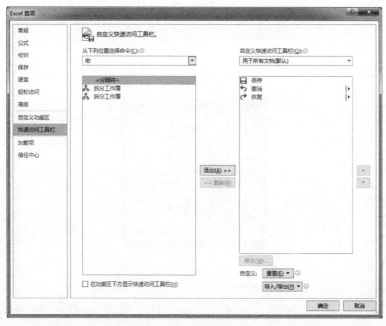

图 10-21　两个"拆分工作簿"宏

为了避免混淆，可以关闭当前 Excel 文件并重新打开一个 Excel 文件，再次打开"Excel 选项"对话框并在左侧的下拉菜单中选中"宏"，此时就只有一个"拆分工作簿"了。

选中"拆分工作簿"，单击对话框中间的"添加"按钮，将"拆分工作簿"宏添加到快速访问工具栏中，如图 10-22 所示。

图 10-22　将"拆分工作簿"宏添加到快速访问工具栏

如果对系统自动分配的、"拆分工作簿"在快速访问工具栏中的按钮图标不满意,那么可以单击"Excel 选项"对话框右下方的"修改"按钮,为"拆分工作簿"宏更换一个按钮图标,如图 10-23 所示。

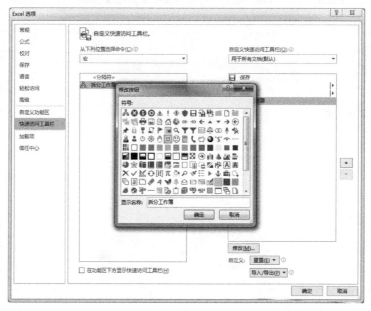

图 10-23 为"拆分工作簿"宏更换按钮图标

单击"Excel 选项"对话框右下角的"确定"按钮,此时可以看到 Excel 左上角的快速访问工具栏中已经多了一个"拆分工作簿"图标按钮,如图 10-24 所示。

图 10-24 Excel 左上角快速访问工具栏中的"拆分工作簿"图标按钮

在任意工作簿中,单击该图标按钮,都可以把当前工作簿中的工作表拆分到指定路径下,并以工作表的标签名命名。

10.5.2 案例代码

本案例相关代码见 5.5.2 节中的代码清单 5-15。

10.5.3 案例小结

在 5.5.2 节的代码清单 5-15 中,保存路径为 D 盘中的 data 文件夹。如果该文件夹不存在,或者希望将工作簿保存到其他路径,则需要对代码进行相应修改。作为本书第一个加载到 Excel 中的宏,"拆分工作簿"宏仅此一处需要注意的地方。其实,对于大多数加载到 Excel 中的宏,我们都必须考虑实际应用环境,避免加载宏在不同应用环境中无法正常执行。相关问题会在接下来的章节中讨论。

10.6 案例 46：在 Excel 中添加按钮实现一键拆分工作表

9.2 节中的"案例 38：按照用户要求拆分工作表（最后的完善）"实现了根据用户指定的列，将"数据"工作表拆分成多张工作表。本案例要求将该过程添加到 Excel 的加载宏，并制作成一个快速访问工具栏中的按钮，在本台计算机中，可以根据用户指定的列，对任意工作表实现一键拆分。

10.6.1 案例解析

之前介绍的"拆分工作簿"过程，因其特定的工作任务，可以直接在任意工作簿中执行。但是，9.2 节中的"拆分工作表"过程不能直接添加到 Excel 的加载宏中，因为该过程并不适用于任意工作表。

首先，在 9.2 节的案例 38 中，需要进行拆分的工作表的标签名为"数据"，但当该过程加载到 Excel 中后，并不是每次执行加载宏的工作表的标签名都为"数据"，表名也未必为 Sheet1，工作表在工作簿中的位置也未知。因此，必须对"拆分工作表"过程进行修改，由用户指定对哪张工作表进行拆分，并判断该工作表是否存在，若不存在，则需要进行错误提示并中止过程运行。

其次，在案例 38 的"拆分工作表"过程中，对用户指定的列进行判断，如果大于 6，则不执行拆分工作表的语句。但是，并非所有执行加载宏的工作表都只有 6 列数据，因此判断用户指定列是否超出范围的代码也要进行修改，此处需要用到 Range 对象的 End 属性。

针对以上两处需要修改的地方，本案例的代码中必须定义一个字符型变量（如 str）和一个整型变量（如 icolumn）。字符型变量 str 配合 InputBox 函数，用以获取由用户指定的、需要进行数据拆分的工作表的标签名；icolumn 用于获取该工作表最后一列数据的列号。

如果工作簿中不存在以 str 为标签名的工作表，则应该提示用户并中止过程，相关代码如代码清单 10-11 所示。

代码清单 10-11

```
str = InputBox("请问要拆分哪张工作表？请输入工作表的标签名：")
For Each sht In Sheets
    If sht.Name = str Then
            k = 1
    End If
Next
If k = 0 Then
    MsgBox "该工作表不存在，请输入正确的标签名！"
    Exit Sub
End If
```

如果存在以 str 为标签名的工作表，则获取该工作表最后一行数据的行号和最后一列数据的列号。与表达式 Range("a65536").End(xlUp).Row 类似，获取列号的表达式为 Range("iv1").End(xlToLeft).Column。相关代码如代码清单 10-12 所示。

代码清单 10-12

```
irow = Sheets(str).Range("a65536").End(xlUp).Row
icolumn = Sheets(str).Range("iv1").End(xlToLeft).Column
```

在判断用户指定进行拆分的列（整型变量 l）是否超出数据范围的代码中，应将代码清单 9-13 中的 l > 6 改为 l > icolumn，如代码清单 10-13 所示。

代码清单 10-13

```
If IsNumeric(l) = False Or l < 1 Or l > icolumn Then
        MsgBox "请输入正确的数字"
        Exit Sub
End If
```

在删除多余工作表的代码中，要将代码清单 9-13 的"数据"替换为 str，如代码清单 10-14 所示。

代码清单 10-14

```
Application.DisplayAlerts = False
For Each sht In Sheets
        If sht.Name <> str Then
                sht.Delete
        End If
Next
Application.DisplayAlerts = True
```

在新建工作表的代码中，要将代表"数据"工作表的 Sheet1 替换为 Sheets(str)，如代码清单 10-15 所示。

代码清单 10-15

```
For i = 2 To irow
    k = 0
    For Each sht In Sheets
        If Sheets(str).Cells(i, l) = sht.Name Then
            k = 1
        End If
    Next
    If k = 0 Then
        Sheets.Add after:=Sheets(Sheets.Count)
        Sheets(Sheets.Count).Name = Sheets(str).Cells(i, l)
    End If
Next
```

此处的 For Each 循环和 If 函数使用了工作表变量 sht 和整型标记变量 k，这与代码清单 10-11 中使用的变量是同一组。因为两处代码的功能类似，且互不干扰，所以可以使用相同的变量。当然，为了避免造成干扰，可以使用不同的变量，如 sht1 和 k1 等。

在有关筛选的代码中，原代码将筛选的区域限定在 A 到 F 列。但是，对于未来使用加载宏的工作表，我们并不知道一共有多少列数据，因此本案例中使用 Cells(1,1).Resize(irow, icolumn)代替 Range("a1:f" & irow)指定筛选的区域，如代码清单 10-16 所示。Range 对象的 Resize 属性在 6.3 节中有相关介绍。

代码清单 10-16

```
For j = 2 To Sheets.Count
        Sheets(str).Cells(1, 1).Resize(irow, icolumn).AutoFilter Field:=l, Criteria1:
=Sheets(j).Name
```

```
        Sheets(str).Cells(1, 1).Resize(irow, icolumn).Copy Sheets(j).Range("a1")
Next
Sheets(str).Cells(1, 1).Resize(irow, icolumn).AutoFilter
```

完成以上修改后，按照 10.5 节的步骤，将修改后的"拆分工作表"过程添加为 Excel 的加载宏，可确保在绝大部分工作表中实现一键拆分数据的需求。

10.6.2　案例代码

本案例的完整过程代码如代码清单 10-17 所示。

代码清单 10-17

```
Sub 拆分工作表()
    Dim sht As Worksheet
    Dim str As String
    Dim i, j, k As Integer
    Dim l
    Dim irow, icolumn As Integer
    '由用户指定拆分哪张工作表
    str = InputBox("请问要拆分哪张工作表？请输入工作表的标签名：")
    '判断该表是否存在
    For Each sht In Sheets
        If sht.Name = str Then
            k = 1
        End If
    Next
    If k = 0 Then
        MsgBox "该工作表不存在，请输入正确的标签名！"
        Exit Sub
    End If
    '获取需要进行拆分的工作表中最后一行数据的行号和最后一列数据的列号
    irow = Sheets(str).Range("a65536").End(xlUp).Row
    icolumn = Sheets(str).Range("iv1").End(xlToLeft).Column
    '由用户指定根据第几列进行数据拆分
    l = InputBox("请问需要根据第几列进行数据拆分？")
    '如果 l 不是数字、小于 1 或大于 icolumn，则弹出提示框并中止过程
    If IsNumeric(l) = False Or l < 1 Or l > icolumn Then
        MsgBox "请输入正确的数字"
        Exit Sub
    End If
    '将 l 转换为数值类型
    l = Val(l)
    '删除指定工作表之外的其他所有工作表
    Application.DisplayAlerts = False
    For Each sht In Sheets
        If sht.Name <> str Then
            sht.Delete
        End If
    Next
    Application.DisplayAlerts = True
    '根据用户指定的列，新建工作表并确保表名不重复
    For i = 2 To irow
```

```
            k = 0
            For Each sht In Sheets
                If Sheets(str).Cells(i, 1) = sht.Name Then
                    k = 1
                End If
            Next
            If k = 0 Then
                Sheets.Add after:=Sheets(Sheets.Count)
                Sheets(Sheets.Count).Name = Sheets(str).Cells(i, 1)
            End If
        Next
        '根据用户指定的列，进行筛选和复制
        For j = 2 To Sheets.Count
            Sheets(str).Cells(1, 1).Resize(irow, icolumn).AutoFilter Field:=1,
Criteria1:=Sheets(j).Name
            Sheets(str).Cells(1, 1).Resize(irow, icolumn).Copy Sheets(j).Range("a1")
        Next
        Sheets(str).Cells(1, 1).Resize(irow, icolumn).AutoFilter
        '所有操作完成后，回到"数据"工作表，并弹出提示框
        Sheets(str).Select
        MsgBox "已按照第" & l & "列对""" & str & """工作表拆分完成！"
    End Sub
```

10.6.3 案例小结

通过本案例，我们应该了解到，并不是所有过程代码都能直接添加为 Excel 的加载宏，必须充分考虑操作环境可能存在的差异，并对过程代码进行相应调整。

如果之前将过程代码添加为加载宏，那么只需要在任意一个 Excel 文件中打开 Visual Basic 编辑器，将需要新增的宏代码复制到加载宏文件的模块中，然后保存，无须另外新建加载宏文件。如图 10-25 所示，就是将本案例的"拆分工作表"过程添加到案例 45 的加载宏文件中。

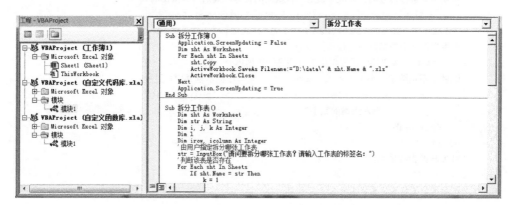

图 10-25　两段加载宏代码都保存在"自定义代码库.xla"文件中

第 11 章

使用 Dir 函数进行多文件合并

本章的主要内容包括：

○ 利用关键字 Set 将对象赋值给变量；
○ 学习使用 Range 对象的 Find 方法；
○ Dir 函数的使用方法和作用；
○ 利用 Dir 函数进行多文件合并。

11.1 案例 47：将对象赋值给变量

打开资料文件"案例 47：将对象赋值给变量.xlsx"，
得到图 11-1 所示的一张工作表。本案例要求以 Sheet1
工作表中 A2 至 A6 单元格的值为标签名新建工作表。

11.1.1 案例解析

图 11-1 根据 Sheet1 的 A 列新建工作表

在 VBA 中，如果直接将一个对象赋值给变量，那么会导致 Excel 报错。首先定义一个工
作表变量 sht，然后使用 Sheets 对象的 Add 方法新建一个工作表，并将该工作表赋值给变量 sht，
如代码清单 11-1 所示。

代码清单 11-1

```
Dim sht As Worksheet
sht = Sheets.Add
```

在过程中，执行上述语句，就会弹出图 11-2 所
示的错误提示。

如果将一个对象赋值给变量，那么必须使用关键字
Set。下面修改代码清单 11-1，修改结果见代码清单 11-2。

图 11-2 直接将对象赋值给变量会产生报错

代码清单 11-2

```
Set sht = Sheets.Add
```

11.1.2 案例代码

本案例尝试使用关键字 Set 为新建工作表命名，如代码清单 11-3 所示。

代码清单 11-3

```
Sub NewSht()
    Dim i As Integer
    Dim sht As Worksheet
    For i = 2 To 6
        Set sht = Sheets.Add
        sht.Name = Sheet1.Range("a" & i)
        Sheet1.Select
    Next
End Sub
```

小贴士：如果使用 Sheets 对象的 Add 方法时不指定其位置，那么新建工作表会被添加在工作簿的最左侧。

11.1.3　案例小结

在本书之前的案例中，出现过类似 "i = Range("a1")" 的代码，表示将单元格的值赋给整型变量 i，执行代码时，编辑器并不会报错。这是否意味着将 Range 对象赋值给变量时不需要使用关键字 Set 呢？当然不是。变量 i 作为一个整型变量，其对应的是单元格的值，也就是说，"i = Range("a1")" 的完整写法应该是 "i = Range("a1") .Value"。

定义一个单元格变量 rng，其对应的是单元格本身，当使用代码 "rng = Range("a1")" 试图将 A1 单元格赋值给单元格变量 rng 时，程序依然弹出图 11-2 所示的错误提示，因此，将 Range 对象赋值给变量时依然要使用关键字 Set。

11.2　案例 48：学习使用 Find 函数

打开资料文件"案例 48：学习使用 Find 函数.xlsm"，得到图 11-3 所示的一张工作表。本案例要求在工作表中使用 Find 函数根据 I3 单元格中的姓名查询对应的原始分，并填入 J3 单元格中。

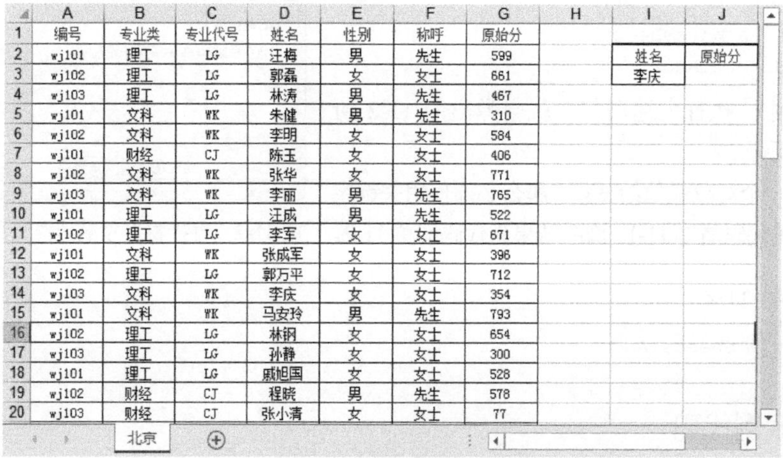

	A	B	C	D	E	F	G	H	I	J
1	编号	专业类	专业代号	姓名	性别	称呼	原始分			
2	wj101	理工	LG	汪梅	男	先生	599		姓名	原始分
3	wj102	理工	LG	郭磊	女	女士	661		李庆	
4	wj103	理工	LG	林涛	男	先生	467			
5	wj101	文科	WK	朱健	男	先生	310			
6	wj102	文科	WK	李明	女	女士	584			
7	wj101	财经	CJ	陈玉	女	女士	406			
8	wj102	文科	WK	张华	女	女士	771			
9	wj103	文科	WK	李丽	男	先生	765			
10	wj101	理工	LG	汪成	男	先生	522			
11	wj102	理工	LG	李军	女	女士	671			
12	wj101	文科	WK	张成军	女	女士	396			
13	wj102	理工	LG	郭万平	女	女士	712			
14	wj103	文科	WK	李庆	女	女士	354			
15	wj101	文科	WK	马安玲	男	先生	793			
16	wj102	理工	LG	林钢	女	女士	654			
17	wj103	理工	LG	孙静	女	女士	300			
18	wj101	理工	LG	戚旭国	女	女士	528			
19	wj102	财经	CJ	程晓	男	先生	578			
20	wj103	财经	CJ	张小清	女	女士	77			

图 11-3　案例 48 的工作表

11.2.1　案例解析

严格来说，VBA 中的 Find 函数（非工作表函数 Find）应该是 Range 对象的一个方法，用于在指定的单元格区域内查找并返回某个特定的单元格。Find 方法的完整语法：

```
Range("X:Y").Find(What, [After], [LookIn], [LookAt], [SearchOrder], [SearchDirecion], [MatchCase], [MatchByte], [SearchFormat])
```

其中 Range("X:Y") 表示使用 Find 方法进行数据查找的单元格区域，必选参数 What 表示要查找的内容。其他参数均为非必选参数，依次表示：开始查找的位置、查找的范围类型、完全匹配/部分匹配、行列方式查找、向前/向后查找、区分大小写、全角/半角和查找格式。本案例只需使用必选参数 What，其他参数请读者在需要使用时自行查询并测试。

本案例要求查找 I3 单元格中姓名对应的原始分。首先，找到 I3 单元格中的姓名在 D 列的位置，使用 Range 对象的 Find 方法，如代码清单 11-4 所示。

代码清单 11-4

```
Range("D:D").Find(Range("I3"))
```

代码清单 11-4 表示在 D 列中查找与 I3 单元格的值相同的单元格。在图 11-3 中，I3 单元格的姓名为"李庆"，对应 D14 单元格，代码清单 11-4 返回的结果为"Range("D14")"。

找到姓名所在的单元格后，需要返回对应的原始分，因此，本案例在 Find 方法后面使用 Range 对象的 Offset 属性，找到 G 列中对应的单元格，并将结果返回给 J3 单元格，代码如代码清单 11-5 所示。

代码清单 11-5

```
Range("J3") = Range("D:D").Find(Range("I3")).Offset(0, 3)
```

在过程中执行上面这行代码后，即可在 J3 单元格中填入 I3 单元格（姓名）对应的原始分，如图 11-4 所示。

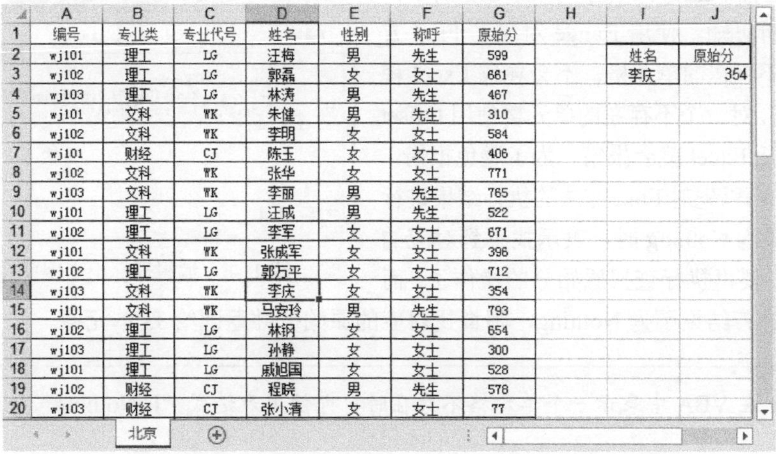

图 11-4　执行代码后，J3 单元格中已被填入"李庆"的原始分

当 I3 单元格中的姓名发生改变时，只要该姓名能够在 D 列中被找到，其对应的原始分就会被填入 J3 单元格中。如果 I3 单元格中的姓名在 D 列中找不到，Excel 就会报错。

例如，在 I3 单元格中输入"诸葛亮"，然后执行含有代码清单 11-5 的过程，会弹出图 11-5

所示的错误提示。

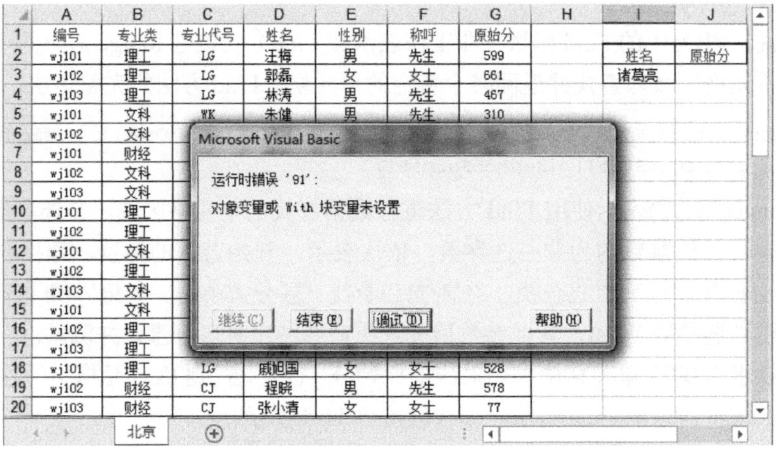

图 11-5 当查找的姓名不在 D 列中时，会弹出错误提示

这个报错是针对代码中的 Find 方法，还是 Offset 属性呢？可以将代码清单 11-5 拆分成两行：首先使用关键字 Set 将 Find 方法找到的单元格赋值给单元格变量 rng，然后对单元格变量 rng 使用 Offset 属性，并将返回的值赋给 J3 单元格。修改后的代码如代码清单 11-6 所示。

代码清单 11-6

```
Set rng = Range("D:D").Find(Range("I3"))
Range("J3") = rng.Offset(0, 3)
```

当 I3 单元格中的姓名依然在 D 列中不存在时，执行含有代码清单 11-6 的过程，Excel 依然会弹出图 11-5 所示的错误提示。此时，单击图 11-5 中的"调试"按钮，在 Visual Basic 编辑器的代码窗口中，可以看到对单元格变量 rng 使用 Offset 属性的代码被标记为黄色，表示这行代码在执行过程中出现了问题，如图 11-6 所示。

通过分析可知，使用 Range 对象的 Find 方法寻找一个不存在的单元格，不会导致 Excel 程序报错；但是，对一个不存在的单元格使用 Offset（偏移）属性，Excel 就会报错。为了避免报错，在本案例中，可以先对 Find 方法的执行结果进行判断，当结果为 Nothing 时，表示找不到对应的单元格，就不要再执行查找原始分的操作了，而

图 11-6 编辑器标记出现问题的代码

是弹出提示；若结果不为 Nothing，则查找对应的原始分并返回给 J3 单元格。

小贴士：在 VBA 中表示一个单元格不存在时，可使用表达式"Is Nothing"，以表示单元格的值为空。

11.2.2 案例代码

本案例完整的过程代码如代码清单 11-7 所示。

代码清单 11-7

```
Sub test()
    '定义单元格变量 rng
    Dim rng As Range
    '清空 J3 单元格
    Range("J3").ClearContents
    '将 Find 方法的执行结果返回给单元格变量 rng
    Set rng = Range("D:D").Find(Range("I3"))
    '当单元格变量 rng 所代表的单元格存在时，再进行查找原始分的操作
    If rng Is Nothing Then
        MsgBox "找不到对应的姓名！"
    Else
        Range("J3") = rng.Offset(0, 3)
    End If
End Sub
```

11.2.3 案例小结

本案例也可使用 For 循环。当工作表中的数据比较少时，For 循环和 Find 方法的工作效率相差无几，但是，当工作表的数据达到一定规模时，For 循环的效率就会大大降低，而 Find 方法作为 VBA 内置方法，其效率优势在此时能够得到充分体现。在本书后面的章节中，如何避免使用 For 循环以提高代码的执行效率，是我们讨论的重点内容。

11.3 案例 49：使用 Dir 函数检验文件是否存在

为了更好地学习 Dir 函数，首先将资料文件中"案例 49：使用 Dir 函数检验文件是否存在"文件夹下的 data 文件夹复制到计算机的 D 盘根目录（也可复制到计算机的其他位置，但本案例中的代码需做相应修改）。打开 D 盘根目录中的 data 文件夹，可以看到图 11-7 所示的一组 Excel 文件。

图 11-7 D 盘根目录的 data 文件夹中的一组 Excel 文件

打开资料文件"案例 49：使用 Dir 函数检验文件是否存在.xls"，得到图 11-8 所示的工作表。本案例要求使用 Dir 函数，依次检验 D 盘的 data 文件夹中是否存在与 Sheet1 工作表的 A 列同名的 Excel 文件，如果存在，则在 Sheet1 工作表的 B 列写入"存在"，否则写入"不存在"。

图 11-8　判断 D 盘的 data 文件夹中是否存在与 A 列同名的 Excel 文件

11.3.1　案例解析

VBA 中的 Dir 函数用于获取一个文件的文件名。以图 11-7 所示的 D 盘的 data 文件夹为例，代码清单 11-8 可以在 A1 单元格中写入"北京.xlsx"。

代码清单 11-8

```
Range("a1") = Dir("D:\data\北京.xlsx")
```

以此类推，代码清单 11-9 会在 A1 单元格中写入"上海.xlsx"。

代码清单 11-9

```
Range("a1") = Dir("D:\data\上海.xlsx")
```

如果路径中的文件不存在，则 Dir 函数会返回空。例如，图 11-7 所示的 D 盘的 data 文件夹中没有文件"内蒙古.xlsx"，执行代码清单 11-10 后会在 A1 单元格中返回空。

代码清单 11-10

```
Range("a1") = Dir("D:\data\内蒙古.xlsx")
```

利用 Dir 函数的上述特性，本案例只需要对 A 列中的城市名依次使用 Dir 函数进行判断，若为空，则在 B 列输入"不存在"，若不为空，则在 B 列输入"存在"。

但有一个文件例外：图 11-7 中以"长沙"命名的文件，其扩展名为"xls"。因为 Dir 函数在运行时会区分扩展名，所以表达式"Dir("D:\data\长沙.xlsx")"的运行结果为空，表达式"Dir("D:\data\长沙.xls")"才会返回结果"长沙.xls"。或者，使用表达式"Dir("D:\data\长沙.xls*)"，其中的符号"*"为通配符，表示数量不限的任意字符，包括空字符，因此，表达式"Dir("D:\data\长沙.xls*)"也会返回结果"长沙.xls"。

考虑到 D 盘的 data 文件夹中含有".xlsx"和".xls"两种扩展名的 Excel 文件，因此，本案例的代码中需要使用".xls*"，以同时检验两种扩展名的文件。

11.3.2　案例代码

本案例的过程代码如代码清单 11-11 所示。

代码清单 11-11

```
Sub 文件校验()
    Dim i As Integer
    For i = 1 To 8
        '扩展名中需要加入通配符"*"，这样才能同时检验两种扩展名的文件
        If Dir("D:\data\" & Range("a" & i) & ".xls*") = "" Then
            Range("b" & i) = "不存在"
```

```
        Else
            Range("b" & i) = "存在"
        End If
    Next
End Sub
```

11.3.3　案例小结

本案例介绍了 Dir 函数和通配符"*"的基本用法。

Dir 函数的用途有很多，检验文件是否存在仅是 Dir 函数的一种用途，后续章节会介绍 Dir 函数的其他用途。

11.4　案例 50：使用 Dir 函数提取文件名

首先将资料文件中"案例 50：使用 Dir 函数提取文件名"文件夹下的 data 文件夹复制到计算机的 D 盘根目录（案例 49 中复制的 data 文件夹可以删除），然后打开 D 盘中的 data 文件夹，可以看到图 11-9 所示的一组 Excel 文件。

图 11-9　当前 D 盘的 data 文件夹中的一组 Excel 文件

本案例要求新建一张工作表，并利用 Dir 函数将 data 文件夹内所有 Excel 文件的文件名提取至该工作表的 A 列。

11.4.1　案例解析

本案例需要用到 Dir 函数的另一个特性：在同一个 VBA 过程中，第一次引用 Dir 函数必须带上参数，以指明路径，第二次引用 Dir 函数开始就可以不带参数。不带参数的 Dir 函数会依次返回满足最后一个带参数的 Dir 函数的第 2 个值、第 3 个值等，直到没有符合条件的值可以返回，此时不带参数的 Dir 函数将返回一个空值，再下一个不带参数的 Dir 函数则会弹出图 11-10 所示的错误提示。

以图 11-9 所示的 D 盘的 data 文件夹为例，执行代码清单 11-12。

图 11-10　Dir 函数执行时的错误提示

代码清单 11-12

```
Sub test()
    Range("a1") = Dir("d:\data\长沙.xls*")
    Range("a2") = Dir
    Range("a3") = Dir
End Sub
```

工作表的 A1 单元格会返回"长沙.xls"，A2 单元格会返回"长沙.xlsx"，A3 单元格返回空值。如果在代码清单 11-12 中添加一行代码："Range("a4") = Dir"，就会弹出图 11-10 所示的错误提示。因此，在 VBA 中，往往在 For 循环之外执行一次带参数的 Dir 函数，然后将不带参数的 Dir 函数嵌入 For 循环并逐一判断返回值是否为空，以此来判断参数所指的路径中是否还有符合条件的文件。

根据 Dir 函数的这一特性，本案例可先执行一次带参数的 Dir 函数，指定路径和文件的类型，并获取符合条件的第一个文件的文件名。因为 data 文件夹下含有新、旧两种版本的 Excel 文件，所以可以在 Dir 函数中使用"*.xls*"来表示所有 Excel 文件。然后，在 For 循环中，使用不带参数的 Dir 函数获取剩余的文件名，同时通过判断 Dir 函数的返回值是否为空来决定是否跳出 For 循环。

因为过程代码中的 Dir 函数每出现一次，就意味着被执行了一次，所以本案例的过程代码中必须定义一个字符串变量（如 str）来获取 Dir 函数返回的文件名，然后将 str 赋值给单元格。在决定是否跳出 For 循环的判断语句中，也应使用变量 str 代替 Dir 函数。如果不使用变量 str，而是在 For 循环中直接将 Dir 函数的值返回给单元格，然后直接判断 Dir 函数的返回值是否为空，如代码清单 11-13 所示，那么在一次循环中就相当于执行了两次 Dir 函数：第一次执行的结果返回单元格，第二次执行的结果仅用于判断是否为空，并没有返回单元格，这样就会导致无法找到所有文件名，甚至无法正确判断 Dir 函数的执行结果是否为空，导致编辑器弹出图 11-10 所示的错误提示。

代码清单 11-13

```
Range("a1") = Dir("d:\data\*.xls*")
For i = 2 To 1000
    Range("a" & i) = Dir
    If Dir = "" Then
        Exit For
    End If
Next
```

11.4.2 案例代码

本案例的代码如代码清单 11-14 所示。

代码清单 11-14

```
Sub 提取文件名()
    Dim i As Integer
    '必须先将 Dir 函数的结果赋给 str，再进行赋值和判断
    Dim str As String
    str = Dir("d:\data\*.xls*")
    For i = 1 To 100
        Range("a" & i) = str
        str = Dir
        If str = "" Then
            Exit For
```

```
          End If
      Next
  End Sub
```

11.4.3 案例小结

本案例介绍了 Dir 函数的第二个特性：在同一个过程中第二次使用 Dir 函数时，可以不使用参数。本案例还介绍了 Dir 函数的第二种用途：获取指定路径中符合条件的所有文件的文件名。

在过程中，Dir 函数每出现一次就意味着执行了一次，因此，如果要对 Dir 函数的某次执行结果进行多次操作，那么应先将结果赋给变量。

11.5 案例51：多文件合并1（单表合并）

本案例首先需要将资料文件中"案例51：多文件合并1（单表合并）"文件夹下的 data 文件夹复制到计算机的 D 盘根目录（之前案例的 data 文件夹可以删除）。data 文件夹中有图 11-11 所示的一组 Excel 文件。

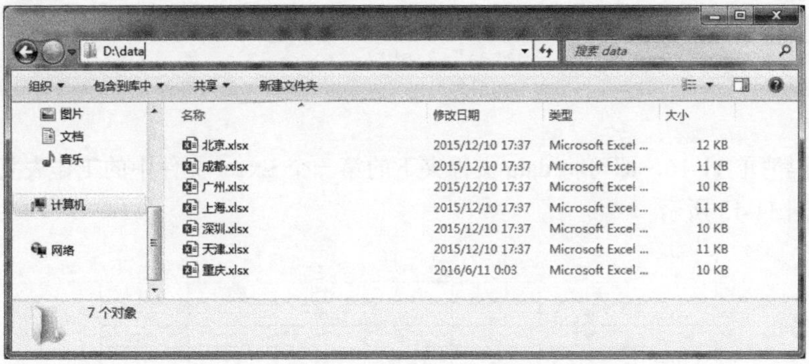

图 11-11　D 盘的 data 文件夹中的一组 Excel 文件

每个 Excel 文件中仅含有一张工作表，如文件"北京.xlsx"中的工作表，如图 11-12 所示。本案例要求编写 VBA 代码，将 D 盘的 data 文件夹中所有 Excel 文件中的工作表全部抓取到新建的 Excel 文件中，抓取的工作表的标签名与工作表所在文件的文件名相同。

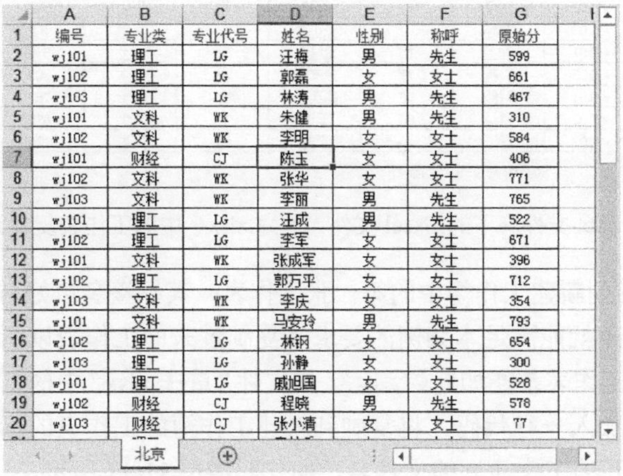

图 11-12　文件"北京.xlsx"中的工作表

11.5.1 案例解析

首先应尝试将 data 文件夹下第一个 Excel 文件中的工作表抓取到新建工作簿中。

在新建工作簿的 Visual Basic 编辑器中,为 Dir 函数指定路径和文件类型,并将返回值(第一个符合条件的文件的文件名)赋给字符串变量 str;使用 Workbooks 对象的 Open 方法打开文件名为 str 的文件。相关代码如代码清单 11-15 所示。

代码清单 11-15

```
str = Dir("D:\data\*.xlsx")
Workbooks.Open("D:\data\" & str)
```

因为本案例已说明 data 文件夹下每个 Excel 文件中只有一张工作表,所以可直接将打开的工作簿的 Sheets(1)工作表复制到新建工作簿中,并以 str 命名。复制完成后,应关闭打开的工作簿,否则会对后续操作造成干扰。此时,在过程代码中,应定义一个工作簿变量(如 wb),并将打开的工作簿赋值给 wb;使用"ThisWorkbook"表示新建工作簿(代码在新建工作簿中编写,因此可使用"ThisWorkbook"表示)。相关代码如代码清单 11-16 所示。

代码清单 11-16

```
str = Dir("D:\data\*.xlsx")
Set wb = Workbooks.Open("D:\data\" & str)
wb.Sheets(1).Copy after:=ThisWorkbook.Sheets(ThisWorkbook.Sheets.Count)
wb.Close
```

执行代码清单 11-16,即可将 data 文件夹下的第一个 Excel 文件中的工作表复制到新建工作簿中,如图 11-13 所示。

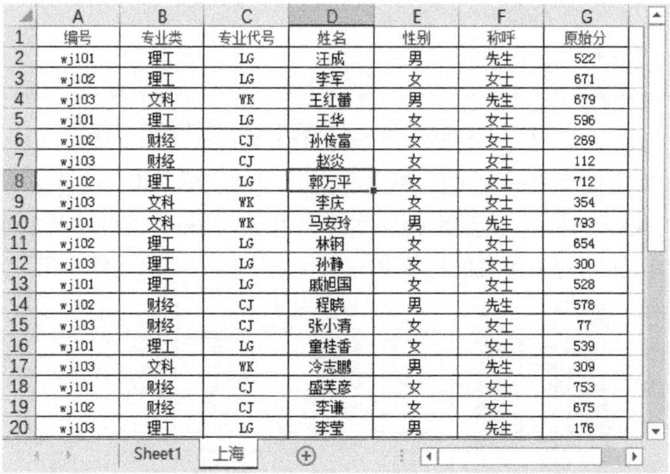

	A	B	C	D	E	F	G
1	编号	专业类	专业代号	姓名	性别	称呼	原始分
2	wj101	理工	LG	汪成	男	先生	522
3	wj102	理工	LG	李军	女	女士	671
4	wj103	文科	WK	王红蕾	男	先生	679
5	wj101	理工	LG	王华	女	女士	596
6	wj102	财经	CJ	孙传富	女	女士	269
7	wj103	财经	CJ	赵炎	女	女士	112
8	wj102	理工	LG	郭万平	女	女士	712
9	wj103	文科	WK	李庆	女	女士	354
10	wj101	文科	WK	马安玲	男	先生	793
11	wj102	理工	LG	林钢	女	女士	654
12	wj103	理工	LG	孙静	女	女士	300
13	wj101	理工	LG	戚旭国	女	女士	528
14	wj102	财经	CJ	程晓	男	先生	578
15	wj103	财经	CJ	张小青	女	女士	77
16	wj101	理工	LG	童桂香	女	女士	539
17	wj103	文科	WK	冷志鹏	男	先生	309
18	wj101	财经	CJ	盛芙彦	女	女士	753
19	wj102	财经	CJ	李谦	女	女士	675
20	wj103	理工	LG	李莹	男	先生	176

图 11-13 已将 data 文件夹下的 Excel 文件"上海.xlsx"中的工作表复制到新建工作簿中

很"幸运",复制到新建工作簿中的第一张工作表,其标签名恰好与其所在工作簿的文件名相同,因此无须修改就能满足本案例的要求(复制过来的工作表以所在工作簿的文件名命名)。但是,并非所有工作表都能如此"幸运",如文件"重庆.xlsx"中的工作表标签名为"CQ",因此有必要在过程中加入一行代码,将复制到新建工作簿的工作表的标签名修改为其所在工作簿(也正是当前打开的工作簿)的文件名,如代码清单 11-17 所示。

代码清单 11-17

```
str = Dir("D:\data\*.xlsx")
Set wb = Workbooks.Open("D:\data\" & str)
wb.Sheets(1).Copy after:=ThisWorkbook.Sheets(ThisWorkbook.Sheets.Count)
ThisWorkbook.Sheets(ThisWorkbook.Sheets.Count).Name = wb.Name
wb.Close
```

删除新建工作簿中的"上海"工作表，执行代码清单 11-17，结果如图 11-14 所示。

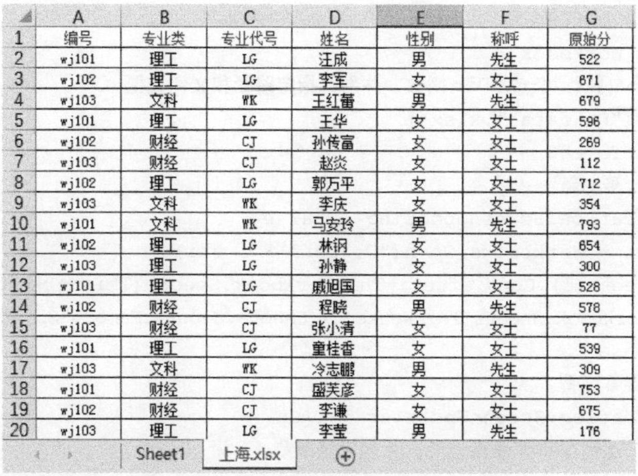

▲	A	B	C	D	E	F	G
1	编号	专业类	专业代号	姓名	性别	称呼	原始分
2	wj101	理工	LG	汪成	男	先生	522
3	wj102	理工	LG	李军	女	女士	671
4	wj103	文科	WK	王红蕾	男	先生	679
5	wj101	理工	LG	王华	女	女士	596
6	wj102	财经	CJ	孙传富	女	女士	269
7	wj103	财经	CJ	赵炎	女	女士	112
8	wj102	理工	LG	郭万平	女	女士	712
9	wj103	文科	WK	李庆	女	女士	354
10	wj101	文科	WK	马安玲	男	先生	793
11	wj102	理工	LG	林钢	女	女士	654
12	wj103	理工	LG	孙静	女	女士	300
13	wj101	理工	LG	戚旭国	女	女士	528
14	wj102	财经	CJ	程晓	男	先生	578
15	wj103	财经	CJ	张小清	女	女士	77
16	wj101	理工	LG	童桂香	女	女士	539
17	wj103	文科	WK	冷志鹏	男	先生	309
18	wj101	财经	CJ	盛芙彦	女	女士	753
19	wj102	财经	CJ	李谦	女	女士	675
20	wj103	理工	LG	李莹	男	先生	176

Sheet1 | 上海.xlsx | ⊕

图 11-14　加入命名代码后的执行结果

从图 11-14 可知，复制过来的第一张工作表的标签名正是其所在工作簿的完整文件名"上海.xlsx"。但是，在一般工作表的标签名中，不应存在类似文件扩展名的字段。因此，可将代码清单 11-17 中与命名相关的语句略加修改，利用 Split 函数将工作簿的文件名用符号"."分段，并取其中的第一段，作为复制工作表的标签名。注意，Split 函数的运行结果是一个数组，第 1 段的下标应为 0。修改后的代码如代码清单 11-18 所示。

代码清单 11-18

```
str = Dir("D:\data\*.xlsx")
Set wb = Workbooks.Open("D:\data\" & str)
wb.Sheets(1).Copy after:=ThisWorkbook.Sheets(ThisWorkbook.Sheets.Count)
ThisWorkbook.Sheets(ThisWorkbook.Sheets.Count).Name = Split(wb.Name, ".")(0)
wb.Close
```

将执行代码加入代码清单 11-18，结果与图 11-14 所示的结果一样，但其实工作表的标签名已经被修改。至此，复制第一个 Excel 文件中的工作表的所有相关代码全部编写完成。

将复制一张工作表的代码嵌入 For 循环，即可得到合并所有工作表的过程代码。但应注意两点：

❏ 第一个 Dir 函数需要指定路径和文件类型，因此，它需要置于 For 循环之外，后续的 Dir 函数无须使用参数，应置于 For 循环之内；

❏ 当字符型变量 str 为空时，表示 Dir 函数已遍历完 data 文件夹中的所有 Excel 文件，此时应退出 For 循环。

最后，如果不希望过程代码执行过程中的打开工作簿和关闭工作簿等操作在计算机屏幕上显示，那么可将 Application 对象的 ScreenUpdating 属性设置为 False，即关闭屏幕刷新；待所有操作完成后，再打开屏幕刷新。

11.5.2　案例代码

本案例的过程代码如代码清单 11-19 所示。

代码清单 11-19

```
Sub 文件合并()
    Dim i As Integer
    Dim str As String
    Dim wb As Workbook
    '在 For 循环外执行第一次 Dir 函数，并为其指定路径和文件类型
    str = Dir("D:\data\*.xlsx")
    For i = 1 To 100
        '关闭屏幕刷新
        Application.ScreenUpdating = False
        Set wb = Workbooks.Open("D:\data\" & str)
        wb.Sheets(1).Copy after:=ThisWorkbook.Sheets(ThisWorkbook.Sheets.Count)
        ThisWorkbook.Sheets(ThisWorkbook.Sheets.Count).Name = Split(wb.Name, ".")(0)
        wb.Close
        '打开屏幕刷新
        Application.ScreenUpdating = True
        '从第二次执行 Dir 函数开始，无须设置参数
        str = Dir
        '但需要判断其返回值是否为空
        If str = "" Then
            Exit Sub
        End If
    Next
End Sub
```

11.5.3　案例小结

在本案例中，我们应注意以下 3 点：

- ○ 第一个 Dir 函数应置于 For 循环之外，且通过参数指定路径和文件类型；
- ○ Dir 函数的返回值应赋给变量 str，再对其进行其他操作；
- ○ 代码清单 11-19 通过 If 函数结束 For 循环及整个过程，因此 For 循环的循环次数只需要比 data 文件夹中的文件数目略大，具体取值并不重要。

11.6　案例 52：多文件合并 2（多表合并）

本案例首先需要将资料文件中"案例 52：多文件合并 2（多表合并）"文件夹中的 data 文件夹复制到计算机的 D 盘根目录（之前案例的 data 文件夹可删除）。在本案例中，data 文件夹中的 Excel 文件都含有多张工作表，如图 11-15 所示的"北京.xlsx"文件。

本案例要求将 D 盘的 data 文件夹下所有 Excel 文件中的所有工作表全部复制到新建工作簿中，并将工作表的标签名设定为其所在工作簿的文件名中的地区名加工作表的原标签名。将如图 11-15 所示的"北京.xlsx"文件中的"1 考场"工作表复制到新建工作簿中后，标签名

应改为“北京 1 考场”。

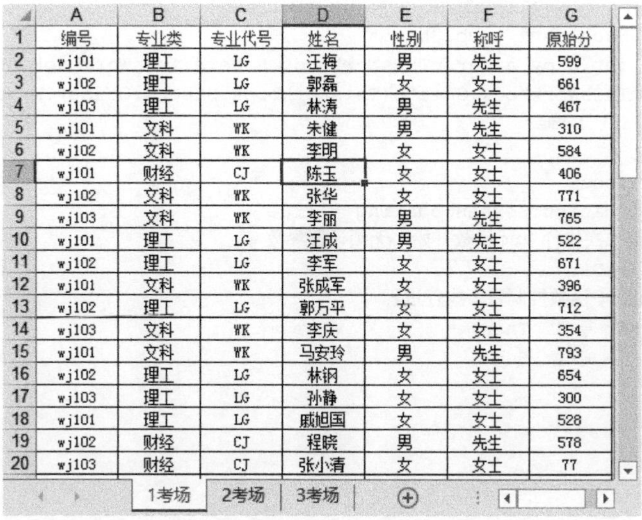

	A	B	C	D	E	F	G
1	编号	专业类	专业代号	姓名	性别	称呼	原始分
2	wj101	理工	LG	汪梅	男	先生	599
3	wj102	理工	LG	郭磊	女	女士	661
4	wj103	理工	LG	林涛	男	先生	467
5	wj101	文科	WK	朱健	男	先生	310
6	wj102	文科	WK	李明	女	女士	584
7	wj101	财经	CJ	陈玉	女	女士	406
8	wj102	文科	WK	张华	女	女士	771
9	wj103	文科	WK	李丽	男	先生	765
10	wj101	理工	LG	汪成	男	先生	522
11	wj102	理工	LG	李军	女	女士	671
12	wj101	文科	WK	张成军	女	女士	396
13	wj102	理工	LG	郭万平	女	女士	712
14	wj103	文科	WK	李庆	女	女士	354
15	wj101	文科	WK	马安玲	男	先生	793
16	wj102	理工	LG	林钢	女	女士	654
17	wj103	理工	LG	孙静	女	女士	300
18	wj101	理工	LG	戚旭国	女	女士	528
19	wj102	财经	CJ	程晓	男	先生	578
20	wj103	财经	CJ	张小清	女	女士	77

图 11-15　文件“北京.xlsx”

11.6.1　案例解析

本案例与案例 51 的区别是，本案例的 data 文件夹中的每个 Excel 文件都含有多张工作表，因此，我们需要在案例 51 的代码清单 11-19 中进行下列两处修改：

- 打开 data 文件夹中的工作簿后，需要使用 For Each 循环和工作表变量 sht 将工作簿中的所有工作表复制到新建工作簿中；
- 在为复制的工作表改名时，除要用 Split 函数截取工作簿文件名中的地区以外，还需要利用连接符号“&”连接工作表的原标签名。

上述两处修改的代码如代码清单 11-20 所示。

代码清单 11-20

```
For Each sht In wb.Sheets
    sht.Copy after:=ThisWorkbook.Sheets(ThisWorkbook.Sheets.Count)
    ThisWorkbook.Sheets(ThisWorkbook.Sheets.Count).Name = Split(wb.Name, ".")(0)
& sht.Name
Next
```

11.6.2　案例代码

本案例的过程代码如代码清单 11-21 所示。

代码清单 11-21

```
Sub 文件合并()
    Dim i As Integer
    Dim str As String
    Dim wb As Workbook
    '在 For 循环外执行第一次 Dir 函数，并为其指定路径和文件类型
    str = Dir("D:\data\*.xlsx")
    For i = 1 To 100
```

```
            Application.ScreenUpdating = False
            Set wb = Workbooks.Open("D:\data\" & str)
            '利用 For Each 循环复制工作簿中的所有工作表
            For Each sht In wb.Sheets
                sht.Copy after:=ThisWorkbook.Sheets(ThisWorkbook.Sheets.Count)
                ThisWorkbook.Sheets(ThisWorkbook.Sheets.Count).Name = Split(wb.
Name, ".")(0) & sht.Name
            Next
            wb.Close
            Application.ScreenUpdating = True
            '从第二次执行 Dir 函数开始，无须设置参数
            str = Dir
            '通过 If 函数控制整个执行过程
            If str = "" Then
                    Exit Sub
            End If
        Next
    End Sub
```

11.6.3　案例小结

　　本案例的代码适用于将某路径下所有工作簿中的所有工作表导入同一个工作簿中，然后进行其他操作的场景。在第 9 章的案例 37 中，有一张"汇总"工作表（见图 9-1），我们可以考虑在该工作表中添加一个按钮，并绑定本案例的"文件合并"宏，实现一键导入所有成绩表，然后进行成绩查询和数据统计。

11.7　案例 53：多文件合并单表

　　首先将本案例的资料文件夹"案例 53：多文件合并单表"中的 data 文件夹复制到 D 盘根目录（之前案例的 data 文件夹可删除）。本案例的 data 文件夹如图 11-16 所示，该文件夹的每个工作簿中只有一张工作表，如图 11-17 所示。

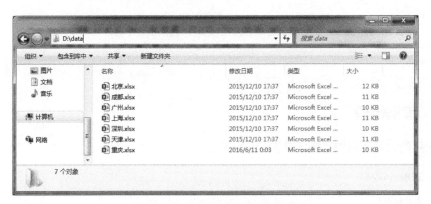

图 11-16　案例 53 的 data 文件夹

　　本案例要求将 D 盘的 data 文件夹下所有工作簿中的工作表复制到工作簿"案例 53：多文件合并单表.xlsx"的"数据"工作表中。"数据"工作表如图 11-18 所示。同时，本案例要求将每张表的所属地区（即所在工作簿的文件名）填入"数据"工作表的"城市"列。

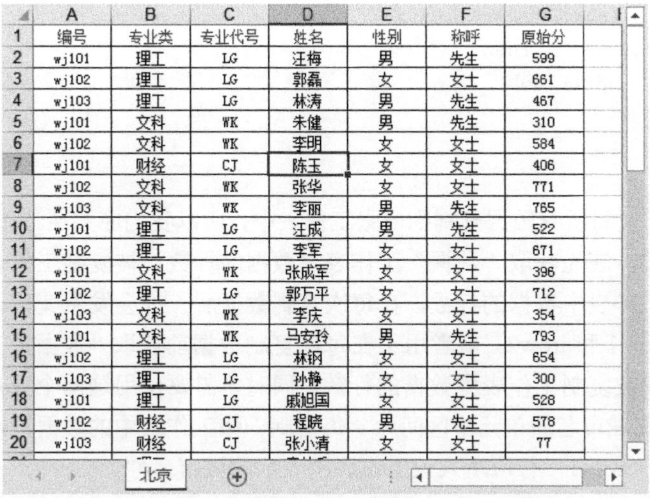

	A	B	C	D	E	F	G
1	编号	专业类	专业代号	姓名	性别	称呼	原始分
2	wj101	理工	LG	汪梅	男	先生	599
3	wj102	理工	LG	郭磊	女	女士	661
4	wj103	理工	LG	林涛	男	先生	467
5	wj101	文科	WK	朱健	男	先生	310
6	wj102	文科	WK	李明	女	女士	584
7	wj101	财经	CJ	陈玉	女	女士	406
8	wj102	文科	WK	张华	女	女士	771
9	wj103	文科	WK	李丽	男	先生	765
10	wj101	理工	LG	汪成	男	先生	522
11	wj102	理工	LG	李军	女	女士	671
12	wj101	文科	WK	张成军	女	女士	396
13	wj102	理工	LG	郭万平	女	女士	712
14	wj103	文科	WK	李庆	女	女士	354
15	wj101	文科	WK	马安玲	男	先生	793
16	wj102	理工	LG	林钢	女	女士	654
17	wj103	理工	LG	孙静	女	女士	300
18	wj101	理工	LG	戚旭国	女	女士	528
19	wj102	财经	CJ	程晓	男	先生	578
20	wj103	财经	CJ	张小清	女	女士	77

图 11-17 本案例的工作簿中只有一张工作表

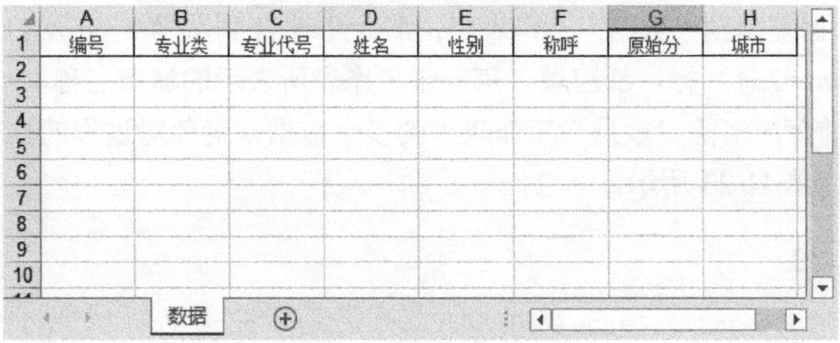

	A	B	C	D	E	F	G	H
1	编号	专业类	专业代号	姓名	性别	称呼	原始分	城市

图 11-18 “数据”工作表

11.7.1 案例解析

比较本案例和前两个案例，我们会发现，这 3 个案例的过程代码相似度较高，都包含“打开 data 文件夹中所有工作簿”的代码和“关闭当前打开工作簿，并判断是否需要结束过程”的代码，它们的区别体现在上述两段代码之间的部分，如代码清单 11-22 所示。

代码清单 11-22

```
Sub 文件合并()
    Dim i As Integer
    Dim irow1, irow2 As Integer
    Dim str As String
    Dim wb As Workbook
    '在 For 循环外执行第一次 Dir 函数，并为其指定路径和文件类型
    str = Dir("D:\data\*.xlsx")
    For i = 1 To 100
         Application.ScreenUpdating = False
         Set wb = Workbooks.Open("D:\data\" & str)
              ……
         wb.Close
         Application.ScreenUpdating = True
         '从第二次执行 Dir 函数开始，无须设置参数
         str = Dir
```

```
          '通过 If 函数控制整个执行过程
          If str = "" Then
                  Exit Sub
          End If
      Next
  End Sub
```

因为本案例需要将所有数据复制到一张工作表中，所以我们应关注工作表中数据的行数。在每次复制数据前，应先获取"数据"工作表中数据的行数、被复制工作表中数据的行数。尤其是"数据"工作表中数据的行数，在每次复制数据后，都会发生变化。我们可考虑定义两个整型变量：irow1 和 irow2，前者用于在每次复制数据前获取"数据"工作表中数据的行数，后者用于获取被复制工作表中数据的行数。同时，需要使用这两个变量计算"数据"工作表的 H 列中填入城市名的单元格区间——每复制一张工作表中的数据，H 列的第"irow1+1"行至第"irow1 + irow2−1"行应填入该工作表所表示的城市名称。

例如，在复制第一张工作表时，"数据"工作表仅有 1 行表头，因此 irow 的值为 1。假设第一张工作表共有 100 行数据，则 irow2 的值为 100，但除去表头后，数据其实只有 99 行。如果将这 99 行数据复制到"数据"工作表中，那么此时 H 列从第 2（irow1+1）行开始，直至第 100（irow1 + irow2−1）行，都应填入第一张工作表所表示的城市名称。

在复制数据前，应清除"数据"工作表中的多余数据，避免对过程的执行结果造成干扰。相关代码如代码清单 11-23 所示。

代码清单 11-23

```
ThisWorkbook.Sheets(1).Range("a2:H65536").ClearContents
```

如果 data 文件夹中的工作簿内含有多张工作表，那么只需要增加一个 For Each 循环，具体代码见代码清单 11-25。

11.7.2　案例代码

本案例的过程代码如代码清单 11-24 所示。

代码清单 11-24

```
Sub 文件合并()
    Dim i As Integer
    Dim str As String
    Dim wb As Workbook
    Dim irow1, irow2 As Integer
    '清除"数据"工作表中的原有数据
    ThisWorkbook.Sheets(1).Range("a2:H65536").ClearContents
    '在 For 循环外执行第一次 Dir 函数，并为其指定路径和文件类型
    str = Dir("D:\data\*.xlsx")
    For i = 1 To 100
        Application.ScreenUpdating = False
        Set wb = Workbooks.Open("D:\data\" & str)
        '每次循环时获取"数据"工作表现有数据的行数
        irow1 = ThisWorkbook.Sheets(1).Range("a65536").End(xlUp).Row
        irow2 = wb.Sheets(1).Range("a65536").End(xlUp).Row
        '将数据复制到"数据"工作表的第 irow1+1 行
```

```
            wb.Sheets(1).Range("A2:G" & irow2).Copy ThisWorkbook.Sheets(1).Range
("a" & irow1 + 1)
            '在 H 列对应的单元格中填入城市名
            ThisWorkbook.Sheets(1).Range("h" & irow1 + 1 & ":h" & irow1 + irow2 - 1) =
Split(str, ".")(0)
            wb.Close
            Application.ScreenUpdating = True
            '从第二次执行 Dir 函数开始, 无须设置参数
            str = Dir
            '通过 If 函数控制整个执行过程
            If str = "" Then
                Exit Sub
            End If
        Next
    End Subb
```

如果 data 文件夹中的工作簿内含有多张工作表, 那么合并到 "数据" 工作表的代码如代码清单 11-25 所示。

代码清单 11-25

```
Sub 文件合并()
    Dim i As Integer
    Dim str As String
    Dim wb As Workbook
    Dim sht As Worksheet
    Dim irow1, irow2 As Integer
    '清除"数据"工作表中的原有数据
    ThisWorkbook.Sheets(1).Range("a2:H65536").ClearContents
    '在 For 循环外第一次执行 Dir 函数, 并为其指定路径和文件类型
    str = Dir("D:\data\*.xlsx")
    For i = 1 To 100
        Application.ScreenUpdating = False
        Set wb = Workbooks.Open("D:\data\" & str)
        '每次循环时获取"数据"工作表现有数据的行数
        irow1 = ThisWorkbook.Sheets(1).Range("a65536").End(xlUp).Row
        For Each sht In wb.Sheets
            irow2 = sht.Range("a65536").End(xlUp).Row
            sht.Range("A2:G" & irow2).Copy ThisWorkbook.Sheets(1).Range("a" & irow1 + 1)
            '在 H 列对应的单元格中填入城市名
            ThisWorkbook.Sheets(1).Range("h" & irow1 + 1 & ":h" & irow1 + irow2
- 1) = Split(str, ".")(0)
        Next
        wb.Close
        Application.ScreenUpdating = True
        '从第二次执行 Dir 函数开始, 无须设置参数
        str = Dir
        '通过 If 函数控制整个执行过程
        If str = "" Then
            Exit Sub
        End If
    Next
    End Sub
```

11.7.3　案例小结

　　11.7.1 节中的代码清单 11-22 其实是一个打开指定路径中所有工作簿并进行操作的代码"外壳"。有了这个"外壳"，本案例将多文件的数据合并至一张工作表的过程代码并没有比前两个案例复杂太多，只不过在本案例的过程代码中，我们必须关注工作表中数据的行数。

　　11.7.2 节中给出了合并多文件多工作表数据的代码清单 11-25，有兴趣的读者可以利用案例 52 中的 data 文件夹自行测试，甚至可以考虑在"数据"工作表中添加"考场"列，并通过编程获取每行数据对应的工作表的标签名。

第12章

使用 VBA 数组提高代码执行效率

本章的主要内容包括：

- ○ 数组的定义和使用；
- ○ 使用数组以大幅提高代码的运行效率；
- ○ 利用 Timer 函数获取代码运行时间；
- ○ 利用"暴力"破解解决组合问题；
- ○ 直接对数组使用 VBA 的函数；
- ○ 使用 GoTo 语句退出循环。

12.1 案例 54：认识数组

打开案例资料中的 Excel 文件"案例 54：学习使用数组.xlsm"，得到图 12-1 所示的一张工作表。

本案例要求利用该工作表认识 VBA 中的数组，并进行以下练习：

- ○ 定义一个数组，并手动将 A2 至 A6 单元格的值依次赋给该数组；
- ○ 将数组中的某个值返回到工作表的某个单元格（如 C1 单元格）；

图 12-1 案例 54 的工作表

- ○ 将数组中所有的值返回到工作表的某个区域；
- ○ 将工作表中 A2 至 B6 单元格区域的值赋给一个数组，并将其中的某个值返回到工作表中的某个单元格（如 C1 单元格）。

12.1.1 案例解析

在 VBA 中，数组是一个集合，用于存放一组数据或变量。例如，可以将图 12-1 所示的工作表中 A2 至 A6 单元格的值存放在一个数组中，该数组就包含了"关羽""张飞""赵云""马超""黄忠" 5 个元素。

数组的定义方式与其他变量的定义方式类似，但数组在定义时需要在数组名后面添加一个括号，以示区分。与其他编程语言中的数组略有不同，VBA 中的数组允许存放不同类型的数据。因此，在定义数组时，可以不指定其类型，如代码清单 12-1 就定义了一个名为 arr 的数组。

代码清单 12-1

```
Dim arr()
```

为数组赋值有两种方式：直接赋值和单元格赋值，直接赋值的要求比较严格。在定义数组时，需要声明数组的元素个数和下标范围，如代码清单 12-2 就声明了一个含有 5 个元素的数组，下标范围为 2～6。

代码清单 12-2

```
Dim arr(2 To 6)
```

从代码清单 12-2 可以看出，在 VBA 中，虽然数组的下标默认从 1 开始，但是，在定义数组时，可以任意声明下标的起始值，如 9.3 节中介绍的 Split 函数，其返回值就是一个数组，且下标从 0 开始。

在定义数组的下标范围后，就可以手动为数组中的每个元素赋值了，如代码清单 12-3 所示。

代码清单 12-3

```
Dim arr(2 To 6)
arr(2) = "关羽"
arr(3) = "张飞"
arr(4) = "赵云"
arr(5) = "马超"
arr(6) = "黄忠"
```

代码清单 12-3 中定义了一个含有 5 个元素的数组，数组的下标范围为 2～6。在手动赋值时，可以只为数组中的某个或某几个元素赋值，未赋值元素的值为空。

在为数组的元素赋值时，若其下标超出了定义的下标范围，则会弹出图 12-2 所示的错误提示。例如，在下标范围为 2～6 的数组 arr()中，为元素 arr(7)赋值，就会报错。

赋值后的数组可以将某个元素的值返回给某个变量或单元格，也可以将数组中所有的值返回到一个单元格区域中，如代码清单 12-4 中的数组 arr()返回到工作表的 A8 至 E8 单元格。

代码清单 12-4

```
Range("a8:e8") = arr()
```

执行代码清单 12-4 可以得到图 12-3 所示的结果。

图 12-2　下标越界报错

图 12-3　将数组返回到第 8 行

注意，一维数组只能将所有元素的值返回到同一行的单元格区域。如果试图将代码清单 12-4 中数组 arr()的值返回到一列中，如代码清单 12-5 所示：

代码清单 12-5

```
Range("a8:a13") = arr()
```

那么将会得到图 12-4 所示的结果。

数组的另一种赋值方式是将工作表的整个单元格区域赋值给数组，这种赋值方式无须定义数组的下标范围。在 VBA 中，将某个单元格区域赋值给数组，会得到一个二维数组，即使这个单元格区域只有一行或者一列。例如，定义数组 arr() 且不指定其下标范围，然后将图 12-1 所示工作表的 A2 至 A6 单元格赋值给 arr()，如代码清单 12-6 所示。

代码清单 12-6

```
Dim arr()
arr() = Range("a2:a6")
```

图 12-4　将数组的所有值返回到同一列

数组 arr() 就会成为一个包含 5 个元素的二维数组，其元素分别为 arr(1,1)、arr(2,1)、arr(3,1)、arr(4,1) 和 arr(5,1)。如果将某一行的单元格赋值给数组，则该数组是一个一行、多列的二维数组。例如，将图 12-3 所示的工作表的 A8 至 E8 单元格赋值给数组 arr()，那么 arr() 的下标分别表示为 arr(1,1)、arr(1,2)、arr(1,3)、arr(1,4) 和 arr(1,5)。

如果将一个数组的值返回到一个单元格区域，当单元格数目大于数组的元素个数时，没有数组元素对应的单元格会显示 "#N/A"，表示该单元格对应的数组元素不存在。例如，先将图 12-3 所示的工作表的 A8 至 E8 单元格赋值给数组 arr()，再将 arr() 返回到 A10 到 F10 单元格，如代码清单 12-7 所示，则 F10 单元格中会返回 "#N/A"，结果如图 12-5 所示。

代码清单 12-7

```
Dim arr()
arr() = Range("a8:e8")
Range("a10:f10") = arr()
```

图 12-5　F10 单元格返回 "#N/A"

12.1.2　案例代码

本案例的 4 个要求对应的代码如下。

❑ 定义一个数组，并手动将 A2 至 A6 单元格的值依次赋给该数组。

❑ 将该数组中的某个值返回到工作表中的某个单元格（如 C1 单元格）。

在图 12-1 所示的工作表中，A2 至 A6 单元格的值依次为 "关羽" "张飞" "赵云" "马超" 和 "黄忠"。本案例的第 1 个和第 2 个要求的实现代码如代码清单 12-8 所示。

代码清单 12-8

```
Sub test()
    '手动为数组赋值前，需要先指定数组的下标
    Dim arr(1 To 5)
    arr(1) = "关羽"
    arr(2) = "张飞"
    arr(3) = "赵云"
    arr(4) = "马超"
    arr(5) = "黄忠"
```

```
'将数组的第 3 个元素返回给 C1 单元格
    Range("c1") = arr(3)
End Sub
```

○ 将该数组中所有的值返回到工作表中的某个区域。

由于手动赋值的数组为一维数组，而一维数组只能返回到工作表的同一行的单元格中，因此本案例的第 3 个要求的实现代码如代码清单 12-9 所示。

代码清单 12-9

```
Sub test()
    '在手动为数组赋值前，需要先指定数组的下标
    Dim arr(1 To 5)
    arr(1) = "关羽"
    arr(2) = "张飞"
    arr(3) = "赵云"
    arr(4) = "马超"
    arr(5) = "黄忠"
    '将数组所有的元素返回到工作表的第 8 行
    Range("a8:e8") = arr()
End Sub
```

○ 将工作表中 A2 至 B6 单元格区域的值赋给一个数组，并将其中的某个值返回到工作表中的某个单元格（如 C1 单元格）。

由于将单元格区域赋值给数组会得到一个二维数组，因此将该数组中某个元素的值再返回变量或单元格时，必须指明元素的两个下标。本案例的第 4 个要求的实现代码如代码清单 12-10 所示。

代码清单 12-10

```
Sub test()
    '将单元格区域赋值给数组，定义时无须指明数组下标
    Dim arr()
    arr() = Range("a2:b6")
    'C1 单元格会被返回数值"98"
    Range("c1") = arr(4, 2)
End Sub
```

12.1.3　案例小结

关于 VBA 中的数组，我们应注意以下 3 点：

○ 在定义数组时，可以不声明其类型，以便将多种类型的值赋给数组；

○ 在手动为数组赋值前，需要先定义数组的下标范围；

○ 将任意单元格区域赋值给数组都会得到一个二维数组。

12.2　案例 55：利用数组大幅提升 VBA 代码执行效率

资料文件"案例 55：利用数组大幅提升 VBA 代码执行效率.xlsm"是一个超过 18MB 的 Excel 文件，打开它后，得到图 12-6 所示的工作表。该工作表有 11 列、20 万行，数据量相当大。本案例要求根据该工作表中 N5 单元格指定的所属区域、O5 单元格指定的产品类别，计

算总金额，如图 12-7 所示。

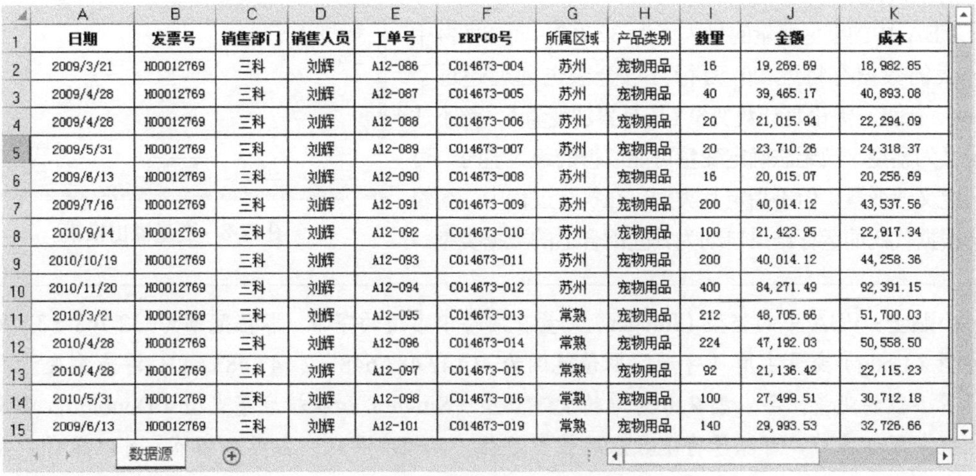

	A	B	C	D	E	F	G	H	I	J	K
1	日期	发票号	销售部门	销售人员	工单号	ERPCO号	所属区域	产品类别	数量	金额	成本
2	2009/3/21	H00012769	三科	刘辉	A12-086	C014673-004	苏州	宠物用品	16	19,269.69	18,982.85
3	2009/4/28	H00012769	三科	刘辉	A12-087	C014673-005	苏州	宠物用品	40	39,465.17	40,893.08
4	2009/4/28	H00012769	三科	刘辉	A12-088	C014673-006	苏州	宠物用品	20	21,015.94	22,294.09
5	2009/5/31	H00012769	三科	刘辉	A12-089	C014673-007	苏州	宠物用品	20	23,710.26	24,318.37
6	2009/6/13	H00012769	三科	刘辉	A12-090	C014673-008	苏州	宠物用品	16	20,015.07	20,256.69
7	2009/7/16	H00012769	三科	刘辉	A12-091	C014673-009	苏州	宠物用品	200	40,014.12	43,537.56
8	2010/9/14	H00012769	三科	刘辉	A12-092	C014673-010	苏州	宠物用品	100	21,423.95	22,917.34
9	2010/10/19	H00012769	三科	刘辉	A12-093	C014673-011	苏州	宠物用品	200	40,014.12	44,258.36
10	2010/11/20	H00012769	三科	刘辉	A12-094	C014673-012	苏州	宠物用品	400	84,271.49	92,391.15
11	2010/3/21	H00012769	三科	刘辉	A12-095	C014673-013	常熟	宠物用品	212	48,705.66	51,700.03
12	2010/4/28	H00012769	三科	刘辉	A12-096	C014673-014	常熟	宠物用品	224	47,192.03	50,558.50
13	2010/4/28	H00012769	三科	刘辉	A12-097	C014673-015	常熟	宠物用品	92	21,136.42	22,115.23
14	2010/5/31	H00012769	三科	刘辉	A12-098	C014673-016	常熟	宠物用品	100	27,499.51	30,712.18
15	2009/6/13	H00012769	三科	刘辉	A12-101	C014673-019	常熟	宠物用品	140	29,993.53	32,726.66

数据源

图 12-6 案例 55 的工作表

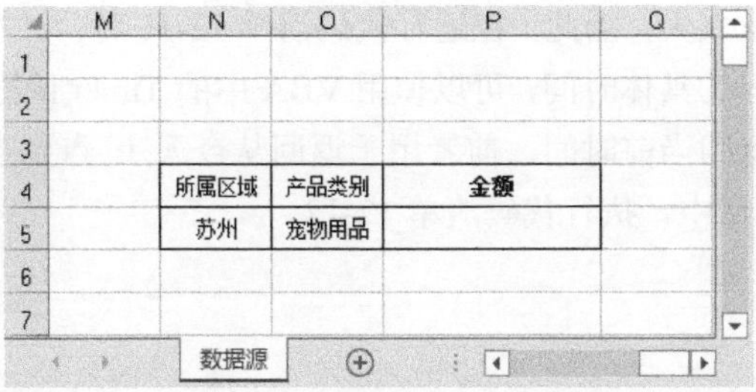

	M	N	O	P	Q
1					
2					
3					
4		所属区域	产品类别	金额	
5		苏州	宠物用品		
6					
7					

数据源

图 12-7 根据 N5 单元格的所属区域和 O5 单元格的产品类型计算总金额

注意，利用数组，可以大幅提高本案例中的代码的执行效率。

12.2.1 案例解析

为了展示利用数组执行 VBA 代码和不利用数组执行 VBA 代码的效率差距，我们首先不使用数组编写本案例的代码。

因为本案例的数据量非常大，为了不使计算机在执行代码时卡“死”，所以只计算 N5 单元格指定地区的总金额。利用 For 循环遍历工作表的 G 列，当其值为与 N5 单元格相同时，对对应的 J 列的金额进行累加，最终可得到 N5 单元格指定地区的总金额。相关代码见代码清单 12-11。

代码清单 12-11

```
Sub 案例55()
    Dim i, k
    For i = 2 To 200000
        If Range("g" & i) = Range("n5") Then
            k = k + Range("j" & i)
        End If
    Next
    Range("p" & 5) = k
End Sub
```

代码清单 12-11 中的变量 i 和 k 都不能定义为整型（Integer），否则在执行过程中会弹出图 12-8 所示的错误提示。

VBA 中的整型变量的最大值为 32 767，而本案例中工作表的数据有将近 20 万行，总金额也远远超过了 30 000，因此，无论是计数变量 i 还是累加变量 k，都不适合定义为整型。当无法确定变量可能取得的最大值时，可以只定义该变量，但不指定其类型，在执行过程中，编辑器会根据代码的运行结果自动为其匹配合适的数据类型。

图 12-8 变量溢出报错

小贴士：VBA 中的整型（Integer）变量在内存中占用两字节，取值范围为–32 768 ~ 32 767；长整型（Long）变量占用 4 字节，取值范围为–2 147 483 648 ~ 2 147 483 647。浮点型变量用于表示带小数的变量。浮点型又分为单精度浮点型（Single）和双精度浮点型（Double），单精度浮点型占用 4 字节，可以保存小数点后最多 6 位；双精度浮点型占用 8 字节，可以保存小数点后最多 14 位。

由于工作表的数据量太大，因此，在运行代码清单 12-11 时，计算机会有卡顿的情况。为了获取计算机运行该过程的具体时间，可以使用 VBA 中的 Timer 函数。Timer 函数与 Time 函数略有区别，后者用于返回当前时间，前者用于返回从今天 0 点到当前时间已经过去了多少秒。在 Visual Basic 编辑器中，执行代码清单 12-12。

代码清单 12-12

```
Sub test()
    MsgBox Timer
End Sub
```

弹出如图 12-9 所示的提示框。

该提示框提示从今天 0 点到当前时间已经过去了 40 891s，现在大概是上午 11 点。

在代码清单 12-11 中，可以定义一个变量 t（无须指定类型），在 For 循环之前，将 Timer 函数返回给 t，然后在 For 循环结束后用 Timer 函数的返回值减去 t，即可得到 For 循环的运算时间。修改后的代码如代码清单 12-13 所示。

图 12-9 Timer 函数的返回结果

代码清单 12-13

```
Sub 案例55()
    Dim i, k, t
    t = Timer
    For i = 2 To 200000
        If Range("g" & i) = Range("n5") Then
            k = k + Range("j" & i)
        End If
    Next
    Range("p5") = k
    MsgBox Timer - t
End Sub
```

代码清单 12-13 的运行时间取决于计算机的配置。例如，作者的计算机运行这段代码的用时接近 3s，如图 12-10 所示。

反复读取硬盘上的数据会消耗大量的时间。例如代码清单 12-13 中的 For 循环，需要访问工作表的 G 列将近 20 万次，每次访问后，还要将 G 列的值与 N5 单元格进行对比，也就意味着，还需要访问将近 20 万次 N5 单元格，这些因素就导致代码清单 12-13 的运行时间相对较长。计算机访问内存的速度远远快于访问硬盘的速度，如果将 N5 单元格的值赋给某个变量（变量存储于内存），那么可以大大缩短代码的运行时间。我们将代码清单 12-13 略加修改，修改后的代码见代码清单 12-14。

图 12-10 运行代码用时

代码清单 12-14

```
Sub 案例55()
    Dim i, k, t
    Dim str As String
    t = Timer
    '将N5单元格的值赋给变量str
    str = Range("n5")
    For i = 2 To 200000
        If Range("g" & i) = str Then
            k = k + Range("j" & i)
        End If
    Next
    Range("p5") = k
    MsgBox Timer - t
End Sub
```

执行代码清单 12-14，运行时间由原来的接近 3s 缩短为 1.75s，如图 12-11 所示。

既然可以把某个单元格的值赋给一个变量以提高代码的运行效率，那么同样可以将某个单元格区域的值赋给一个数组来提高代码的运行效率。对于图 12-6 所示的工作表，如果需要在代码中访问工作表的 G 列、H 列和 J 列，那么可以把工作表中 G2～J200000 单元格的值全部赋给数组，然后在 For 循环中直接利用数组中的元素进行对比和累加，以实现提高代码运行效率的目的。

图 12-11 修改后的代码的运行时间

小贴士：之所以不将整个工作表赋值给数组，同样是为了缩短赋值时间、节约计算机内存空间，从而提高代码运行效率的目的。

修改代码清单 12-14，将工作表中 G2～J200000 单元格范围内的所有值赋给数组，得到代码清单 12-15。运行代码清单 12-15，发现所需时间不到 0.3s，如图 12-12 所示。相比代码清单 12-13 的运行效率，代码清单 12-15 的运行效率提高了将近 10 倍！

代码清单 12-15

```
Sub 案例55()
    Dim i, k, t
    Dim str As String
```

```
        Dim arr()
        t = Timer
        '将 N5 单元格的值赋给变量 str
        str = Range("n5")
        '将需要操作的工作表区域赋值给数组 arr()
        arr() = Range("g2:j200000")
        For i = 2 To 200000
            If arr(i, 1) = str Then
                k = k + arr(i, 4)
            End If
        Next
        Range("p5") = k
        MsgBox Timer - t
    End Sub
```

图 12-12　使用数组后
代码的运行时间

12.2.2　案例代码

图 12-6 所示的工作表的数据量太大，在不使用数组的情况下，同时计算满足 N5 单元格和 O5 单元格的总金额，很有可能导致计算机卡"死"，因此，在本案例的解析过程中，只计算了满足 N5 单元格的总金额。如果在过程中使用数组，则可有效避免代码反复访问硬盘中的数据，从而大幅提高代码的执行效率。因此，本案例的最终实现代码可同时将数据与 N5 单元格和 O5 单元格进行比较，如代码清单 12-16 所示。

代码清单 12-16

```
Sub 案例 55()
    Dim i, k, t
    Dim str1, str2 As String
    Dim arr()
    t = Timer
    '将 N5 单元格和 O5 单元格的值分别赋给变量 str1 和 str2
    str1 = Range("n5")
    str2 = Range("o5")
    '将需要操作的工作表区域赋值给数组 arr()
    arr() = Range("g2:j200000")
    For i = 2 To 200000
        If arr(i, 1) = str1 And arr(i, 2) = str2 Then
            k = k + arr(i, 4)
        End If
    Next
    Range("p5") = k
    MsgBox Timer - t
End Sub
```

代码清单 12-16 的运行时间同样不到 0.3s，如图 12-13 所示。

12.2.3　案例小结

因为本案例的重点是展示使用数组和不使用数组时 VBA 代码在执行效率方面的差距，因此，在编写代码时，忽略了诸多细节，如动态获

图 12-13　案例 55 的
最终实现代码的运行
时间

取工作表的数据行数，判断 N5 单元格和 O5 单元格的值是否合理等。

通过本案例，我们可以总结下面 4 点内容。

- 计算机访问内存的速度远远快于读取硬盘数据的速度，因此，在处理大数据的工作表时，应考虑先将数据存储于变量和数组中，再进行访问和操作。
- 利用 VBA 中的 Timer 函数可计算过程的运行时间。
- VBA 允许在定义变量和数组时不指定类型，VBA 编辑器会在代码执行时自动匹配。
- 为了提高代码的执行效率，应合理利用计算机的内存空间，如数值型变量的数据类型并非定义得越大越好，够用就好；在将工作表赋值给数组时，应该只赋值需要操作的单元格区域，并不需要将整个工作表都赋值给数组。

12.3 案例 56：查找销量冠军

打开资料文件“案例 56：查找销量冠军.xlsm”，得到图 12-14 所示的一张工作表。该工作表的数据行数不确定，本案例要求找出工作表中销售额最高的商品的商品编号及其销售额，并将结果分别填入工作表的 F2 单元格和 F3 单元格（注：本案例中的数据已经处理过，数量与单价的乘积不会存在重复的情况）。

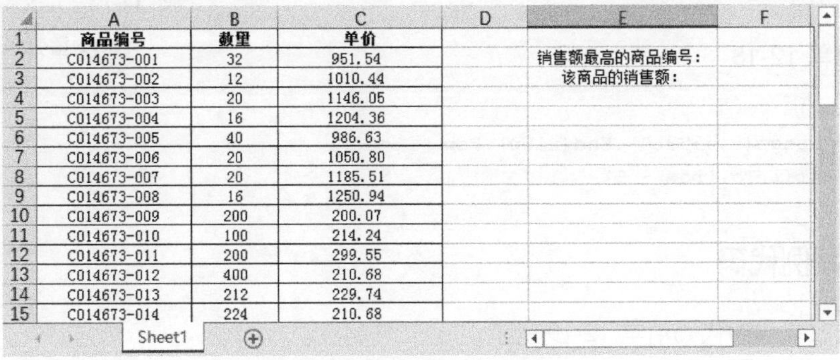

	A	B	C	D	E	F
1	商品编号	数里	单价			
2	C014673-001	32	951.54		销售额最高的商品编号：	
3	C014673-002	12	1010.44		该商品的销售额：	
4	C014673-003	20	1146.05			
5	C014673-004	16	1204.36			
6	C014673-005	40	986.63			
7	C014673-006	20	1050.80			
8	C014673-007	20	1185.51			
9	C014673-008	16	1250.94			
10	C014673-009	200	200.07			
11	C014673-010	100	214.24			
12	C014673-011	200	299.55			
13	C014673-012	400	210.68			
14	C014673-013	212	229.74			
15	C014673-014	224	210.68			

Sheet1

图 12-14 案例 56 的工作表

12.3.1 案例解析

除可以提高代码的执行效率以外，数组还可以作为数据的临时存储器。例如，在本案例中，可先将图 12-14 所示的工作表的 B 列与 C 列相乘，再把乘积存放在数组中。如果不使用数组，那么需要在工作表中新增一列来存放 B 列和 C 列的乘积，然后，在新增列中，查找最大值和对应的 A 列中的商品编号。

本案例需要用到两个工作表函数：Max 函数和 Match 函数。

Max 函数用于查找并返回一个集合中的最大值；Match 函数用于查找某个指定的值在某个区域中的序号，语法如下：

```
WorksheetFunction.Match(Arg1, Arg2, [Arg3])
```

作为工作表函数，Match 函数在使用时必须作为 WorksheetFunction 对象的方法被调用。Match 函数有 3 个参数：Arg1 表示需要查找的值；Arg2 表示查找的区域；Arg3 为查找方式，其可选值包括-1、0 和 1。参数 Arg3 为-1 时，表示在 Arg2 中查找大于或等于 Arg1 的值；参数 Arg3 为 1 时，表示在 Arg2 中查找小于或等于 Arg1 的值；参数 Arg3 为 0 时，查找并返回 Arg2 中等于 Arg1 的第一个值。

VBA 中的函数可以直接作用于数组，因此，在将 B 列与 C 列的乘积存放在数组后，就可以直接使用 Max 函数找到其中的最大值了。然后，使用 Match 函数查找最大值在数组中的排序，就可以得到对应的商品编号了。

在本案例中定义数组时，因为不是将单元格赋值给数组，所以需要定义数组的下标范围。本案例中使用的数组，其元素个数应等于工作表中数据行数减 1（除去表头），但本案例中工作表的数据行数"不确定"，因此，按照编程习惯，可使用表达式"Range("a65536").End(xlUp).Row"获取工作表的数据行数，并赋给一个整型变量（如 irow）。但是，VBA 不允许在定义数组时使用变量，也就是说，过程代码中不允许出现类似代码清单 12-17 中的语句，否则会弹出图 12-15 所示的错误提示。

代码清单 12-17

```
Dim arr(1 to irow - 1)
```

在 VBA 中，处理类似问题的方法是先定义一个不指定下标的数组，再利用重定义关键字 ReDim 声明数组的下标范围。ReDim 允许在定义时使用变量。因此，定义本案例中的数组的代码如代码清单 12-18 所示。

图 12-15　定义数组时使用变量会报错

代码清单 12-18

```
Dim arr()
irow = Range("a65536").End(xlUp).Row
ReDim arr(1 To irow - 1)
```

12.3.2　案例代码

本案例的代码如代码清单 12-19 所示。

代码清单 12-19

```
Sub test()
    Dim i, k, irow As Integer
    '初次定义数组时，不要指定下标
    Dim arr()
    irow = Range("a65536").End(xlUp).Row
    '重定义数组时指定下标，此时可在定义语句中使用变量
    ReDim arr(1 To irow - 1)
    '将 B 列与 C 列的乘积赋给数组
    For i = 1 To irow - 1
        arr(i) = Range("b" & i + 1) * Range("c" & i + 1)
    Next
    '利用 Max 函数找到数组中的最大值
    Range("f3") = WorksheetFunction.Max(arr)
    '利用 Match 函数找到最大值对应的序号
    k = WorksheetFunction.Match(Range("f3"), arr, 0)
    '找到最大值对应的商品编号
    Range("f2") = Range("a" & k + 1)
End Sub
```

12.3.3 案例小结

本案例将数组作为一个存储器，存放了工作表中两列数据的乘积，这也是数组的常见用法。然后，本案例介绍了两个工作表函数：Max 和 Match。VBA 中的函数都可以直接作用于数组。最后，本案例使用关键字 ReDim 对数组进行重定义，并在重定义时使用变量表示数组的下标。

12.4 案例 57：利用"暴力"破解解决组合问题

打开资料文件"案例 57：暴力破解组合问题.xlsm"，得到一张图 12-16 所示的工作表，该工作表的 A 列共有 80 个不重复的数字，其中有 4 个数字之和为 73290。本案例要求编写 VBA 过程找到这 4 个数，并填入 C2 至 F2 单元格，然后，在 D5 单元格中，填入执行代码消耗的时间。

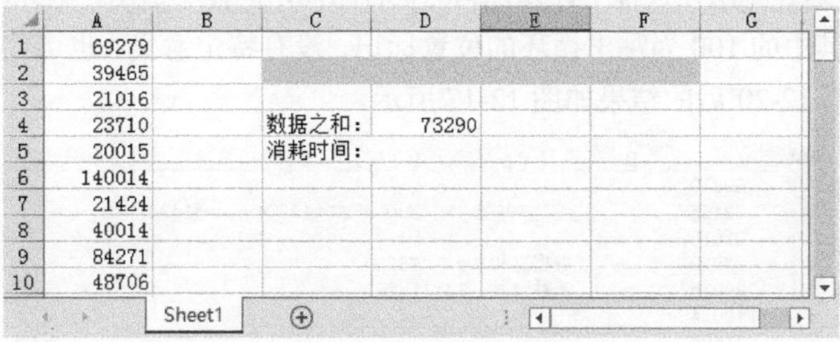

图 12-16 案例 57 的工作表

12.4.1 案例解析

本案例需要使用"暴力"破解方法。"暴力"破解是将所有可能的组合逐一与结果进行匹配，直到得到正确的结果。在本案例中，定义 4 个变量，并将它们分别置于 4 个 For 循环中以遍历 A 列的 80 个数字。然后，将 4 个 For 循环进行嵌套，就能得到所有的组合，最后利用 If 函数找出正确的组合。本案例不使用数组时的代码如代码清单 12-20 所示。

代码清单 12-20

```
Sub test()
    Dim i, j, k, l As Integer
    '变量 t 用于计算代码执行的时间
    Dim t
    t = Timer
    '4 次 For 循环嵌套以获取所有的组合
    For i = 1 To 80
        For j = 1 To 80
            For k = 1 To 80
                For l = 1 To 80
                    '找到正确的组合后返回 4 个数字，并跳出循环
                    If Range("a" & i) + Range("a" & j) + Range("a" & k) +
Range("a" & l) = 73290 Then
                        Range("c2") = Range("a" & i)
                        Range("d2") = Range("a" & j)
```

```
                        Range("e2") = Range("a" & k)
                        Range("f2") = Range("a" & l)
                        GoTo 100
                    End If
                Next
            Next
        Next
    Next
    '跳出循环后的位置并计算执行代码所消耗的时间
    100
    Range("d5") = Timer - t
End Sub
```

代码清单 12-20 中的 If 函数包含一行代码“GoTo 100”，表示得到正确的组合后，立即跳出所有循环。前面的章节中介绍过用于跳出 For 循环的代码“Exit For”，但“Exit For”只能跳出一层循环，而代码清单 12-20 中一共有 4 层循环，因此不适用；另一个控制语句“Exit Sub”会跳出整个过程，这样无法在过程中计算代码的执行时间，同样不适用。因此，需要使用“GoTo 100”跳出循环，其中的 100 为跳出循环的位置标记，没有特定意义，也可使用其他数字代替。

运行代码清单 12-20 后的结果如图 12-17 所示。

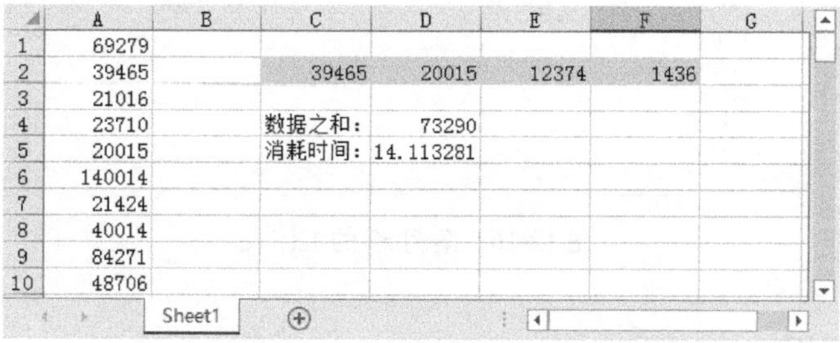

	A	B	C	D	E	F	G
1	69279						
2	39465		39465	20015	12374	1436	
3	21016						
4	23710		数据之和：	73290			
5	20015		消耗时间：	14.113281			
6	140014						
7	21424						
8	40014						
9	84271						
10	48706						

图 12-17 代码的执行结果

从图 12-17 可知，为了得到正确的组合，代码执行的时间约为 14s（计算机配置不同，消耗时间略有差别）。虽然 14s 的运行时间尚可接受，但是应当注意，这是因为正确组合中的第一个数字恰好是 A 列中 80 个数字的第二个：39 465。如果正确组合中的第一个数字在 A 列的靠后位置，那么代码的运行时间会呈几何级增加，甚至导致计算机卡“死”。

在本案例中，我们应考虑将 A 列的 80 个数字赋值给数组，使代码在执行过程中读取内存中的数据而非硬盘中的数据，代码的运行效率就会大幅提升。

12.4.2 案例代码

本案例使用数组时的过程代码如代码清单 12-21 所示。

代码清单 12-21

```
Sub test()
    Dim i, j, k, l As Integer
    Dim arr()
    '变量 t 用于计算代码执行的时间
    Dim t
    t = Timer
    '4 次 For 循环嵌套以获取所有的组合
```

```
arr() = Range("a1:a80")
For i = 1 To 80
    For j = 1 To 80
        For k = 1 To 80
            For l = 1 To 80
                '找到正确的组合后返回 4 个数字，并跳出循环
                If arr(i, 1) + arr(j, 1) + arr(k, 1) + arr(l, 1) = 73290 Then
                    Range("c2") = arr(i, 1)
                    Range("d2") = arr(j, 1)
                    Range("e2") = arr(k, 1)
                    Range("f2") = arr(l, 1)
                    GoTo 100
                End If
            Next
        Next
    Next
Next
'跳出循环到的位置
100
Range("d5") = Timer - t
End Sub
```

运行上述代码后的结果如图 12-18 所示。

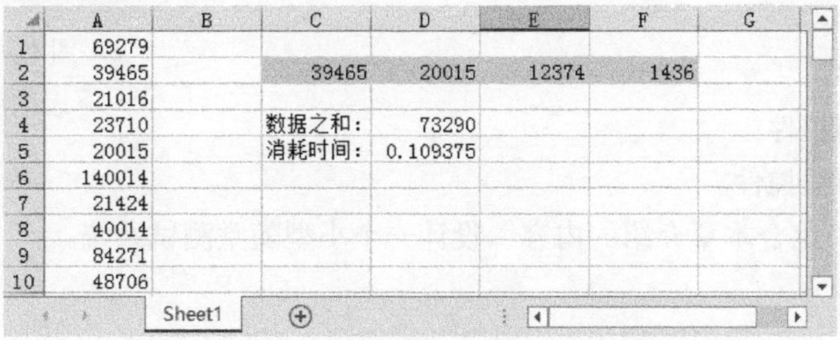

图 12-18　使用数组时的代码运行结果

从图 12-18 中可以看出，使用数组时，代码执行消耗的时间约为 0.1s，效率提升显著。

12.4.3　案例小结

本案例介绍了如何使用数组大幅提升"利用'暴力'破解解决组合问题"的代码的执行效率，以及如何在多层循环中使用关键字 GoTo 跳出所有循环。

根据本案例的描述，相加之和为 73 290 的 4 个数字不存在两两相等的情况。为了方便编写代码，忽略了这一点，让 4 个变量在 For 循环中遍历了全部 80 个数字。如果必须考虑 4 个变量的取值两两不相等的情况，应该如何修改代码？

第13章

在 Excel 中添加 ActiveX 控件

在上文中，我们介绍了如何在工作表中插入按钮并绑定宏。

按钮是一种控件。Excel 有多种控件，如按钮、标签和文本框等。Excel 中的控件分为两类：表单控件和 ActiveX 控件，如图 13-1 所示。

虽然 Excel 中的表单控件使用比较简单，添加到需要的位置并绑定宏即可，但是其可塑性相对较弱。Excel 中的 ActiveX 控件使用时必须编写相应的代码，使用复杂，但正因为其支持编程，因此它的功能非常强大。

本章将围绕 Excel 的 ActiveX 控件介绍以下内容：

图 13-1 "插入"菜单中的
表单控件和 ActiveX 控件

- ○ 控件的属性和事件；
- ○ 按钮控件；
- ○ 标签控件；
- ○ 选项按钮控件；
- ○ 数值调节钮控件。

在 13.5 节中，综合本章介绍的内容，设计一个小型随堂测试系统。

13.1 案例 58：学习使用命令按钮（CommandButton）

本节学习使用 ActiveX 控件中的命令按钮（CommandButton），了解按钮控件的重要属性和重要事件。

13.1.1 案例解析

新建一张工作表，单击"开发工具"标签中的"插入"，选中"ActiveX 控件"下的"命令按钮"，然后通过拖动鼠标，在工作表中创建一个 ActiveX 控件的按钮。在启用"设计模式"的情况下，可以将该按钮控件拖动到工作表的任意位置，也可以改变按钮的大小。右键单击按钮，然后选中"属性"，打开该按钮控件的"属性"窗口，如图 13-2 所示。

"属性"窗口中展示了按钮控件的所有属性，其中比较重要的有名称、Caption（标题）、Height（高度）、Left（左边距）、Enabled（可用）、Top（上边距）、Visible（可视）和 Width（宽度），具体介绍如下。

- ○ 名称：按钮控件的名称，用于在 VBA 代码中引用该按钮；
- ○ Caption（标题）：显示在按钮控件上的文字；

○ Height（高度）：按钮的高度；

○ Left（左边距）：按钮与工作表左边线的距离，当 Left 的值为 0 时，表示该按钮紧贴工作表的左边线；

○ Enabled（可用）：值为 True 时，按钮可正常使用，值为 False 时，按钮会变成灰色且无法单击；

○ Top（上边距）：按钮与工作表上边线的距离，当 Top 的值为 0 时，表示该按钮紧贴工作表的上边线；

○ Visible（可视）：值为 True 时，按钮可正常显示，值为 False 时，按钮只能在设计模式下显示，非设计模式时会被隐藏；

○ Width（宽度）：按钮的宽度。

按钮控件的属性值既能在 VBA 中被读取，又能在 VBA 中被赋值。代码清单 13-1 中的两行代码分别表示将 A1 单元格的值显示在按钮 CommandButton1 上和将按钮 CommandButton1 的 Caption 值赋给 A1 单元格。

图 13-2　按钮控件的"属性"窗口

代码清单 13-1

```
CommandButton1.Caption = Range("a1")
Range("a1") = CommandButton1.Caption
```

在使用 ActiveX 控件时，应合理编写相应的事件。打开 Visual Basic 编辑器，在资源管理器中，双击含有 ActiveX 按钮控件的工作表，打开代码窗口。在代码窗口左侧的下拉菜单中，能看到对应的按钮控件的名字，如图 13-3 所示。

选中图 13-3 中的"CmmandButton1"，代码窗口右侧的下拉菜单中会出现按钮控件的各种事件，如图 13-4 所示。

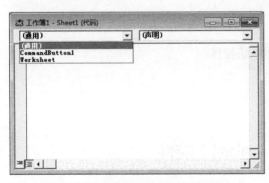

图 13-3　在代码窗口左侧的下拉菜单中，可以看到按钮控件的名字

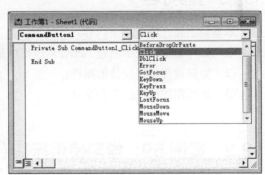

图 13-4　按钮控件包含的事件

在按钮控件包含的众多事件中，比较重要的是 Click（单击）事件。在按钮的 Click 事件中编写的代码，会在单击按钮时被执行。例如，在按钮的 Click 事件中编写代码实现以下操作：单击按钮时对工作表的 A1 单元格进行判断，若为空，则填入"单击了按钮"；若不为空，则清空 A1 单元格，相关代码见代码清单 13-2。

另一个比较重要的按钮控件事件是 MouseMove（鼠标光标悬停）事件：当鼠标光标悬停在按钮上方时，执行事件中的代码。例如，创建一个 Caption 值为"点不到我"的按钮，然后编写代码实现当鼠标光标移动到按钮上方时，按钮向下移动，移动距离刚好是按钮的高度，相关代码见代码清单 13-3。

注意，只有在不启用设计模式的前提下，才能单击按钮、激活事件。

13.1.2 案例代码

单击按钮，在工作表的 A1 单元格填入"单击了按钮"，或者清空 A1 单元格，代码如代码清单 13-2 所示。

代码清单 13-2

```
Private Sub CommandButton1_Click()
    If Range("a1") = "" Then
        Range("a1") = "单击了按钮"
    Else
        Range("a1") = ""
    End If
End Sub
```

当鼠标光标悬停在按钮上方时，按钮向下移动且移动的距离刚好是按钮的高度，相关代码如代码清单 13-3 所示。

代码清单 13-3

```
Private Sub CommandButton2_MouseMove(ByVal Button As Integer, ByVal Shift As
Integer, ByVal X As Single, ByVal Y As Single)
    CommandButton2.Top = CommandButton2.Top + CommandButton2.Height
End Sub
```

13.1.3 案例小结

本案例主要介绍了以下内容：
- 如何在工作表中创建 ActiveX 控件中的按钮控件；
- 如何设置按钮控件的属性；
- 如何创建按钮控件的事件。

13.2 案例 59：学习使用标签（Label）控件

在 VBA 中，标签（Label）控件和文本框（TextBox）控件都可用来存放文字，但两者之间还是有明显区别的：标签控件中的文字一般用于阅读，由编程者事先编写并存放在标签控件内；而文本框控件一般提供给使用者填写文字。

本案例将介绍 ActiveX 控件中的标签控件，以及标签控件的属性和事件。

13.2.1 案例解析

单击"开发工具"标签中的"插入"，然后选中"ActiveX 控件"下的"标签"，就可通过拖动鼠标在工作表中创建一个大小合适的标签。在启用"设计模式"后，可以直接使用鼠标改变标签的大小和位置，或者通过按住鼠标右键移动或复制标签到其他位置，如图 13-5 所示。

在设计模式下，右键单击按钮并选中"属性"，可打开标签控件的"属性"窗口，如图 13-6 所示。

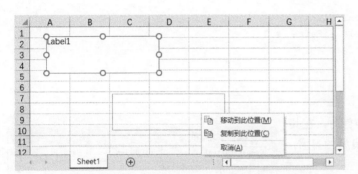

图 13-5 按住鼠标右键拖动标签，可以移动或复制标签 图 13-6 标签控件的"属性"窗口

对于标签控件，比较重要的属性有 Caption（标题）、Enabled（可用）和 Visible（可视）。

在大部分情况下，想要改变控件的大小和位置，拖动鼠标和直接在"属性"窗口中修改对应的值更方便，因此，无论是按钮控件还是标签控件，Height、Left、Top 和 Width 这 4 个决定位置与大小的属性在编写 VBA 代码时很少用到。

在 Visual Basic 编辑器中，双击含有标签的工作表，打开该工作表的代码窗口，在代码窗口左侧的下拉菜单中选中标签，如 Label1，就可以看到标签控件拥有的事件，如图 13-7 所示。

标签作为主要用于文本阅读的控件，围绕其创建事件还是比较少见的，大多数情况下，标签出现在其他控件的事件中。例如，在工作表中，创建两个按钮控件，它们的 Caption 值分别为"可见"和"不可见"，单击"可见"按钮时，工作表中 Caption 值为"能看到我吗？"的标签为可视状态（见图 13-8），单击"不可见"按钮时，标签变为不可视状态。

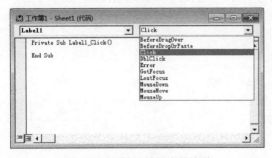

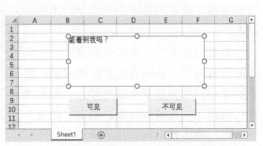

图 13-7 标签控件拥有的事件 图 13-8 设计模式下的标签控件和按钮控件

13.2.2 案例代码

本案例的代码其实并不是标签控件的事件，而是两个按钮控件的 Click 事件，触发后改变了标签控件的 Visible 属性。

按钮控件 CommandButton1 的 Click 事件的代码如代码清单 13-4 所示。

代码清单 13-4

```
Private Sub CommandButton1_Click()
     Sheet1.Label1.Visible = True
End Sub
```

按钮控件 CommandButton2 的 Click 事件的代码如代码清单 13-5 所示。

代码清单 13-5

```
Private Sub CommandButton2_Click()
     Sheet1.Label1.Visible = False
End Sub
```

13.2.3 案例小结

在 VBA 代码中引用某个控件时，在其前面指明所属的工作表是一个良好的习惯，至少可以带来下列两个好处：

- 在某个工作表的表名后使用英文符号"."时，Visual Basic 编辑器提示该工作表包含的控件，如图 13-9 所示；
- 当多个工作表都含有同类控件时，指明控件所属的工作表可以有效避免代码错误。

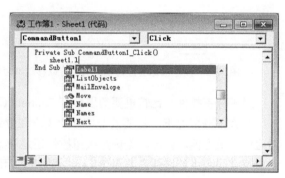

图 13-9 编辑器可以提示某个工作表包含的控件

13.3 案例 60：学习使用选项按钮（OptionButton）

选项按钮（OptionButton）多用于问卷调查或考试系统，即在多个选项中选择唯一的选项，也称单选按钮。同一组选项按钮互斥，即只能选中其一。当选中某组选项按钮中的一个后，该组中的其他选项按钮将会自动取消选中状态。

本案例要求使用选项按钮设计一个简单的问卷调查。该问卷包含两组问题：性别和专业。性别选项包括男和女；专业选项包括理工、文科和财经。单击"提交"按钮后，弹出提示框以显示所选项。简单问卷调查系统如图 13-10 所示。

图 13-10 简单问卷调查系统

13.3.1 案例解析

ActiveX 控件选项按钮的创建方式和命令按钮、标签一样，单击"开发工具"中的"插入"，选择"ActiveX 控件"中的"选项按钮"，并在工作表中拖动鼠标画出轮廓即可。在"设计模式"下，可以使用鼠标改变选项按钮的位置和大小，单击右键并选中"属性"可以打开选项按钮的"属性"窗口，如图 13-11 所示。

图 13-11　选项按钮的"属性"窗口

除 Caption（标题）、Height（高度）、Left（左边距）、Enabled（可用）、Top（上边距）、Visible（可视）和 Width（宽度）属性以外，选项按钮还有两个重要属性：GroupName（组名）和 Value（值）。

GroupName 相同的选项按钮属于同一组。同一组的选项按钮互斥，即不能同时选中；不同组的选项按钮没有互斥性，可以同时选中。本案例需要创建两组选项按钮，一组的组名为"性别"，另一组的组名为"专业"。

通过选项按钮的 Value（值），可以判断该选项按钮是否被选中。当 Value 值为 True 时，表示该选项按钮处于被选中状态；当 Value 值为 False 时，表示该选项按钮未被选中。本案例需要依次判断每组选项按钮中的哪一个选项按钮被选中，并查看对应的 Caption 值，即可得知用户选择的内容。

选项按钮也可以创建对应的事件，如 Click 事件等。在大多数情况下，选项按钮是通过其他控件的事件触发来读取其 Value 属性的，然后返回对应的 Caption 值。本案例需要创建一个命令按钮的 Click 事件，并在事件中获取每一组选项按钮选中的选项，并通过 MsgBox 函数返回 Caption 值。

在本案例对应的资料文件"案例 60：学习使用单选按钮.xlsx"中，已经设置好了每个选项按钮的 GroupName 属性和 Caption 属性，因此创建一个命令按钮的 Click 事件，然后在事件中判断每组选项按钮的值并弹出提示框即可。

13.3.2 案例代码

本案例的代码如代码清单 13-6 所示。

代码清单 13-6

```
Private Sub CommandButton1_Click()
    If Sheet1.OptionButton1.Value = True Then
        MsgBox "您的性别为" & Sheet1.OptionButton1.Caption & "！"
    ElseIf Sheet1.OptionButton2.Value = True Then
        MsgBox "您的性别为" & Sheet1.OptionButton2.Caption & "！"
    Else
        MsgBox "您没有选择性别！"
    End If
    If Sheet1.OptionButton3.Value = True Then
        MsgBox "您的专业为" & Sheet1.OptionButton3.Caption & "！"
```

```
    ElseIf Sheet1.OptionButton4.Value = True Then
        MsgBox "您的专业为" & Sheet1.OptionButton4.Caption & "! "
    ElseIf Sheet1.OptionButton5.Value = True Then
        MsgBox "您的专业为" & Sheet1.OptionButton5.Caption & "! "
    Else
        MsgBox "您没有选择专业! "
    End If
End Sub
```

13.3.3 案例小结

本案例介绍了如何利用 GroupName 属性对选项按钮进行分组，以及如何在 VBA 过程或事件中通过单选按钮的 Value 获取其对应的 Caption 值。

Excel 的 ActiveX 控件中还有一种复选框（CheckBox）按钮，也就是多选按钮，使用方法及相关属性都与单选按钮类似，只不过可以在一组选项中同时选中多个。复选框按钮的相关知识将在后续章节中介绍。

13.4 案例 61：学习使用数值调节钮（SpinButton）

本节介绍数值调节钮（SpinButton）的创建和使用方法，帮助读者了解数值调节钮的属性和事件。本案例通过创建一个数值调节钮来调整工作表中 A1 单元格的值。

13.4.1 案例解析

在 Excel 工具栏的"开发工具"标签中单击"插入"，然后选中"ActiveX 控件"中的数值调节钮，并在工作表中拖动出形状，即可创建一个数值调节钮。数值调节钮会分为上下调整和左右调整两种样式，如图 13-12 所示。无论是哪种样式的数值调节钮，使用方法都一样：通过单击不同方向的箭头，改变数值调节钮的 Value 值。

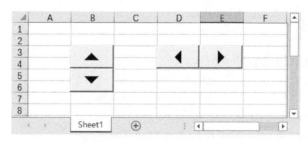

图 13-12　数值调节钮分为上下调整和左右调整两种样式

数值调节钮的 Value 值与选项按钮不同，并非只有 True 和 False 两个选项，而是一个区间。在单击数值调节钮的箭头时，其 Value 值会在区间内变化。

右键单击数值调节钮打开"属性"窗口，如图 13-13 所示，可以看到 Height（高度）、Left（左边距）、Enabled（可用）、Top（上边距）、Visible（是否可视）、Width（宽度）和 Value（值）等 ActiveX 控件中普遍存在的属性。注意，数值调节钮没有 Caption 属性，因为数值调节钮中无法添加说明文字。数值调节钮有 Max（最大值）和 Min（最小值）属性，它们用于设置数值调节钮的调整区间。

数值调节钮还有一个特殊属性：LinkedCell（关联单元格）。该属性用于将数值调节钮的值与单元格关联起来。为了让数值调节钮使用起来更加灵活，通常在数值调节钮的事件中，将值与工作表的单元格进行关联。

在 Visual Basic 编辑器的工程资源管理器中，双击含有数值调节钮的工作表的表名，如 Sheet1，打开工作表的代码窗口，然后在代码窗口的左侧下拉菜单中选中数值调节钮，如 SpinButton1，即可在代码窗口右侧的下拉菜单中选择并创建数值调节钮的事件。

数值调节钮因其特殊性，并没有 Click 事件，取而代之的是常用的 Change 事件：单击数值调节钮的箭头，使其 Value 值发生改变时触发的事件。本案例需要创建一个数值调节钮的 Change 事件：当单击数值调节钮的箭头使 Value 值发生改变时，将数值调节钮当前的 Value 值赋给 A1 单元格。

图 13-13　数值调节钮的"属性"窗口

13.4.2　案例代码

本案例的代码如代码清单 13-7 所示。

代码清单 13-7

```
Private Sub SpinButton1_Change()
     Range("a1") = Sheet1.SpinButton1.Value
End Sub
```

13.4.3　案例小结

关于数值调节钮的 4 个知识点：
- 数值调节钮的样式分为上下箭头和左右箭头两种，但使用方法没有区别；
- 数值调节钮没有 Caption 值；
- 数值调节钮的 Max 和 Min 属性用于设定其 Value 值的取值区间；
- 数值调节钮没有 Click 事件，取而代之的是 Change 事件。

13.5　案例 62：随堂测试系统

案例资料"案例 62：随堂测试系统.xlsm"中有两张工作表，其中一张为"考试界面"工作表（注意，表名为 Sheet2），如图 13-14 所示。该工作表中有一个序号标签、一个"题目内容"标签、4 个答案选项标签、4 个选项按钮、一个数值调节钮和一个命令按钮。

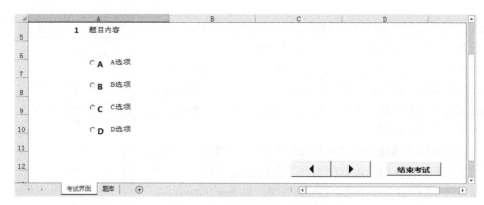

图 13-14 "考试界面"工作表

另一张工作表是"题库"(表名为 Sheet3)工作表,如图 13-15 所示。"题库"工作表中包含测试的所有题目、4 个选项和正确答案,以及一个用于存放考生答案的空白列。

	题目内容	A选项	B选项	C选项	D选项	正确答案	考生答案
1	题目内容	A选项	B选项	C选项	D选项	正确答案	考生答案
2	按钮控件中的"Enabled"属性,用于表示按钮的:	可见性	可用性	标题	返回值	B	
3	多个单选按钮控件分在一组,需要设置相同的什么属性:	Caption	Enabled	GroupName	Visible	C	
4	单选按钮的Caption属性,用于表示单选按钮的:	可见性	可用性	标题	返回值	C	
5	哪个控件的返回值是TRUE和FALSE	OptionButton	SpinButton	CommandButton	Textbox	A	
6	控件的Visible用于描述这个控件的什么属性:	可见性	可用性	标题	返回值	A	
7	在"设计模式"下,"事件"是不生效的。	是	否			A	
8	哪个控件具备Min和Max属性	OptionButton	SpinButton	CommandButton	Textbox	B	
9	点击微调按钮的箭头,可以触发什么事件:	Click	SpinUp	SpinDown	Change	D	

图 13-15 "题库"工作表

本案例有如下 4 点要求:

❍ 单击"考试界面"工作表中的数值调节钮,可以依次显示题库中的题目和相应的选项(注意,部分题目只有两个选项);

❍ 将考生选中的答案保存到"题库"工作表对应题目的"考生答案"列中,考生可在考试界面查看自己的答题情况并修改答案;

❍ 在数值调节钮两边分别加入"第一题"和"最后一题"按钮,单击后跳转到对应的题目;

❍ 单击"结束考试"按钮,弹出提示框,统计并显示考生的答题情况,同时使选项按钮变为不可用状态。

根据以上要求,完成随堂测试系统。

13.5.1 案例解析

由于本案例中的随堂测试系统涉及的功能较多,因此我们可以逐步完成每个功能。我们建议读者动手编写每个步骤的代码,并进行测试。在前一个步骤测试完成后,再进入下一个步骤。

❍ 第一步:写入考题。

本随堂测试系统有 8 道题目,应将数值调节钮的 Min 值设为 1,Max 值设为 8。在"设计"模式下,右键单击数值调节钮,打开"属性"窗口后,可进行修改,如图 13-16 所示。

当考生单击数值调节钮上的箭头时,考试界面的题目应当在第 1~8 题中依次切换。因此,"考试界面"中 Label2(序号)标签的 Caption 值就应当与数值调节钮的 Value 值相同;而 Label3(题目内容)和 Label4~Label7(选项)的 Caption 值都应根据数值调节钮的 Value 值,取对应的"题库"工作表的 A 至 E 列的内容。

因此，可定义一个整型变量 i，使之等于当前数值调节钮的
Value 值；Sheet2 工作表中的 Label2 标签（考试界面的题目序号）
可直接取变量 i 的值；Sheet2 工作表中的 Label3～Label7 标签（题
目内容和选项内容）分别取 Sheet3 工作表中 A～E 列的第 i + 1
行的值（Sheet3 工作表中的题目和选项均从第二行开始）。

综合以上，得到"写入考题"过程的代码如代码清单 13-8 所示。

代码清单 13-8

```
Sub 写入考题()
    Dim i As Integer
    i = Sheet2.SpinButton1.Value
    With Sheet2
        .Label2.Caption = i
        .Label3.Caption = Sheet3.Range("a" & i + 1)
        .Label4.Caption = Sheet3.Range("b" & i + 1)
        .Label5.Caption = Sheet3.Range("c" & i + 1)
        .Label6.Caption = Sheet3.Range("d" & i + 1)
        .Label7.Caption = Sheet3.Range("e" & i + 1)
    End With
End Sub
```

图 13-16　设置数值调节钮的
Min 值和 Max 值

但是，因为"写入考题"过程不能自动执行，所以应创建一个数值调节钮的 Change 事件，
并在事件中调用"写入考题"过程，这样即可实现当数值调节钮的 Value 值发生改变时，考试
界面的序号、题目和选项都随之改变。数值调节钮的 Change 事件的代码如代码清单 13-9 所示。

代码清单 13-9

```
Private Sub SpinButton1_Change()
    Call 写入考题
End Sub
```

当然，也可将"写入考题"过程的代码直接写入数值调节钮的 Change 事件中。但是，为
了满足本案例的其他要求，还是有必要单独编写"写入考题"的过程。

第一步完成后，就可以通过单击数值调节钮载入题目和选项了，如图 13-17 所示。

图 13-17　通过单击数值调节钮载入题目和选项

○　第二步：清空选项按钮的选中状态。

完成第一步后，单击选项按钮进行答题时，会发现上一题选中的选项按钮，其被选中的

状态会保留到下一题。因此，在"写入考题"的过程中，应加入清空选项按钮的选中状态的
语句，且置于"写入考题"的语句之前。相关代码如代码清单 13-10 所示。

代码清单 13-10

```
……
With Sheet2
      '清空选项按钮的选中状态
      .OptionButton1.Value = False
      .OptionButton2.Value = False
      .OptionButton3.Value = False
      .OptionButton4.Value = False
      '写入考题
      ……
```

在"写入考题"过程的代码中加入代码清单 13-10 中的语句后，前一题的选中状态将不会
保留到下一题。

○ 第三步：隐藏只有两个选项的题目的 C、D 选项。

题库中的第 6 题只有两个选项，但使用"写入考题"过程载入第 6 题时，考试界面中依
然会显示 C、D 两个选项按钮，如图 13-18 所示，因此，需要编写代码对它们进行隐藏。

图 13-18 第 6 题中没有 C、D 选项

可使用 If 语句对"题库"工作表的 D、E 两列进行判断，若为空，则对应题目的 C、D 选
项按钮需要隐藏，相关语句如代码清单 13-11 所示。

代码清单 13-11

```
'隐藏只有两个选项的题目的 C、D 选项按钮
If Sheet3.Range("d" & i + 1) = "" Then
     .OptionButton3.Visible = False
Else
     OptionButton3.Visible = True
End If
If Sheet3.Range("e" & i + 1) = "" Then
     OptionButton4.Visible = False
Else
     OptionButton4.Visible = True
End If
'写入考题
```

注意，上面这段代码除需要隐藏 C、D 选项为空的选项按钮以外，同时必须将选项不为空的 C、D 选项按钮设置为显示，因此，代码中不能省略 Else 语句。否则，载入第 6 题，C、D 选项按钮被隐藏，再切换至其他考题时，C、D 选项按钮不会恢复显示。

将代码清单 13-11 加入"写入考题"过程中代码清单 13-10 所示的语句之后，即可为只有两个选项的题目隐藏 C、D 选项按钮，如图 13-19 所示。

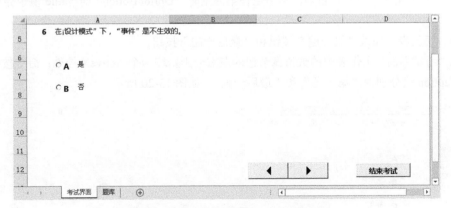

图 13-19　第 6 题已隐藏 C、D 选项按钮

❏　第四步：保存并显示考生答案。

完成第二步后，因为清空语句的存在，选项按钮的选中状态不会保留到下一题；同样因为清空语句，已选答案也不会被保存，导致考生无法查看自己的答题情况。因此，需要将考生选中的答案保存到"题库"工作表的"考生答案"列中，并且在载入题目时同时载入考生已选的答案，以便考生检查。

以上代码需要分开编写：将考生选中的答案记录到"考生答案"列中，这部分的代码需要写入选项按钮的 Click 事件中；载入考生答案的代码需要写到"写入考题"过程中清空选项按钮选中状态的相关语句下面。

选项按钮 OptionButton1 的 Click 事件的相关代码如代码清单 13-12 所示。

代码清单 13-12

```
Private Sub OptionButton1_Click()
    Sheet3.Range("g" & Sheet2.SpinButton1.Value + 1) = "A"
End Sub
```

其他 3 个选项按钮的 Click 事件的代码与代码清单 13-12 类似，详见 13.5.2 节中的案例代码。当考生修改已选答案时，因为后选的答案会覆盖先选的答案，所以不需要另外编写代码清除 G 列中的已选答案。

在"写入考题"过程中，载入考生答案的相关语句如代码清单 13-13 所示。

代码清单 13-13

```
'载入考生答题情况
If Sheet3.Range("g" & i + 1) = "A" Then
      .OptionButton1.Value = True
ElseIf Sheet3.Range("g" & i + 1) = "B" Then
      .OptionButton2.Value = True
ElseIf Sheet3.Range("g" & i + 1) = "C" Then
      .OptionButton3.Value = True
```

```
   ElseIf Sheet3.Range("g" & i + 1) = "D" Then
        .OptionButton4.Value = True
   End If
```

代码清单 13-13 必须加到清空选项按钮选中状态的相关语句之后。需要注意的细节：必须先判断考生答案是否为 "D"，再决定是否将 OptionButton4 的 Value 值设置为 True，不能将这行判断语句省略为 "Else"，否则，当考生答案为空时，OptionButton4 的 Value 值也会被置为 True。

◯　第五步：加入 "第一题" 按钮和 "最后一题" 按钮。

在 "考试界面" 工作表中的数值调节钮的左右分别新增一个 ActiveX 控件：命令按钮，它们的 Caption 值分别为 "第一题" 和 "最后一题"，如图 13-20 所示。

图 13-20　添加 "第一题" 按钮和 "最后一题" 按钮

在单击 "第一题" 按钮和 "最后一题" 按钮时，考试界面中需要进行的操作与单击数值调节钮时一样，因此可以直接调用 "写入考题" 过程。这也是在本案例的第一个步骤中，不将 "写入考题" 过程的代码直接写入数值调节钮的 Change 事件中，而是在事件中调用的原因。

在 "第一题" 和 "最后一题" 两个按钮的 Click 事件中调用 "写入考题" 过程时，需要使用参数，指明载入考题的题号。因此，可将 "写入考题" 过程修改为一个带参数的过程，并定义一个整型参数 i，且在过程中不必再对参数 i 赋值，相关代码如代码清单 13-14 所示。

代码清单 13-14

```
Sub 写入考题(i As Integer)
    '省略为 i 赋值的语句
    ......
End Sub
```

在数值调节钮的 Change 事件调用 "写入考题" 过程时，需要将数值调节钮的 Value 值作为参数，代码应修改为代码清单 13-15。

代码清单 13-15

```
Private Sub SpinButton1_Change()
    Call 写入考题(Sheet2.SpinButton1.Value)
End Sub
```

"第一题" 按钮的 Click 事件的代码如代码清单 13-16 所示。

代码清单 13-16

```
Private Sub CommandButton2_Click()
    Call 写入考题(1)
    Sheet2.SpinButton1.Value = 1
End Sub
```

由于"第一题"按钮的 Click 事件需要载入题库中的第 1 题,因此,在调用"写入考题"过程时,需要将整数 1 作为参数。注意,在事件中,必须将数值调节钮的 Value 值设置为 1,这样,在单击"第一题"按钮后,再单击数值调节钮的向右箭头,才能保证正确载入题库中的第二题。

在"最后一题"按钮的 Click 事件中,需要将整数 8 作为参数调用"写入考题"过程,还需要在事件中修改数值调节钮的 Value 值为 8,相关代码如代码清单 13-17 所示。

代码清单 13-17

```
Private Sub CommandButton3_Click()
    Call 写入考题(8)
    Sheet2.SpinButton1.Value = 8
End Sub
```

❍ 第六步:创建"结束考试"按钮的 Click 事件。

根据本案例的要求,考生单击"结束考试"按钮后,需要弹出提示框,告知考生答对题目的数量,同时将所有选项按钮设置为不可用状态。

统计考生的答题情况,需要定义一个计数变量,在 For 循环中,依次对比正确答案和考生答案,若相同,则计数变量加 1,For 循环结束后,即可得到考生答对的题目数量。想要将选项按钮改为不可用,只需要在事件中将选项按钮的 Enable 值设为 False。相关代码见13.5.2 节。

执行上述步骤后,随堂测试系统完成。但是,这套系统在完成一次考试后,选项按钮会保持不可用状态,考生的答案也会被保留。虽然本案例没有提出要求,但是,为了使随堂测试系统可重复使用,可以创建一个工作簿的 Open 事件,并在事件中解除选项按钮的不可用状态,清空考生答题情况,并载入题库中的第一题(将整数 1 作为参数调用"写入考题"过程,设置数值调节钮的 Value 值为 1)。相关代码见 13.5.2 节。

13.5.2 案例代码

本案例中"写入考题"的完整过程代码如代码清单 13-18 所示。

代码清单 13-18

```
Sub 写入考题(i As Integer)
    With Sheet2
        '清空选项按钮的选中状态
        .OptionButton1.Value = False
        .OptionButton2.Value = False
        .OptionButton3.Value = False
        .OptionButton4.Value = False
        '载入考生答题情况
        If Sheet3.Range("g" & i + 1) = "A" Then
            .OptionButton1.Value = True
```

```
          ElseIf Sheet3.Range("g" & i + 1) = "B" Then
               .OptionButton2.Value = True
          ElseIf Sheet3.Range("g" & i + 1) = "C" Then
               .OptionButton3.Value = True
          ElseIf Sheet3.Range("g" & i + 1) = "D" Then
               .OptionButton4.Value = True
          End If
          '隐藏只有两个选项的题目的C、D选项按钮
          If Sheet3.Range("d" & i + 1) = "" Then
               .OptionButton3.Visible = False
          Else
               .OptionButton3.Visible = True
          End If
          If Sheet3.Range("e" & i + 1) = "" Then
               .OptionButton4.Visible = False
          Else
               .OptionButton4.Visible = True
          End If
          '写入考题
          .Label2.Caption = i
          .Label3.Caption = Sheet3.Range("a" & i + 1)
          .Label4.Caption = Sheet3.Range("b" & i + 1)
          .Label5.Caption = Sheet3.Range("c" & i + 1)
          .Label6.Caption = Sheet3.Range("d" & i + 1)
          .Label7.Caption = Sheet3.Range("e" & i + 1)
     End With
End Sub
```

数值调节钮的 Change 事件的代码如代码清单 13-19 所示。

代码清单 13-19

```
Private Sub SpinButton1_Change()
    Call 写入考题(Sheet2.SpinButton1.Value)
End Sub
```

4 个选项按钮的 Click 事件的代码分别如代码清单 13-20 至代码清单 13-23 所示。

代码清单 13-20

```
Private Sub OptionButton1_Click()
     Sheet3.Range("g" & Sheet2.SpinButton1.Value + 1) = "A"
End Sub
```

代码清单 13-21

```
Private Sub OptionButton2_Click()
     Sheet3.Range("g" & Sheet2.SpinButton1.Value + 1) = "B"
End Sub
```

代码清单 13-22

```
Private Sub OptionButton3_Click()
     Sheet3.Range("g" & Sheet2.SpinButton1.Value + 1) = "C"
End Sub
```

代码清单 13-23

```
Private Sub OptionButton4_Click()
    Sheet3.Range("g" & Sheet2.SpinButton1.Value + 1) = "D"
End Sub
```

"第一题"按钮的 Click 事件的实现代码如代码清单 13-24 所示。

代码清单 13-24

```
Private Sub CommandButton2_Click()
    Call 写入考题(1)
    Sheet2.SpinButton1.Value = 1
End Sub
```

"最后一题"按钮的 Click 事件的实现代码如代码清单 13-25 所示。

代码清单 13-25

```
Private Sub CommandButton3_Click()
    Call 写入考题(8)
    Sheet2.SpinButton1.Value = 8
End Sub
```

"结束考试"按钮的 Click 事件的实现代码如代码清单 13-26 所示。

代码清单 13-26

```
Private Sub CommandButton1_Click()
    Dim i, k As Integer
    For i = 1 To 8
        If Sheet3.Range("f" & i + 1) = Sheet3.Range("g" & i + 1) Then
            k = k + 1
        End If
    Next
    MsgBox "您共答对了" & k & "道题，答题正确率为" & k / 8 * 100 & "%！"
    Sheet2.OptionButton1.Enabled = False
    Sheet2.OptionButton2.Enabled = False
    Sheet2.OptionButton3.Enabled = False
    Sheet2.OptionButton4.Enabled = False
End Sub
```

工作簿的 Open 事件的实现代码如代码清单 13-27 所示。

代码清单 13-27

```
Private Sub Workbook_Open()
    '将选项按钮恢复为可用状态
    Sheet2.OptionButton1.Enabled = True
    Sheet2.OptionButton2.Enabled = True
    Sheet2.OptionButton3.Enabled = True
    Sheet2.OptionButton4.Enabled = True
    '清空考生答题情况
    Dim i As Integer
    For i = 1 To 8
        Sheet3.Range("g" & i + 1) = ""
    Next
    '载入第一题并使数值调节钮的值为1
```

```
Call 写入考题(1)
Sheet2.SpinButton1.Value = 1
End Sub
```

13.5.3 案例小结

在本案例中，我们需要注意以下细节。

○ 将"写入考题"过程修改为一个带参数的过程，方便数值调节钮、"第一题"按钮、"最后一题"按钮和工作簿的各个事件调用。

○ 在为只有两个选项的题目隐藏 C、D 选项按钮时，一定要有恢复 C、D 选项按钮为可视状态的语句，否则，选项按钮一旦被隐藏，就无法再次被看到。

○ 在返回考生答题情况时，写完判断 A、B、C 答案的语句后，不能直接使用 Else 语句判断 OptionButton4 的值是否为 True，必须先判断考生答案是否为 D，若考生答案为空，OptionButton4 也会被设为 True。

○ "第一题"和"最后一题"两个按钮的 Click 事件除要将题号作为参数来调用"写入考题"过程以外，还要将数值调节钮的 Value 值分别设为 1 和 8，否则，在单击数值调节钮上的箭头时，题目不会按顺序切换。

○ 最后，创建工作表的 Open 事件，使本系统可以重复使用。虽然这一条并非本案例的要求，但是，为了使系统更加完善，这些细节应该考虑。

在使用 VBA 进行小型系统开发时，应先理清思路，列出系统需求，然后逐步完成每个需求并进行测试，发现问题及时解决，不要遗留到下一步，最终得到一个完整的系统。

第14章

利用窗体与控件搭建会员信息查询系统

在 13.5 节中，我们利用 ActiveX 控件搭建了一个小型随堂测试系统。但是，这个小型系统并没有独立的程序界面，打开时会显示在 Excel 界面中，有着浓浓的"表格风"。

如果想让利用 VBA 开发的系统拥有独立的程序界面，那么需要在 VBA 中创建窗体，并在窗体中搭载各种控件。本章将围绕窗体介绍以下内容：

- ○ 窗体的创建、属性和事件；
- ○ 复选框的创建、属性和事件；
- ○ 文本框的创建、属性和事件；
- ○ 列表框的创建、属性和事件；
- ○ 利用窗体和控件搭建一个会员信息查询系统。

14.1 案例 63：将随堂测试系统移植到窗体

资料文件"案例 63：将随堂测试系统移植到窗体"中只有一张"题库"工作表，其内容与"案例 62：随堂测试系统"中的"题库"工作表一样，如图 14-1 所示。本案例要求创建一个窗体，将案例 62 中的随堂测试系统移植到窗体。本案例还要求：打开工作簿时，立即弹出窗体，同时隐藏 Excel 界面；关闭窗体时，同时关闭 Excel 主程序。

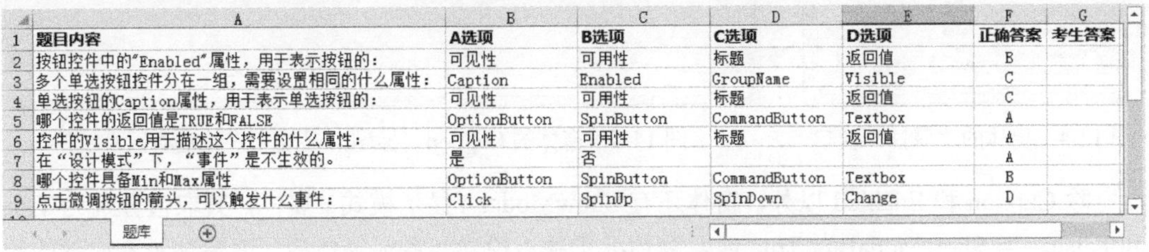

	A	B	C	D	E	F	G
1	题目内容	A选项	B选项	C选项	D选项	正确答案	考生答案
2	按钮控件中的"Enabled"属性，用于表示按钮的：	可见性	可用性	标题	返回值	B	
3	多个单选按钮控件分在一组，需要设置相同的什么属性：	Caption	Enabled	GroupName	Visible	C	
4	单选按钮的Caption属性，用于表示单选按钮的：	可见性	可用性	标题	返回值	C	
5	哪个控件的返回值是TRUE和FALSE	OptionButton	SpinButton	CommandButton	Textbox	A	
6	控件的Visible用于描述这个控件的什么属性：	可见性	可用性	标题	返回值	A	
7	在"设计模式"下，"事件"是不生效的。	是	否			A	
8	哪个控件具备Min和Max属性	OptionButton	SpinButton	CommandButton	Textbox	B	
9	点击微调按钮的箭头，可以触发什么事件：	Click	SpinUp	SpinDown	Change	D	

图 14-1　本案例中的"题库"工作表与案例 62 中的相同

14.1.1 案例解析

打开 Visual Basic 编辑器，在"工程资源管理器"中，右键单击，然后选择"插入"，如图 14-2 所示，可以看到它有 3 个选项：用户窗体、模块和类模块。

单击"用户窗体"，就能在编辑器内创建一个窗体，如图 14-3 所示。单击编辑器的工具栏中的"运行"图标（绿色小三角）按钮，就能在 Excel 主程序中激活这个窗体。

在 Visual Basic 编辑器中，窗体拥有一个工具箱。单击工具箱中的按钮，即可在窗体中插入 ActiveX 控件。在窗体中，创建和使用 ActiveX 控件的方法与工作表相同。

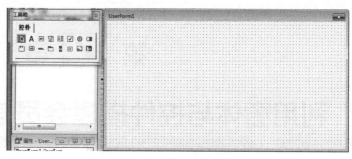

图 14-2　"插入"菜单下的 3 个选项　　　　　　　图 14-3　窗体与工具箱

在窗体中，单击鼠标右键，然后选中"属性"，就能打开窗体的"属性"窗口，如图 14-4 所示。

对于窗体，比较重要的属性有 Caption（标题）、Enabled（可用）等。例如，可将窗体的 Caption 值改为"随堂测试系统"，激活窗体后的结果如图 14-5 所示。

图 14-4　窗体的"属性"窗口　　　　　　　图 14-5　窗体的 Caption（标题）已改为"随堂测试系统"

除 Caption 和 Enabled 以外，窗体还有 ShowModal（显示模式）属性，其取值分别为 True 和 False。当 ShowModal 为 True 时，窗体处于独占模式。激活窗体后，除窗体及其内部的控件以外，Excel 主程序的其他按钮和表格都无法单击。当 ShowModal 为 False 时，窗体处于浮窗模式，激活后，Excel 的工作表和其他按钮可以单击。在单个窗体时，ShowModal 属性无论怎样设置，一般不会有问题，但在多个窗体同时激活的情况下，ShowModal 属性设置不当就有可能报错。例如，在创建的第一个窗体中，插入一个按钮控件，并创建按钮控件的 Click 事件的实现代码，如代码清单 14-1 所示。

代码清单 14-1

```
Private Sub CommandButton1_Click()
    UserForm2.Show
End Sub
```

上述 Click 事件表示，当按钮被单击时，马上激活第二个窗体。在这种情况下，两个窗体的 ShowModal 可以都为 True 或者都为 False；第一个窗体为浮窗模式（ShowModal 为 False）、第二个窗体为独占模式（ShowModal 为 True），也不会出现异常。如果第二个窗体为浮窗模式，第一个窗体为独占模式，那么单击按钮激活第二个窗体时，程序会弹出错误提示，如图 14-6 所示。

不必过分关注多窗体时 ShowModal 属性应如何设置，毕竟这个属性不常用。另外，在激活多窗体中的某个窗体时，若产生报错，则可以考虑是否是 ShowModal 属性设置不当所致。

在代码清单 14-1 所示的 Click 事件的代码中，调用了窗体的一个常用方法：Show。Show 用于显示窗体，使窗体处于激活状态。窗体的另一个重要方法为 Hide，它用于隐藏窗体。

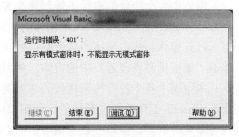

图 14-6　多窗体时 ShowModal 设置
不当会报错

除属性和方法以外，窗体还拥有事件。双击窗体以打开窗体的代码窗口，即可看到窗体的事件，如图 14-7 所示。

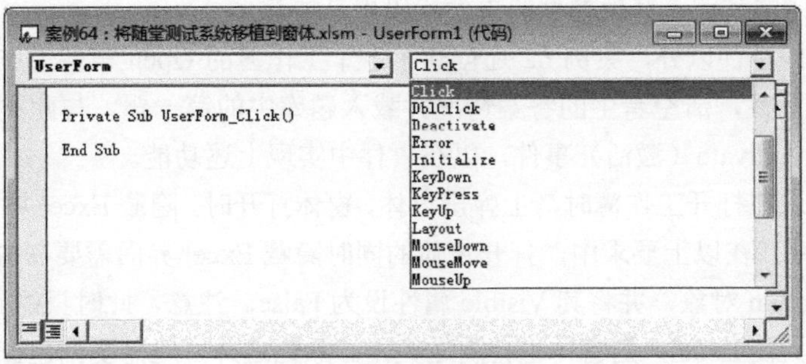

图 14-7　窗体的事件

窗体常用的事件有 Activate（激活）事件和 QueryClose（关闭）事件。

现创建一个 Caption 值为"随堂测试系统"的窗体，并根据案例 62 中"考试界面"工作表的样式，在窗体中插入若干控件。控件的大小、位置和间隔可以通过修改 Top、Left、Height 与 Width 等属性来调整。创建的窗体激活后的效果如图 14-8 所示。

图 14-8　窗体"随堂测试系统"激活后的效果

　　本案例需要先创建一个带参数的“写入考题”过程，不过该过程中的 With 语句应该针对 UserForm1 窗体，而非案例 62 中的 Sheet2 工作表。此外，应该检查本案例中各个控件的名字是否与上个案例中的一样，不要盲目复制上个案例中的代码。

　　窗体中各个控件的事件不能创建在 Sheet2 工作表的代码窗口中（本案例没有 Sheet2 工作表），而应该创建在 UserForm1 窗体的代码窗口中。双击“工程资源管理器”中窗体的名字，可以打开窗体。双击窗体的任意空白处（没有控件的部分），即可打开窗体的代码窗口；右键单击“工程资源管理器”中的窗体，然后选中“查看代码”，也可以打开窗体的代码窗口。

　　本案例中各个控件的事件代码与案例 62 中的类似，但需要将各个控件的前缀修改为窗体，而非 Sheet2 工作表。在窗体的代码窗口中表示该窗体时，无须使用窗体的名字，直接用 Me 代替即可。例如，窗体中数值调节钮的 Change 事件的实现代码如代码清单 14-2 所示。

　　代码清单 14-2

```
Private Sub SpinButton1_Change()
    Call 写入考题(Me.SpinButton1.Value)
End Sub
```

　　由于代码清单 14-2 写在 UserForm1 窗体的代码窗口中，因此，在数值调节钮的前缀中，可用 Me 代替窗体的名字。其他控件的事件代码也是如此。

　　除各个控件的事件以外，案例 62 还创建了一个工作簿的 Open 事件，在事件中，可以恢复选项按钮的可用性，清空考生的答案情况并载入题库中的第一题。与此类似，本案例也应创建一个窗体的 Activate（激活）事件，以在事件中实现上述功能。

　　本案例还要求在打开工作簿时马上弹出窗体，窗体打开时，隐藏 Excel 界面，关闭窗体时，关闭 Excel 主程序。在以上要求中，打开窗体的同时隐藏 Excel 界面需要在窗体的 Activate 事件中调用 Application 对象，并将其 Visible 属性设为 False。注意，此时只能隐藏 Excel 界面，而不能关闭；若关闭 Excel，则窗体也会随之关闭。除此之外，还需要创建窗体的 QueryClose 事件，并在事件中调用 Application 对象的 Quit 方法，即可实现关闭窗体的同时关闭 Excel 主程序，相关代码见 14.1.2 节。本案例的最后一个要求是打开工作簿时激活窗体，只需要在工作簿的 Open 事件中调用窗体的 Show 方法。

　　至此，随堂测试系统已经顺利移植到窗体。但是，这只能称为“顺利移植”，而不能称为“完美移植”：在关闭窗体时，系统同时关闭 Excel 主程序，因此，弹出是否需要保存工作簿的提示，单击“保存”按钮，又有可能弹出其他警告提示。为了避免 Excel 主程序弹出各种警告提示，可在窗体的 QueryClose 事件中调用 ThisWorkbook 对象的 Save 方法，保存工作簿；同时，在保存语句的前后，对 Application 对象的 DisplayAlert 属性进行设置，以关闭或打开 Excel 的报警机制。

14.1.2　案例代码

　　本案例中“写入考题”过程的代码如代码清单 14-3 所示。

　　代码清单 14-3

```
Sub 写入考题(i As Integer)
    '针对 UserForm1 使用 With 语句
    With UserForm1
        '清空选项按钮的选中状态
        .OptionButton1.Value = False
```

```
                .OptionButton2.Value = False
                .OptionButton3.Value = False
                .OptionButton4.Value = False
            '载入考生答题情况
            If Sheet3.Range("g" & i + 1) = "A" Then
                .OptionButton1.Value = True
            ElseIf Sheet3.Range("g" & i + 1) = "B" Then
                .OptionButton2.Value = True
            ElseIf Sheet3.Range("g" & i + 1) = "C" Then
                .OptionButton3.Value = True
            ElseIf Sheet3.Range("g" & i + 1) = "D" Then
                .OptionButton4.Value = True
            End If
            '隐藏只有两个选项的题目的C、D选项按钮
            If Sheet3.Range("d" & i + 1) = "" Then
                .OptionButton3.Visible = False
            Else
                .OptionButton3.Visible = True
            End If
            If Sheet3.Range("e" & i + 1) = "" Then
                .OptionButton4.Visible = False
            Else
                .OptionButton4.Visible = True
            End If
            '写入考题
            .Label1.Caption = i
            .Label2.Caption = Sheet3.Range("a" & i + 1)
            .Label3.Caption = Sheet3.Range("b" & i + 1)
            .Label4.Caption = Sheet3.Range("c" & i + 1)
            .Label5.Caption = Sheet3.Range("d" & i + 1)
            .Label6.Caption = Sheet3.Range("e" & i + 1)
        End With
    End Sub
```

数值调节钮的 **Change** 事件：根据数值调节钮的 **Value** 值，写入考题，实现代码如代码清单 14-4 所示。

代码清单 14-4

```
Private Sub SpinButton1_Change()
    Call 写入考题(Me.SpinButton1.Value)
End Sub
```

各个选项按钮的 **Click** 事件：将考生选中的选项写入"考生答案"列，实现代码分别如代码清单 14-5～代码清单 14-8 所示。

代码清单 14-5

```
Private Sub OptionButton1_Click()
    Sheet3.Range("g" & Me.SpinButton1.Value + 1) = "A"
End Sub
```

代码清单 14-6

```
Private Sub OptionButton2_Click()
    Sheet3.Range("g" & Me.SpinButton1.Value + 1) = "B"
End Sub
```

代码清单 14-7

```
Private Sub OptionButton3_Click()
    Sheet3.Range("g" & Me.SpinButton1.Value + 1) = "C"
End Sub
```

代码清单 14-8

```
Private Sub OptionButton4_Click()
    Sheet3.Range("g" & Me.SpinButton1.Value + 1) = "D"
End Sub
```

"第一题"和"最后一题"按钮的 Click 事件：载入对应的题目，并修改数值调节钮的值，实现代码如代码清单 14-9 所示。

代码清单 14-9

```
Private Sub CommandButton2_Click()
    Call 写入考题(1)
    Me.SpinButton1.Value = 1
End Sub

Private Sub CommandButton3_Click()
    Call 写入考题(8)
    Me.SpinButton1.Value = 8
End Sub
```

"结束考试"按钮的 Click 事件：统计答对题目数，并使选项按钮不可用，实现代码如代码清单 14-10 所示。

代码清单 14-10

```
Private Sub CommandButton1_Click()
    Dim i, k As Integer
    For i = 1 To 8
        If Sheet3.Range("f" & i + 1) = Sheet3.Range("g" & i + 1) Then
            k = k + 1
        End If
    Next
    MsgBox "您共答对了" & k & "道题，答题正确率为" & k / 8 * 100 & "%！"
    Me.OptionButton1.Enabled = False
    Me.OptionButton2.Enabled = False
    Me.OptionButton3.Enabled = False
    Me.OptionButton4.Enabled = False
End Sub
```

窗体的 Activate 事件的代码如代码清单 14-11 所示。

代码清单 14-11

```
Private Sub UserForm_Activate()
    '隐藏 Excel 主程序
    Application.Visible = False
    '将选项按钮恢复为可用状态
    Me.OptionButton1.Enabled = True
    Me.OptionButton2.Enabled = True
    Me.OptionButton3.Enabled = True
    Me.OptionButton4.Enabled = True
```

```
'清空考题答案
Dim i As Integer
For i = 1 To 8
    Sheet3.Range("g" & i + 1) = ""
Next
'载入第一题
Call 写入考题(1)
Me.SpinButton1.Value = 1
End Sub
```

工作簿的 **Open** 事件：打开工作簿的同时显示窗体，实现代码如代码清单 14-12 所示。

代码清单 14-12

```
Private Sub Workbook_Open()
    UserForm1.Show
End Sub
```

窗体的 **QueryClose** 事件：关闭窗体的同时关闭 Excel 主程序，并且在关闭报警机制的情况下，对工作簿进行保存，实现代码如代码清单 14-13 所示。

代码清单 14-13

```
Private Sub UserForm_QueryClose(Cancel As Integer, CloseMode As Integer)
    Application.DisplayAlerts = False
    ThisWorkbook.Save
    Application.DisplayAlerts = True
    Application.Quit
End Sub
```

14.1.3 案例小结

本案例介绍了以下知识点：

- 创建窗体，并在窗体中插入控件；
- 在窗体的代码窗口中调用本窗体内的控件时，可用 Me 代替窗体名；
- 创建窗体的 Activate 事件和 QueryClose 事件；
- Application 对象的 Visible 属性和 Quit 方法；
- 窗体的 Show 方法。

注意，不要混淆窗体的 Activate 事件和 Show 方法。

小贴士：本案例的完成版从打开到关闭都看不到 Excel 界面，如果需要修改该案例代码，可以首先打开一个新工作簿，然后打开 Visual Basic 编辑器，最后双击本案例的完成版。窗体出现后，在编辑器中打开窗体的代码窗口，即可修改代码。修改完毕后，再双击一次本案例的完成版，会弹出本案例的 Excel 工作簿界面，单击工具栏中的"保存"按钮即可。

14.2 案例 64：学习使用复选框（CheckBox）

本节介绍复选框（CheckBox）及其重要的属性和事件，以及复选框和选项按钮的区别。

我们可以尝试在窗体中插入两个复选框，并使它们具备选项按钮的互斥性。

14.2.1 案例解析

复选框是一种与选项按钮类似的控件，其重要属性包括 Caption（标题）、Enabled（可用）、Visible（可视）、GroupName（组名）和 Value（值）等。复选框中主要的事件是 Click 事件。这些属性和事件的使用方法和选项按钮类似。

复选框与选项按钮的两个不同：同一组复选框之间不存在互斥性，可以同时选中同一组中的多个复选框；复选框的选中状态可以被取消。

在窗体中，插入两个 GroupName 相同的复选框，如图 14-9 所示。

如果想使图 14-9 中的两个复选框具备互斥性，那么只需要在每个复选框的 Click 事件中判断当前复选框的 Value 值，并将另一个复选框的 Value 值设置为相反。

图 14-9 窗体中同组的两个复选框

14.2.2 案例代码

本案例中两个复选框的 Click 事件的代码分别如代码清单 14-14 和代码清单 14-15 所示。

代码清单 14-14

```
Private Sub CheckBox1_Click()
    If CheckBox1.Value = True Then
        CheckBox2.Value = False
    Else
        CheckBox2.Value = True
    End If
End Sub
```

代码清单 14-15

```
Private Sub CheckBox2_Click()
    If CheckBox2.Value = True Then
        CheckBox1.Value = False
    Else
        CheckBox1.Value = True
    End If
End Sub
```

14.2.3 案例小结

在拥有选项按钮的前提下，使同一组的复选框拥有互斥性的实际意义并不大。本案例只是帮助读者了解复选框的重要属性和事件。

当工作簿中只有一个窗体时，代码中可不注明控件所属的窗体；当存在多个窗体时，一定要使用关键字 Me 或窗体的名字标明控件属于哪个窗体。

14.3 案例 65：学习使用文本框（TextBox）

本案例介绍 ActiveX 控件文本框（TextBox）的使用方法和重要属性。

打开资料文件"案例 65：学习使用文本框（TextBox）.xlsm"，出现 3 张工作表："登录界面""张三"和"李四"，如图 14-10 所示。

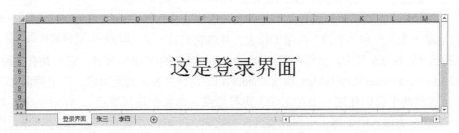

图 14-10　案例 65 的工作簿

本案例的要求：

○ 在工作簿中，创建一个含有用户名和密码的登录界面，当工作簿打开时，该界面自动弹出；

○ 在关闭工作簿时，隐藏"张三"和"李四"两张工作表，并使这两张工作表处于"保护"状态；

○ 在登录界面中输入用户名"张三"和密码"123"时，显示"张三"工作表，并解除其保护状态；

○ 在登录界面中输入用户名"李四"和密码"0000"时，显示"李四"工作表，并解除其保护状态。

14.3.1　案例解析

文本框与标签类似，在工作表或窗体中，创建二者的方法一样，它们拥有很多相同的属性，如 Height（高度）、Left（左边距）、Enabled（可用）、Top（上边距）、Visible（可视）和 Width（宽度）等。二者的不同之处是，标签展示的内容属于 Caption 属性，用户只能阅读而不能修改；文本框中的内容可以由用户填写或修改，属于文本框的 Value 属性。

文本框有两个重要属性：TabIndex（切换索引）和 PasswordChar（密码字符）。

TabIndex 属性并非文本框独有，同一窗体中所有控件都拥有一个正整数类型的 TabIndex 值，且互不重复。当窗体激活时，可用 Tab 键进行切换的控件，都会按照 TabIndex 值由小到大的顺序依次切换，包括选项按钮、复选框、文本框和命令按钮等。TabIndex 值可以被手动修改，修改一个控件的 TabIndex 值后，其他控件的 TabIndex 值都会被编辑器自动依次修改。在填写多个文本框的表单时，用户大多喜欢使用 Tab 键依次切换需要填写的文本框，因此，TabIndex 属性对文本框控件就显得格外重要。在编辑程序界面时，应将文本框和其他控件的 TabIndex 值按照控件位置从左到右、从上到下的顺序依次取值，以符合大众使用 Tab 键切换控件的习惯。

PasswordChar 属性是文本框控件独有的属性，当某个文本框用于填写密码时，其 PasswordChar 属性一栏可设置为"*"，在该文本框内，填入的字符都会被"*"代替。当然，PasswordChar 也可以设定为其他符号，利用"*"代替密码明显更符号大众的使用习惯。

本案例要求的窗体可参照图 14-11 创建。注意，图 14-11
中的第二个文本框（密码输入框）的 PasswordChar 值应设
为 "*"。

本案例需要创建一个工作簿的 Open 事件——当工作
簿被打开时，弹出"登录界面"窗体，具体代码见 14.3.2 节。
本案例还需要创建一个工作簿的 BeforeClose 事件——当
工作簿被关闭时，先显示"登录界面"工作表（否则会报
错），再隐藏"张三"和"李四"两张工作表，并将它们设

图 14-11　"登录界面"窗体

置为保护状态。在 8.6 节中，我们介绍过 Worksheets 对象的 Visible 属性，它一共有 3 种取值：
xlSheetHidden、xlSheetVeryHidden 和 xlSheetVisible，分别表示普通隐藏、深度隐藏和可视。
本案例可在前两个值中任选一个对工作表进行隐藏。本案例还需要用到 Worksheets 对象的
Protect（保护）方法，用于将工作表设置为保护状态。Protect 方法后可接一组字符串，作为工作
表保护状态下的密码，实现代码见代码清单 14-16。

代码清单 14-16

```
'将 Sheet2 工作表设为保护状态，且密码设为 "1234"
Sheet2.Protect "1234"
```

在"登录"按钮的 Click 事件中，需要对输入的用户名和密码进行判断，也就是利用 If
语句判断两个文本框的 Value 值，若分别为"张三"和"123"，则显示"张三"工作表并解除
其保护状态；若分别为"李四"和"0000"，则显示"李四"工作表并解除其保护状态。想要
解除工作表的隐藏状态，只需要将 Visible 属性设为 xlSheetVisible。解除工作表的保护状态需
要用到 Unprotect（解除保护）方法，并且将正确的密码作为参数写在 Unprotect 方法的后面，
如代码清单 14-17 所示。

代码清单 14-17

```
'解除 Sheet2 工作表的保护状态
Sheet2.Unprotect "1234"
```

为了使"登录界面"的功能更加完整，还可在"登录"按钮的 Click 事件中加入用户名和
密码输入错误时的提示，相关代码见 14.3.2 节。

14.3.2　案例代码

工作簿的 Open 事件的代码如代码清单 14-18 所示。

代码清单 14-18

```
Private Sub Workbook_Open()
    '工作簿打开的同时弹出登录窗口
    UserForm1.Show
End Sub
```

窗体中"登录"按钮的 Click 事件的代码如代码清单 14-19 所示。

代码清单 14-19

```
Private Sub CommandButton1_Click()
```

```
    If Me.TextBox1.Value = "张三" And Me.TextBox2.Value = "123" Then
        Sheet2.Visible = xlSheetVisible
        Sheet2.Unprotect "1234"
        Sheet2.Select
        Me.Hide
        Sheet1.Visible = xlSheetHidden
    ElseIf Me.TextBox1.Value = "李四" And Me.TextBox2.Value = "0000" Then
        Sheet3.Visible = xlSheetVisible
        Sheet3.Unprotect "1234"
        Sheet3.Select
        Me.Hide
    Else
        MsgBox "用户号或密码错误，请重新输入！"
        Me.TextBox1.Value = ""
        Me.TextBox2.Value = ""
    End If
End Sub
```

工作簿的 **BeforeClose** 事件的代码如代码清单 14-20 所示。

代码清单 14-20

```
Private Sub Workbook_BeforeClose(Cancel As Boolean)
    '在隐藏其他工作表之前，必须先将"登录界面"工作表设为可视状态
    Sheet1.Visible = xlSheetVisible
    '隐藏"张三"工作表并设为保护状态
    Sheet2.Visible = xlSheetVeryHidden
    Sheet2.Protect "1234"
    '隐藏"李四"工作表并设为保护状态
    Sheet3.Visible = xlSheetVeryHidden
    Sheet3.Protect "1234"
End Sub
```

14.3.3　案例小结

对于文本框控件，除了解其常用属性以外，还应了解和掌握 TabIndex（切换索引）和 PasswordChar（密码字符）两个重要属性。

本案例强调开发的程序应当符合大众的使用习惯，如使用"*"代替密码字符。本案例虽然没有要求，但是代码中还是编写了用户号、密码输入错误时弹出提示框的语句，以及用户号、密码输入正确时切换到对应工作表并隐藏登录窗口的语句，这同样是为了符合大众的使用习惯。

14.4　案例 66：学习使用组合框（ComboBox）和列表框（ListBox）

组合框（ComboBox）也称为复合框，其实就是平时常见的下拉菜单。VBA 中的组合框和列表框（ListBox）相似，从外观上看，仅仅是前者需要单击下拉箭头才会出现列表信息，而列表框会直接展示所有列表信息，如图 14-12 所示。

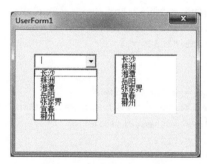

图 14-12 组合框和列表框

本案例要求首先新建一张工作表，并在工作表的 A 列依次添加"长沙""株洲""湘潭""岳阳""张家界""宜春"和"郴州"7 个城市名；然后，在窗体中，创建一个组合框和一个列表框，将 A 列中的城市名分别添加到两个控件中，但组合框中只保留属于湖南的城市（不包括"宜春"）。

14.4.1 案例解析

组合框和列表框的 Enabled（可用）、Visible（可视）等属性的使用与其他控件类似，这两个控件的 Value 属性就是当前被选中的值。

组合框和列表框中比较重要的属性是 List（列表信息），也就是单击下拉菜单后展示的内容和列表框内展示的内容。List 的返回值是一个数组，其下标从 0 开始。组合框和列表框还有 3 个重要方法：AddItem、RemoveItem 和 Clear，分别表示往列表中添加项目、删除项目和清除列表中的所有项目。AddItem 方法后面可接字符串或单元格，表示将字符串或单元格的值添加到列表。RemoveItem 方法与数组类似，需要使用下标表示要删除列表中的第几个值。RemoveItem 的下标也是从 0 开始。Clear 方法可直接使用，无须使用下标。组合框和列表框的 List 属性、AddItem 方法、RemoveItem 方法和 Clear 方法的示例代码如代码清单 14-21 所示。

代码清单 14-21

```
'将列表框第 1 个项目的值返回到工作表的 A1 单元格
Sheet1.Range("A1") = UserForm1.ListBox1.List(0)
'往列表框中添加项目"北京"
UserForm1.ListBox1.AddItem "北京"
'删除组合框的第 6 个项目
UserForm1.ComboBox1.RemoveItem (5)
'清除列表框中的所有项目
UserForm1.ListBox1.Clear
```

虽然可以利用 AddItem 方法逐个添加项目到组合框和列表框，但是，按照编程习惯，一般会把所有列表项目先写入一个工作表（或数组），再利用 For 循环将工作表（或数组）内的值添加到组合框和列表框。当需要修改某个项目时，无须直接操作控件，修改工作表（或数组）中的内容即可。这也是本案例要求先将各个城市名填入工作表的 A 列的原因。

根据本案例的要求，可以考虑在模块中创建一个"初始化"过程，在过程中，将 A 列的值依次添加到组合框和列表框，然后，删除组合框中不属于湖南的城市名，也就是第 6 项"宜春"，RemoveItem 方法的参数应为 5。最后，在窗体的 **Activate** 事件中，调用"初始化"过程，即可得到本案例要求的组合框和列表框。

14.4.2 案例代码

"初始化"过程的代码如代码清单 14-22 所示。

代码清单 14-22

```
Sub 初始化()
    '将工作表 A 列的值写入组合框和列表框
    For i = 1 To 7
        UserForm1.ListBox1.AddItem Sheet1.Range("a" & i)
        UserForm1.ComboBox1.AddItem Sheet1.Range("a" & i)
    Next
    '删除组合框中不属于湖南的城市名
    UserForm1.ComboBox1.RemoveItem (5)
End Sub
```

窗体的 **Activate** 事件的代码如代码清单 14-23 所示。

代码清单 14-23

```
Private Sub UserForm_Activate()
    Call 初始化
End Sub
```

14.4.3 案例小结

组合框和列表框中的重要方法几乎都与 List 属性有关，List 属性的值是一个下标从 0 开始的数组。

14.5 案例 67：会员资料查询

本案例的资料文件"案例 67：会员资料查询.xlsm"中有一张如图 14-13 所示的工作表。该工作表中有一组会员信息。本案例要求设计一个会员资料查询界面，输入会员的手机号码，就可以查询会员的相关信息，查询界面如图 14-14 所示。该查询界面应具备自动提示功能：在文本框中输入数字后，文本框下方的列表框中应显示所有包含该组数字的手机号码，以供用户选择，如图 14-15 所示。

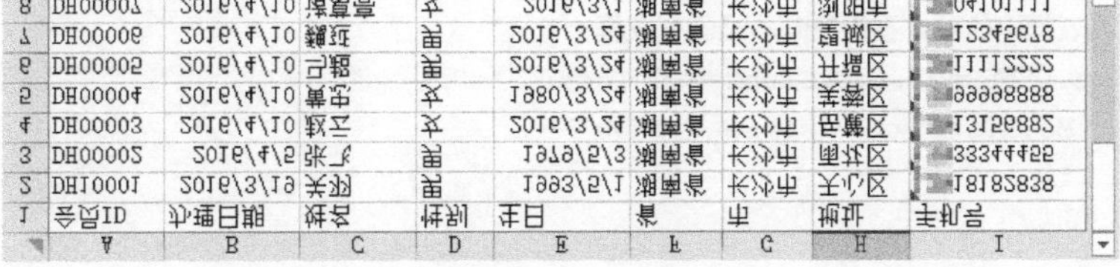

图 14-13 会员信息

<table>
<tr><td>图 14-14 会员查询界面</td><td>图 14-15 查询自动提示</td></tr>
</table>

14.5.1 案例解析

首先，在窗体中，搭建会员查询界面。通过观察可知，该界面中有 13 个标签，其中 Caption 值为 "Null" 的 4 个标签，以及 "省""市""街道" 3 个标签，都应在查询得到会员信息后自动修改为对应的信息，因此，我们需要留意这 7 个标签的控件名称，以便编写代码时与 "会员信息" 工作表对应的列进行关联。此外，该界面中还有一个文本框和一个列表框。文本框用于输入手机号码；列表框默认为隐藏状态，也就是创建时应将其 Visible 属性的值设为 False，当文本框内输入的数字与 "会员信息" 工作表中的手机号码匹配时，列表框取消隐藏状态，并显示与文本框内数字相匹配的手机号码。最后，还有一个 "查询" 按钮，单击后隐藏列表框，同时显示用户选中的手机号码所属会员的相关信息。

用户使用界面的大致顺序为：在文本框内输入手机号码或手机号码中的某几位数字，在列表框中，选中手机号码，单击 "查询" 按钮查看会员信息。

因此，应针对会员查询自动提示功能创建文本框的 Change 事件。Change 事件需要利用 InStr 函数将文本框内的数字（Value 属性值）逐一与 "会员信息" 工作表中的手机号码（I 列）进行比对，所有含有文本框中数字的手机号码都要添加到列表框的 List 中，还要修改列表框的 Visible 属性为 True。文本框的 Change 事件的实现代码如代码清单 14-24 所示。

代码清单 14-24

```
Private Sub TextBox1_Change()
    Dim i, irow As Integer
    '获取 "会员信息" 工作表中最后一行数据的行号
    irow = Sheet1.Range("a65536").End(xlUp).Row
    '将含有文本框内数字的手机号码添加到列表框
    For i = 2 To irow
        If InStr(Sheet1.Range("i" & i), Me.TextBox1.Value) > 0 Then
            Me.ListBox1.AddItem Sheet1.Range("i" & i)
        End If
    Next
    '当列表框中的项目不为空时，显示列表框
    If Me.ListBox1.ListCount > 0 Then
        Me.ListBox1.Visible = True
    End If
End Sub
```

代码清单 14-24 中的文本框的 Change 事件会导致在文本框中每输入一个数字，列表框就会添加与该数字匹配的手机号码，且不会清除之前添加的号码，最终导致列表框中出现重复的号码，以及与当前文本框内的数字不匹配的号码。因此，在文本框的 Change 事件中，应先清空列表框的 List 列表，再进行比对和添加号码。清空列表框的代码如代码清单 14-25 所示。

代码清单 14-25

```
Me.ListBox1.Clear
```

因为代码清单 14-24 中没有隐藏列表框的语句，所以一旦在文本框中输入数字并显示了列表框，再清空文本框中的所有数字，列表框中就会列出"会员信息"工作表中所有手机号码（使用 InStr 函数将"空"与任意字符串进行比对，返回值都大于 0），如图 14-16 所示。

因此，需要在列表框的 Change 事件中添加一段代码，对文本框的 Value 值进行判断，如果为空，则隐藏列表框。注意，这段代码必须添加在显示列表框相关代码的下面，用于清空文本框后再次隐藏列表框。具体代码如代码清单 14-26 所示。

图 14-16 输入数字再全部删除后会导致所有手机号码都出现在列表框中

代码清单 14-26

```
If Me.TextBox1.Value = "" Then
    Me.ListBox1.Visible = False
End If
```

将代码清单 14-24 代码清单 14-26 合并，就能得到完整的文本框的 Change 事件代码，详见 14.5.2 节中的代码清单 14-27。接下来编写列表框的 Click 事件。当用户在列表框中选中某个手机号码后，应当将该号码填入文本框中（将列表框的 Value 值赋给文本框），同时隐藏列表框（将列表框的 Visible 属性设为 False），相关代码见 14.5.2 节中的代码清单 14-28。

然后，创建"查询"按钮的 Click 事件。该事件需要根据当前文本框中的手机号码，在"会员信息"工作表中找到对应的会员信息，并返回查询界面。另外，在"查询"按钮的 Click 事件中，应对文本框的当前 Value 值进行判断，若"会员信息"工作表中没有匹配的手机号码，则应弹出错误提示。"查询"按钮的 Click 事件的代码见 14.5.2 节中的代码清单 14-29。

最后，创建一个工作簿的 Open 事件，实现打开工作簿的同时弹出查询界面，相关代码见14.5.2 节中的代码清单 14-30。

14.5.2 案例代码

文本框的 Change 事件主要用于实现会员查询界面的自动提示功能，相关代码如代码清单 14-27 所示。

代码清单 14-27

```
Private Sub TextBox1_Change()
    Dim i, irow As Integer
```

```
    irow = Sheet1.Range("a65536").End(xlUp).Row
    '清空列表框
    Me.ListBox1.Clear
    '将与文本框内数字匹配的手机号码添加到列表框
    For i = 2 To irow
        If InStr(Sheet1.Range("i" & i), Me.TextBox1.Value) > 0 Then
            Me.ListBox1.AddItem Sheet1.Range("i" & i)
        End If
    Next
    '当列表框的项目不为空时，显示列表框
    If Me.ListBox1.ListCount > 0 Then
        Me.ListBox1.Visible = True
    End If
    '若文本框为空，则隐藏列表框
    If Me.TextBox1.Value = "" Then
        Me.ListBox1.Visible = False
    End If
End Sub
```

列表框的 Click 事件的相关代码如代码清单 14-28 所示。

代码清单 14-28

```
Private Sub ListBox1_Click()
    Me.TextBox1.Value = Me.ListBox1.Value
    Me.ListBox1.Visible = False
End Sub
```

命令按钮的 Click 事件用于返回会员信息，我们需要注意各控件与"会员信息"工作表各列的对应关系。其相关代码如代码清单 14-29 所示。

代码清单 14-29

```
Private Sub CommandButton1_Click()
    Dim i, k, irow As Integer
    irow = Sheet1.Range("a65536").End(xlUp).Row
    '找到对应的手机号码，返回其他会员信息，并将 k 置 1
    For i = 2 To irow
        If Sheet1.Range("i" & i) = Me.TextBox1.Value Then
            Me.Label3.Caption = Sheet1.Range("a" & i)
            Me.Label4.Caption = Sheet1.Range("d" & i)
            Me.Label6.Caption = Sheet1.Range("e" & i)
            Me.Label8.Caption = Sheet1.Range("i" & i)
            Me.Label10.Caption = Sheet1.Range("f" & i)
            Me.Label12.Caption = Sheet1.Range("g" & i)
            Me.Label13.Caption = Sheet1.Range("h" & i)
            k = 1
        End If
    Next
    '如果 k 为 0，则表示未找到会员信息
    If k = 0 Then
        MsgBox "未找到对应的会员信息！"
    End If
End Sub
```

Open 事件的相关代码如代码清单 14-30 所示。

代码清单 14-30

```
Private Sub Workbook_Open()
    UserForm1.Show
End Sub
```

14.5.3 案例小结

本案例中的会员资料查询是随堂测试系统后的第二个比较完整的小型系统。对于本案例，我们还应注意以下两点：

- 各模块的功能实现应尽量符合大众的使用习惯；
- 反复测试，逐步解决问题并完善细节。

本案例的代码中使用了列表框的 ListCount 属性，该属性在“案例解析”中并未提及，但读者在看到这个属性时应该能理解其含义，甚至已推断出列表框控件应该有这样一个属性。

当遇到尚未接触过的知识点时，利用已掌握的知识，推断出其大概的含义和使用方法，这是学习 VBA 时应该掌握的一项技能。毕竟，想通过一本书就掌握 VBA 的所有知识点，几乎是不可能的。

第 15 章

如何在 VBA 中与用户进行信息交互

第 11 章的案例 53 实现了将 D 盘的 data 文件夹下的所有工作簿合并为一个工作簿的操作。然而，在实际操作中，合并的工作簿很可能不在某个固定的路径中，如果合并前还要将文件转移到指定的文件夹中，那么显然很不方便。因此，本章将介绍如何通过信息交互让用户指定文件所在路径，然后进行工作簿合并。

本章的内容包括：

- ○ MsgBox 函数的参数；
- ○ InputBox 函数，以及 Application 对象的 InputBox 方法；
- ○ Application 对象的 GetOpenFilename 方法；
- ○ Application 对象的 Dialogs 属性。

15.1 案例 68：深入学习 MsgBox 函数

MsgBox（提示框）函数和 InputBox（输入框）函数都属于 VBA 函数中的 Interaction（交互）函数，用于用户之间的交流和互动。严格来说，MsgBox 函数的语法应该如下所示：

```
VBA.Interaction.MsgBox "提示语"
```

除"提示语"以外，MsgBox 函数还拥有多个参数和多种返回值。本节将深入介绍 MsgBox 函数的相关知识，并利用 MsgBox 函数完善案例 62 中"结束考试"按钮的提示框内容。

15.1.1 案例解析

在 Visual Basic 编辑器中，输入 MsgBox 函数，可以看到编辑器的自动提示列出了 MsgBox 函数的所有参数，如图 15-1 所示。

图 15-1　MsgBox 函数的所有参数

MsgBox 函数各个参数的意义如下。

○ Prompt 参数：用于设置在提示框中显示的内容，最大长度为 1024 个字符。

○ Buttons 参数：用于指定按钮的数量和样式，默认值为 0，表示只有一个"确定"按钮。MsgBox 函数的 Buttons 参数是重点内容，将在下文中详细介绍。

○ Title 参数：用于设置提示框的标题，类似 ActiveX 控件的 Caption 属性。

○ HelpFile 与 Context 参数：在设置了帮助文件的前提下，这两个参数用于表明帮助文件的路径和上下文语境。在绝大多数情况下，这两个参数不会被用到，因此，本书不做介绍，有兴趣的读者请自行查阅相关资料。

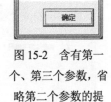

MsgBox 函数可以只设置其中几个参数，对于未设置的参数，使用英文符号"，"为其留出位置。假如我们不设置 Buttons 参数，只设置 Prompt 和 Title 参数，代码如代码清单 15-1 所示。

代码清单 15-1

```
VBA.Interaction.MsgBox "你好吗？", , , "问候一下"
```

图 15-2　含有第一个、第三个参数，省略第二个参数的提示框

代码清单 15-1 的执行结果如图 15-2 所示。

参数 Buttons 的值决定了提示框中按钮的数量和样式，具体对应关系如图 15-3 所示。

常数	值	描述
vbOKOnly	0	只显示"确定"按钮
VbOKCancel	1	显示"确定"及"取消"按钮。
VbAbortRetryIgnore	2	显示"中止"、"重试"及"忽略"按钮。
VbYesNoCancel	3	显示"是"、"否"及"取消"按钮。
VbYesNo	4	显示"是"及"否"按钮。
VbRetryCancel	5	显示"重试"及"取消"按钮。
VbCritical	16	危险图标
VbQuestion	32	询问图标
VbExclamation	48	警告图标
VbInformation	64	信息图标
vbDefaultButton1	0	第一个按钮是默认值。
vbDefaultButton2	256	第二个按钮是默认值。
vbDefaultButton3	512	第三个按钮是默认值。
vbDefaultButton4	768	第四个按钮是默认值。
vbApplicationModal	0	应用程序强制返回；应用程序一直被挂起，直到用户对消息操作出响应才继续工作。
vbSystemModal	4096	系统强制返回；全部应用程序都被挂起，直到用户对消息框作出响应才继续工作。
vbMsgBoxHelpButton	16384	将"帮助"按钮添加到提示框
VbMsgBoxSetForeground	65536	指定提示框窗口作为前景窗口，就是显示在窗口的最上层
vbMsgBoxRight	524288	文本为右对齐
vbMsgBoxRtlReading	1048576	在调用MsgBox函数时，将显示从右向左阅读的文本

图 15-3　Buttons 参数的值与提示框中按钮的数量和样式的对应关系

从图 15-3 可知，当 MsgBox 函数的 Buttons 参数的值为 vbOKOnly、0 或不设置时，提示框只显示"确定"按钮；当 Buttons 参数的值为 VbOKCancel 或 1 时，显示"确定"和"取消"按钮，如图 15-4 所示。当 Buttons 参数的值为 2、3、4、5（或对应的常数）时，按钮的数量和样式见图 15-3 中的"描述"，此处不再赘述。

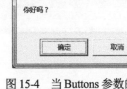

当 Buttons 参数的值为 16、32、48、64 时，提示框中会显示不同的图标，并弹出对应的提示音。例如，在单击随堂测试系统中的"结束考试"按钮时，想要在弹出的提示框中添加一个警告图标，同时系统响起警示音，只需要将 MsgBox 函数的 Buttons 参数设为 48，相关代码如代码清单 15-2 所示。

图 15-4　当 Buttons 参数的值为 VbOKCancel 或 1 时，提示框显示"确定"和"取消"按钮

代码清单 15-2

```
MsgBox "确定结束考试吗？单击确定后将无法再次答题！", 48, "注意！"
```

代码清单 15-2 的执行结果如图 15-5 所示。

如果想为这个提示框添加一个"取消"按钮以供用户单击，则需要将 MsgBox 函数的 Buttons 参数的值设置为"48＋1"，或者设置为 49（48+1 的结果），表示既显示"确定"和"取消"按钮，又显示警告图标，相关代码如代码清单 15-3 所示。

代码清单 15-3

```
MsgBox "确定结束考试吗？单击确定后将无法再次答题！", 48 + 1, "注意！"
MsgBox "确定结束考试吗？单击确定后将无法再次答题！", 49, "注意！"
```

代码清单 15-3 中的两行代码运行效果相同，如图 15-6 所示。

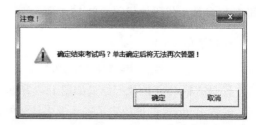

图 15-5　含有警告图标的提示框　　　　图 15-6　Buttons 参数的值为 48+1 或 49 时的提示框

这种参数值叠加使用的方法使得 MsgBox 函数的运用更加灵活多变。Buttons 参数的值 256、512、768 分别表示第二个、第三个和第四个按钮是默认按钮。如果将 Buttons 参数的值设为 256+1 或 257，就可以在提示框中同时显示"确定"和"取消"按钮，并将"取消"按钮设为默认按钮。在弹出提示框后，直接按回车键，等同于单击"取消"按钮。相关代码如代码清单 15-4 所示。

代码清单 15-4

```
MsgBox "确定结束考试吗？单击确定后将无法再次答题！", 256 + 1, "注意！"
MsgBox "确定结束考试吗？单击确定后将无法再次答题！", 257, "注意！"
```

代码清单 15-4 的执行结果如图 15-7 所示。

参数 Buttons 的值甚至可以设置为 1+48+256 或 305，相关代码如代码清单 15-5 所示。

代码清单 15-5

```
MsgBox "确定结束考试吗？单击确定后将无法再次答题！", 1 + 48 + 256, "注意！"
MsgBox "确定结束考试吗？单击确定后将无法再次答题！", 305, "注意！"
```

代码清单 15-5 的执行结果如图 15-8 所示。

图 15-7　当 Buttons 参数的值为 256+1 或 257 时，　图 15-8　Buttons 参数的值设为 1+48+256 或 305
　　　提示框的默认值为"取消"　　　　　　　　　　时的提示框

将单击"结束考试"按钮出现的提示框中的默认按钮设为"取消"，能有效避免弹出提示框后因不小心碰触键盘的回车键而导致提前结束考试。

参数 Buttons 的最后一组值（4096、16384、65536 等）的使用相对较少，读者可以自行了解。例如，将 Buttons 的值设为 16384，可以将"帮助"按钮添加到提示框，但必须先设置好帮助文件的路径和语境，也就是 HelpFile 与 Context 这两个参数。

将同一组 Buttons 参数值进行叠加是无效的。例如，对第一组的两个值 1 和 2 进行叠加，使 Buttons 参数的值为 1+2，提示框不会同时显示"确定""取消"，以及"中止""重试""忽略"这两组按钮，而是显示"是""否"和"取消"按钮，也就是 Buttons 参数值为 3 时的按钮样式；而将 Buttons 值设为 1+5 或 6 时，因为在第一组参数值中找不到 6 对应的按钮样式，所以此时的提示框将显示默认的"确定"按钮。同样，将 Buttons 的值设为 16+32 时，不会同时出现危险图标和询问图标，而是出现 Buttons 的值为 48 时的警告图标；在将 Buttons 的值设为 32+48 或 48+64 时，因为没有对应的样式，所以提示框会显示为默认样式。

单击提示框的不同按钮时，MsgBox 返回不同的值。在如图 15-8 所示的提示框中，单击"确定"按钮，MsgBox 函数的返回值为 1，单击"取消"按钮，则返回 2。为了验证这个结果，可执行代码清单 15-6。

代码清单 15-6

```
Sub test()
    i = MsgBox("确定结束考试吗？单击确定后将无法再次答题！", 1 + 48 + 256, "注意！")
    MsgBox i
End Sub
```

小贴士：当需要获取函数的返回值时，必须使用英文括号"( )"将参数括起来。

执行代码清单 15-6 中的"test"过程，会弹出图 15-8 所示的提示框，单击提示框中的"确定"按钮，会弹出第二个提示框，并显示数值"1"。如果单击第一个提示框的"取消"按钮，则第二个提示框会显示数值"2"。

MsgBox 函数所有按钮对应的返回值如图 15-9 所示。

利用图 15-9 中每个按钮对应的返回值，即可判断用户单击的按钮；根据用户不同的选择，即可进行不同的操作。例如，在随堂测试系统中，提示框弹出，询问考生是否确定结束考试，如果考生单击"确定"按钮，则计算答题正确率并将选项按钮设为不可用状态；若考生单击"取消"按钮，则关闭提示框，不做任何操作。

返回值		
常数	值	说明
vbOK	1	确定
vbCancel	2	取消
vbAbort	3	中止
vbRetry	4	重试
vbIgnore	5	忽略
vbYes	6	是
vbNo	7	否

图 15-9 MsgBox 函数的返回值

15.1.2 案例代码

为随堂测试系统的"结束考试"按钮添加询问提示框的代码如代码清单 15-7 所示。本案例的完成版的代码见案例 63。

代码清单 15-7

```
Private Sub CommandButton1_Click()
    Dim i, j, k As Integer
    '询问考生是否确定结束考试
    j = MsgBox("确定结束考试吗？单击确定后将无法再次答题！", 1 + 48 + 256, "注意！")
```

```
        If j = 2 Then
            Exit Sub
        End If
        '计算答题正确率
        For i = 1 To 8
            If Sheet3.Range("f" & i + 1) = Sheet3.Range("g" & i + 1) Then
                k = k + 1
            End If
        Next
        MsgBox "您共答对了" & k & "道题，答题正确率为" & k / 8 * 100 & "%！"
        '使单选按钮不可用
        Me.OptionButton1.Enabled = False
        Me.OptionButton2.Enabled = False
        Me.OptionButton3.Enabled = False
        Me.OptionButton4.Enabled = False
End Sub
```

15.1.3　案例小结

本案例的重点内容：

○　MsgBox 函数的 Buttons 参数和 Title 参数；

○　Buttons 参数值的含义；

○　MsgBox 函数的返回值。

15.2　案例 69：深入学习 InputBox 函数

9.2 节中的案例 38 是对"按用户要求拆分工作表"的代码进行完善，也就是解决用户在 InputBox 函数的输入框中输入的数据类型不确定的问题。当时，为了解决这个由 InputBox 函数引发的问题，颇费周折，涉及不定义变量类型，以及 Val 函数和 IsNumeric 函数的使用等。实际上，经过深入学习，读者会发现 InputBox 函数或 Application 对象的 InputBox 方法能轻松解决这个问题。

本案例要求优化案例 38 中关于 InputBox 函数的代码。

15.2.1　案例解析

InputBox 函数和 MsgBox 函数都属于 VBA 函数中的 Interaction 函数。InputBox 函数的参数如图 15-10 所示。

图 15-10　InputBox 函数的参数

其中，Prompt、Title、HelpFile 和 Context 参数的含义与 MsgBox 函数中的一样，XPos 和 YPos 这两个参数分别表示 X 轴坐标和 Y 轴坐标，类似控件的 Width 和 Height 属性，用于确定输入框的位置。InputBox 函数的后 4 个参数在实际应用中使用较少。

InputBox 函数的 Default 参数用于在输入框中填入默认值，如代码清单 15-8 所示。

代码清单 15-8

```
VBA.Interaction.InputBox "请输入您的姓名：", "登录", "姓名", 10000, 5000
```

代码清单 15-8 会在计算机桌面上 X 轴坐标为 10000、Y 轴坐标为 5000 的位置弹出图 15-11 所示的输入框，且输入框中有默认值"姓名"。

从 InputBox 函数的参数可以看出，函数本身无法限制用户输入的数据类型。在 VBA 中，除 VBA 的 Interaction 函数 InputBox 以外，Application 对象有一个 InputBox 方法，该方法的参数如图 15-12 所示。

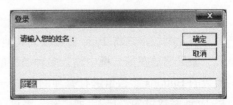

图 15-11　含有默认值的输入框

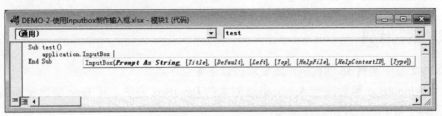

图 15-12　InputBox 方法的参数

其中，Type 参数用于确定输入内容的类型。InputBox 方法的 Type 参数值为整数，不同值对应的含义如图 15-13 所示。

如果将案例 38 中的 InputBox 函数改成 Application 对象的 InputBox 方法，那么相关代码如代码清单 15-9 所示。

值	含义
0	公式
1	数字
2	文本 (字符串)
4	逻辑值 (True 或 False)
8	单元格引用，作为一个 Range 对象
16	错误值，如 #N/A
64	数值数组

图 15-13　InputBox 方法的 Type 参数
值的含义

代码清单 15-9

```
l = Application.InputBox("请问需要根据第几列进行数据拆分？", , , , , , , 1)
```

无须设置的参数要用英文逗号隔开。通过观察 Visual Basic 编辑器自动提示中加粗的参数，即可知道当前应设置哪个参数。例如，在图 15-14 中，当前应设置的参数为 Type。

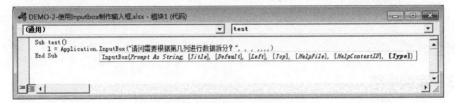

图 15-14　当前设置的参数为 Type

在将 Type 参数设置为 1 后，Application 对象的 InputBox 方法弹出的提示框如图 15-15 所示。

图 15-15 所示的提示框与 InputBox 函数的提示框在样式上有明显区别，而且，在这个输入框中输入非数字后，会弹出错误提示，如图 15-16 所示。

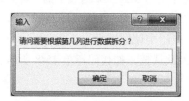
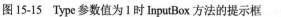

图 15-15　Type 参数值为 1 时 InputBox 方法的提示框　　图 15-16　在 Type 参数值为 1 的 InputBox 方法的
提示框中，输入非数字，会弹出错误提示

与此类似，在将 Type 参数设为其他值时，只能输入对应类型的数据，否则也会报错。

如果需要在提示框中输入多种类型的数据，则可将 Type 参数的值进行叠加，这与 MsgBox 函数的 Buttons 参数值进行叠加的方法一样。例如，允许在提示框中输入数字和字符，只需要将 Type 参数设为"1+2"或"3"。不过，与 MsgBox 函数的 Buttons 参数不同，InputBox 方法的 Type 参数值为典型的"8421"取值法，任意若干取值相加都不会等于另一个取值，从而保证了参数取值叠加时，不会造成叠加值与默认值冲突。

15.2.2　案例代码

针对 9.2 节中案例 38 的代码，需要修改以下 4 点：

❍　将 InputBox 函数改为 Application 对象的 InputBox 方法，且 Type 参数设为 1；

❍　将变量 l 定义为 Integer 类型；

❍　去掉 If 语句中的 IsNumeric 函数，因为 InputBox（输入框）已经确保用户输入的值为数字；

❍　去掉 Val 函数。

修改后的代码如代码清单 15-10 所示。

代码清单 15-10

```
Sub 拆分工作表()
    ……
    '定义变量 l 为整数类型
    Dim l As Integer
    ……
    '由用户指定根据第几列进行数据拆分
    l = Application.InputBox("请问需要根据第几列进行数据拆分？", , , , , , , 1)
    '如果 l 不是数字、小于 1 或大于 6，则弹出提示框并中止过程
    If l < 1 Or l > 6 Then
        MsgBox "请输入正确的数字"
        Exit Sub
    End If
    ……
End Sub
```

15.2.3　案例小结

本案例的重点内容：

❍　InputBox 函数的参数；

❍　Application 对象 InputBox 方法的参数；

❍　InputBox 方法的 Type 参数的取值。

15.3　案例 70：将用户选中的多文件进行合并

在 11.6 节的案例 52 中，编写 VBA 代码实现了将指定目录中的多个 Excel 文件合并到同一个工作簿中。在本节中，我们将通过 Application 对象的 GetOpenFilename 方法，将用户指定目录下的多个 Excel 文件合并到一个工作簿中。

本案例涉及的 data 文件夹中含有 7 个以城市命名的 Excel 文件，如图 15-17 所示。每个 Excel 文件中含有多张工作表。本案例要求将该文件夹置于计算机的任意路径下，然后通过 GetOpenFilename 方法选中这些文件，并将它们合并至一个工作簿中，同时以"城市名+原表名（如 1 考场等）"的形式为合并后的工作表命名。

图 15-17　案例 70 涉及的 data 文件夹

15.3.1　案例解析

GetOpenFilename 是 Application 对象的一个方法，用于弹出标准的文件打开窗口，并获取用户选中文件的文件名。GetOpenFilename 方法可在不设置任何参数的情况下直接被调用，如代码清单 15-11 所示，运行的结果如图 15-18 所示。

代码清单 15-11

```
Sub test()
    Application.GetOpenFilename
End Sub
```

图 15-18　使用 GetOpenFilename 方法弹出的交互窗口

但是，GetOpenFilename 方法仅限于获取用户选中文件的文件名，并不能直接打开文件，也不会执行任何其他操作。例如，在图 15-18 中，选中某个文件并单击"打开"按钮后，窗口会被直接关闭且不会进行其他任何操作。如果需要选中某个文件并打开，那么完整的代码如代码清单 15-12 所示。

代码清单 15-12

```
Sub test()
    Dim str As String
    str = Application.GetOpenFilename
    Workbooks.Open str
End Sub
```

但是，代码清单 15-12 没有限制可选文件的类型，若用户选中的文件并非 Excel 文件，那么使用 Excel 程序打开会报错。因此，在使用 GetOpenFilename 方法时，应设置参数以确定打开文件的类型。

GetOpenFilename 方法的参数如图 15-19 所示。

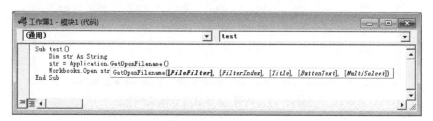

图 15-19　GetOpenFilename 方法的参数

GetOpenFilename 方法的第一个参数 FileFilter 用于确定可选文件的类型。参数 FileFilter 的值为字符串类型，需要使用双引号。在双引号内，可以只有一个文件名格式的字符串（文件名+符号"."+扩展名），如代码清单 15-13 所示。

代码清单 15-13

```
Application.GetOpenFilename("*.xlsx")
```

代码清单 15-13 限定了 GetOpenFilename 方法的"打开"窗口中只可见新版本的 Excel 文件，也就是扩展名为 xlsx 的文件。

参数 FileFilter 的值可以是多个字符串，字符串之间用英文逗号隔开，且字符串的数量必须为偶数。每两个字符串为一组，每组中的前一个字符串为文件类型说明，后一个字符串为文件类型的扩展名，如代码清单 15-14 所示。

代码清单 15-14

```
Sub test()
    Dim str As String
    str = Application.GetOpenFilename("Excel 97-2003 工作簿,*.xls,Excel 工作
簿,*.xlsx")
    Workbooks.Open str
End Sub
```

代码清单 15-14 为 GetOpenFilename 方法的"打开"窗口限定了两种类型的文件：扩展名为 xls 的 Excel 97-2003 版本文件和扩展名为 xlsx 的新版本 Excel 文件。这两种文件类型之外

的其他文件在"打开"窗口中不可见，如图 15-20 所示。

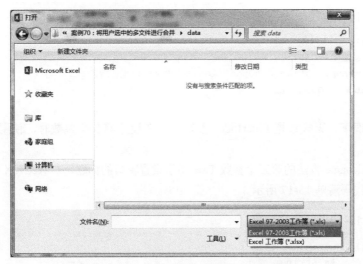

图 15-20　限定了可选文件类型的"打开"窗口

GetOpenFilename 的第二个参数 FilterIndex 用于设定默认的可选文件类型，默认值为 1。当该参数设置为 2 时，就会将第一个参数中第二个字符串指定的文件类型设为默认文件类型，如代码清单 15-15 所示。

代码清单 15-15

```
Sub test()
    Dim str As String
    str = Application.GetOpenFilename("Excel 97-2003 工作簿,*.xls,Excel 工作
簿,*.xlsx", 2)
    Workbooks.Open str
End Sub
```

代码清单 15-15 的执行结果如图 15-21 所示。

图 15-21　参数 FilterIndex 设置为 2 时的默认文件类型

在大部分情况下，可使用 "*.xls*" 代替所有的 Excel 文件类型，如代码清单 15-16 所示。

代码清单 15-16

```
Sub test()
    Dim str As String
    str = Application.GetOpenFilename("Excel 工作簿,*.xls*")
    Workbooks.Open str
End Sub
```

在这种情况下，无须设置 FilterIndex 参数，即在设置第 3 个参数时，使用英文逗号留出该参数的位置。

GetOpenFilename 方法的第三个参数 Title 用于设置窗口的标题，与 ActiveX 控件的 Caption 属性类似，如代码清单 15-17 所示。

代码清单 15-17

```
Sub test()
    Dim str As String
    str = Application.GetOpenFilename("Excel 工作簿,*.xls*", , "请选择需要打开的文件")
    Workbooks.Open str
End Sub
```

代码清单 15-17 的执行结果如图 15-22 所示。

图 15-22　修改 Title 参数后的窗口

第 4 个参数 ButtonText 仅对 Macintosh（苹果）计算机有效，在不需要设置时，使用英文逗号留出位置即可。

第 5 个参数 MultiSelect 用于设置是否可以选择多个文件，其值为 True 时，表示可选，值为 False 时，表示不可选，默认值为 False。根据本案例的要求，data 文件夹中有多个 Excel 工作簿，因此，MultiSelect 需要设置为 True。

当 MultiSelect 的取值为 False 时，只需要定义一个字符串变量 str，即可用于存放用户选中文件的完整路径和文件名。如果 MultiSelect 的取值为 True，那么必须定义一个数组，用它存放用户选中文件的路径和文件名。在 MultiSelect 参数的值为 True 的情况下，即使用户只选中一个文件，也必须使用数组，否则会弹出类型不匹配的错误提示。

当参数 MultiSelect 的取值为 True 时，如果想要打开用户选中的所有工作簿，那么需要使用 For 循环，具体代码如代码清单 15-18 所示。

代码清单 15-18

```
Sub test()
    Dim arr()
    Dim i As Integer
    Dim wb As Workbook
    arr = Application.GetOpenFilename("Excel 工作簿,*.xls*", , "请选择需要打开的
文件", , True)
    For i = LBound(arr) To UBound(arr)
        Workbooks.Open arr(i)
    Next
End Sub
```

在代码清单 15-18 中，For 循环的计数变量 i 的取值被设定在 LBound(arr)与 UBound(arr) 之间，也就是数组 arr 的下标和上标之间。

如果需要获知数组的下标，那么可在代码中添加语句"MsgBox LBound(arr)"，执行后会弹出提示框，显示数组的下标。代码清单 15-18 中的数组 arr 的下标为 1，这与 Split 函数分割字符串后得到的数组的下标为 0 有所区别。由于 VBA 中数组定义的自由度很高，因此，当需要对数组的上、下标进行操作时，应该多使用 UBound 和 LBound，而不能对其值进行随意猜测。

打开工作簿后，如果要进行下一步操作，如合并工作表、关闭工作簿等，则需要定义一个 Workbook（工作簿）变量 wb。无论 GetOpenFilename 方法的 MultiSelect 参数的取值是 False 还是 True，都要利用关键字 Set 将打开的工作簿赋给 wb。

当 MultiSelect 参数值为 False 时，操作工作簿的相关代码如代码清单 15-19 所示。

代码清单 15-19

```
Sub test()
    Dim str As String
    Dim wb As Workbook
    str = Application.GetOpenFilename("Excel 工作簿,*.xls*", , "请选择需要打开的文件")
    Set wb = Workbooks.Open(str)
    '**************************************************
    '中间可以编写其他操作工作簿的代码，如合并工作表等
    '**************************************************
    wb.Close
End Sub
```

当 MultiSelect 参数值为 False 时，相关代码如代码清单 15-20 所示。

代码清单 15-20

```
Sub test()
    Dim arr()
    Dim wb As Workbook
    Dim i As Integer
    arr = Application.GetOpenFilename("Excel 工作簿,*.xls*", , "请选择需要打开的
文件", , True)
    For i = LBound(arr) To UBound(arr)
```

```
                Set wb = Workbooks.Open(arr(i))
                '*************************************************
                '中间可以编写其他操作工作簿的代码,如合并工作表等
                '*************************************************
                wb.Close
        Next
End Sub
```

　　代码清单 15-19 和代码清单 15-20 相当于两个"外壳",可以通过插入其他语句来操作用户选中的文件。

　　如果在 GetOpenFilename 方法的文件选取窗口中没有选择任何文件而是直接单击"取消"按钮,那么,GetOpenFilename 方法本身并不会产生报错,但代码清单 15-19 和代码清单 15-20 却会分别弹出不同的错误提示。当 MultiSelect 参数值为 False 时,错误提示如图 15-23 所示。

　　单击报错窗口的"调试"按钮,可以看到编辑器提示的报错语句,如图 15-24 所示。

图 15-23　单击"取消"按钮弹出的错误提示

```
Sub test()
    Dim str As String
    Dim wb As Workbook
    str = Application.GetOpenFilename("Excel 工作簿,*.xls*", , "请选择需要打开的文件")
    Set wb = Workbooks.Open(str)
    '*********************************************
    '中间可以编写其他操作工作簿的代码,如合并工作表等
    '*********************************************
    wb.Close
End Sub
```

图 15-24　错误出在打开工作簿的语句

　　这是因为在 GetOpenFilename 方法的弹出窗口中单击"取消"按钮时,会将字符串"False"返回给变量 str,当 Workbooks 对象的 Open 方法试图打开文件名为"False"的工作簿时,导致报错。

　　小贴士:读者如果有兴趣,可以尝试在路径中创建一个文件名为 False 的 Excel 文件,然后在文件选择窗口中单击"取消"按钮,再看看会不会报错。

　　当 MultiSelect 参数值为 True 时,错误提示如图 15-25 所示。

图 15-25　MultiSelect 参数值为 True 时的错误提示

单击"调试"按钮，可以看到，编辑器"认为"错误位于赋值语句，如图 15-26 所示。

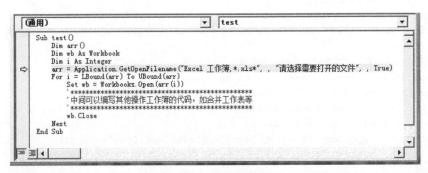

图 15-26 赋值语句报错

这是因为当单击"取消"按钮时，GetOpenFilename 方法返回的是一个字符串"False"，无法赋值给数组。

为了使用户单击"取消"按钮时不报错，需要在 GetOpenFilename 方法前添加语句"On Error Resume Next"。完整的代码如代码清单 15-21 所示。

代码清单 15-21

```
Sub test()
    Dim arr()
    Dim wb As Workbook
     Dim i As Integer
    On Error Resume Next
    arr = Application.GetOpenFilename("Excel 工作簿,*.xls*", , "请选择需要打开的
文件", , True)
    For i = LBound(arr) To UBound(arr)
        Set wb = Workbooks.Open(arr(i))
        '****************************************************
        '中间可以编写其他操作工作簿的代码，如合并工作表等
        '****************************************************
        wb.Close
    Next
End Sub
```

对用户选中文件进行处理的代码"外壳"已经编写完成，剩下的工作就是往"外壳"中添加操作语句。

15.3.2 案例代码

在代码清单 15-21 所示的"外壳"中，添加文件合并语句，得到本案例的代码，如代码清单 15-22 所示。

代码清单 15-22

```
Sub 合并工作表()
    Dim arr()
    Dim sht As Worksheet
    Dim thiswb, wb As Workbook
    Dim i As Integer
```

```
    '防止用户单击"取消"按钮而导致报错
    On Error Resume Next
    Set thiswb = ActiveWorkbook
    arr = Application.GetOpenFilename("Excel 工作簿,*.xls*", , "请选择需要合并的
文件", , True)
    '关闭屏幕刷新，工作表合并完成后再打开
    Application.ScreenUpdating = False
    For i = LBound(arr) To UBound(arr)
        Set wb = Workbooks.Open(arr(i))
        For Each sht In wb.Sheets
            sht.Copy after:=thiswb.Sheets(thiswb.Sheets.Count)
            thiswb.Sheets(thiswb.Sheets.Count).Name = Split(wb.Name, ".")(0) &
sht.Name
        Next
        wb.Close
    Next
    Application.ScreenUpdating = True
End Sub
```

如果工作或学习中经常有大量文件需要进行合并操作，那么可把本案例的代码加载到
Excel 程序的快速工具访问栏中，步骤为：单击"开发工具"标签下的"加载项"，在"可用
加载宏"对话框中，将"自定义代码库"打上"√"，然后单击"确定"按钮。如果之前没有
建立过"自定义代码库"，则需要新建一个 xla 文件或 xlam 文件，相关操作见 10.5 节。

打开 Visual Basic 编辑器，此时可以在模块中看到之前编写的过程，如"拆分工作表"等。
我们将本案例的代码添加到模块中，单击"保存"按钮。

关闭当前 Excel 文件，重新打开一个 Excel 文件，在"文件"标签中，单击"选项"，打
开"Excel 选项"对话框，单击"快速访问工具栏"，在其右侧的下拉菜单中选中"宏"，然后
把"合并工作表"宏添加到"自定义快速访问工具栏"，若有需要，还可单击"修改"按钮对
宏的图标进行修改，如图 15-27 所示。

图 15-27 将宏添加到"自定义快速访问工具栏"

将宏添加到"快速访问工具栏"后的结果如图 15-28 所示。

如果不希望加载宏中的代码对以后的学习和工作造成影响，那么，在进行完上述操作后，可以再次打开"加载项"对话框，去掉"自定义代码库"前面的"√"。去掉"自定义代码库"前面的"√"不会影响快速访问工具栏中加载宏的使用。

图 15-28 快速访问工具栏中的
"合并工作表"加载宏

15.3.3 案例小结

相比使用 Dir 函数在代码中指定文件路径，使用 Application 对象的 GetOpenFilename 方法让用户自己指定路径并选择文件进行合并，灵活度更高。

在本案例中使用 GetOpenFilename 方法时，应注意将 MultiSelect 参数设为 True，而且要使用"On Error Resume Next"语句避免用户在文件选取窗口中单击"取消"按钮而导致报错。

15.4 案例 71：学习 Application 对象的 Dialogs 属性

Application 对象的 Dialogs 属性是一个包含了所有 Excel 内部对话框的集合。本案例将介绍 Dialogs 属性的使用方法和注意事项。

15.4.1 案例解析

Dialogs 属性必须使用参数。Dialogs 属性仅有一个参数，用于确定调用哪种类型的交互窗口（对话框）。Dialogs 属性的参数有两种表示方式：参数名称和参数值，二者一一对应。本案例的资料文件"案例 71：学习 Application 的 Dialogs 属性.xlsx"中列出了所有对话框的名称、对应的参数值和说明，部分内容如图 15-29 所示。

	A	B	C
1	名称	值	说明
2	xlDialogActivate	103	"激活"对话框
3	xlDialogActiveCellFont	476	"活动单元格字体"对话框
4	xlDialogAddChartAutoformat	390	"添加图表自动套用格式"对话框
5	xlDialogAddinManager	321	"加载项管理器"对话框
6	xlDialogAlignment	43	"对齐方式"对话框
7	xlDialogApplyNames	133	"应用名称"对话框
8	xlDialogApplyStyle	212	"应用样式"对话框
9	xlDialogAppMove	170	"AppMove"对话框
10	xlDialogAppSize	171	"AppSize"对话框

图 15-29 Dialogs 属性的部分参数名称、对应的参数值和说明

我们只需要为 Application 对象的 Dialogs 属性指定参数名称（或参数值），再使用 Show 方法，即可使用 Dialogs 属性打开各种交互窗口。例如，打开单元格的"对齐方式"对话框的代码如代码清单 15-23 所示。

代码清单 15-23

```
Application.Dialogs(43).Show
```

不同对象可以调用的对话框不尽相同。例如，在工作表中创建一个按钮后，在选中该按钮的前提下，可以调用 Dialogs 属性中参数值为 213（指定宏）的对话框，代码如代码清单 15-24 所示。

代码清单 15-24

```
Application.Dialogs(213).Show
```

运行含有代码清单 15-24 的过程后，可以打开"指定宏"对话框，如图 15-30 所示。

但是，如果当前选中的对象是单元格，那么执行代码清单 15-24 会弹出图 15-31 所示的错误提示。

图 15-30　Dialogs 属性中参数值为 213 的　　　　　　图 15-31　Show 方法无效报错
交互窗口："指定宏"对话框

15.4.2　案例代码

打开单元格的"对齐方式"对话框的代码如代码清单 15-25 所示。

代码清单 15-25

```
Sub test()
    Application.Dialogs(43).Show
End Sub
```

打开表单控件"指定宏"对话框的代码如代码清单 15-26 所示。

代码清单 15-26

```
Sub test()
    Application.Dialogs(213).Show
End Sub
```

对于其他对话框的调用，可查找对应的参数值并进行替换。

15.4.3　案例小结

与 GetOpenFilename 方法只能获取用户选中文件的路径和文件名但不能打开文件不同，Application 对象的 Dialogs 属性调出的各种窗口可以直接对对象进行操作，如设置单元格、指定宏等。

对于 Dialogs 属性，我们需要注意某些对话框仅对部分对象有效。

第 16 章

使用 ADO 对象连接并操作外部数据

ADO（ActiveX Data Object）对象是一种可以访问并操作外部数据（数据库或工作表）的对象。

上文介绍了如何使用 Dir 函数或者 Application 对象的 GetOpenFilename 方法调用外部数据。虽然可以使用 ScreenUpdating 方法关闭屏幕刷新，使用户看不到调用外部数据的画面，但是过程代码却打开了外部工作表。

ADO 对象在访问和调用外部数据时，无须打开数据源，这样能够提高工作效率。ADO 对象是微软（Microsoft）公司向广大用户提供的一种可以访问不同数据库的统一接口，因此，编程者无须对不同数据库进行过多研究，而应把精力集中在编写 VBA 代码上。

本章包括以下内容：

○ 使用 ADO 对象读取外部数据；

○ 使用 ADO 对象向外部数据插入记录；

○ 使用 AOD 对象修改外部数据中的记录；

○ 当外部数据为 Excel 工作簿时，删除或作废记录；

○ SQL 中的左连接和右连接语句；

○ 使用 ADO 对象访问和操作 Access 数据库文件。

16.1 案例 72：使用 ADO 对象读取外部数据

首先，将"案例 72：使用 ADO 对象读取外部数据"中的 data 文件夹复制至计算机的某个路径，如 D 盘根目录。data 文件夹中有两个文件，分别是 Excel 文件"Edata.xlsx"和 Access 数据库文件"Adata.accdb"。注意，本章的案例都需要访问 data 文件夹中的这两个文件。

文件"Edata.xlsx"中有 3 个工作表："data""data2"和"data3"，其中"data"工作表和"data2"工作表的数据分别如图 16-1 和图 16-2 所示。

	A	B	C
1	姓名	性别	年龄
2	张三	男	22
3	李四	女	31
4	王五	女	29
5	赵六	男	24

图 16-1　data 工作表的数据

	A	B	C
1	姓名	性别	年龄
2	张三三	男	20
3	李思思	女	22
4	王武武	男	24
5	赵柳柳	女	33

图 16-2　data2 工作表的数据

本案例要求使用 ADO 对象访问"data"和"data2"工作表，并按以下要求将数据复制到当前工作表中。

- ○ 仅复制"姓名"和"年龄"。
- ○ 仅复制性别为"男"的人员的数据。
- ○ 将"data"工作表和"data2"工作表中符合上述两个要求的数据合并至一张工作表。

16.1.1 案例解析

在 VBA 过程中使用 ADO 对象时，首先需要定义一个 ADO 对象的连接，具体代码如代码清单 16-1 所示。

代码清单 16-1

```
Dim conn As New ADODB.Connection
```

在首次使用 ADO 对象时，用户会发现，编辑器不支持定义 ADO 连接，自动提示中没有 ADO 对象，如图 16-3 所示。

因此，需要在 Visual Basic 编辑器中加载对 ADO 的引用，这样编辑器才能使用 ADO 对象。具体步骤：打开 Visual Basic 编辑器，在"工具"标签中，单击"引用"按钮，然后，在弹出的"引用"窗口中，找到"Microsoft ActiveX Data

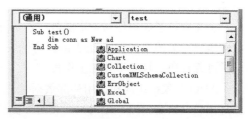

图 16-3　Visual Basic 编辑器的自动提示中没有 ADO 对象的相关内容

Objects"，选择其中任意一个版本，如最新的"Microsoft ActiveX Data Objects 6.1 Library"，并选中前面的复选框，如图 16-4 所示。

单击"引用"窗口中的"确定"按钮，回到 Visual Basic 编辑器的模块中，再次定义 ADO 对象的连接，就能看到编辑器关于 ADO 对象的提示了，如图 16-5 所示。

图 16-4　选中"引用"窗口中的"Microsoft ActiveX Data Objects 6.1 Library"复选框

图 16-5　编辑器关于 ADO 对象的自动提示

小贴士：每次关闭 Visual Basic 编辑器后再次打开，都需要在编辑器中重新加载对 ADO 对象的引用，否则无法定义 ADO 对象的连接。

ADO 对象的连接有 3 种主要方法，分别是 Open（打开）方法、Execute（执行）方法和 Close（关闭）方法。利用 Open 方法打开连接的语句如代码清单 16-2 所示。

代码清单 16-2

```
conn.Open "Provider = Microsoft.ACE.OLEDB.12.0;Data Source=D:\data\Edata.xlsx;
extended properties=""excel 12.0;HDR=YES"""
```

代码清单 16-2 中 conn.Open 的参数分为 3 个部分：第一部分是"Provider = Microsoft. ACE.OLEDB.12.0"，用于指定 ADO 数据库连接的程序提供者，这是一个固定参数；第二部分是"Data Source=D:\data\Edata.xlsx"，用于指定数据源的路径，本案例的数据源 Edata.xlsx 位于 D 盘根目录的 data 文件夹中；第三部分"extended properties="excel 12.0;HDR=YES""是数据源为 Excel 文件时特有的参数，用于指明数据源为 Excel 工作表且有表头。表头将在下文详细介绍。

在使用代码清单 16-2 时，根据实际情况修改参数的第二部分中的数据源即可，其他两个部分可直接使用。

关于代码清单 16-2，还有一点需要解释：在 VBA 中，如果要在一对双引号中间再次使用双引号，则此时的双引号需要加倍使用。这也是代码清单 16-2 中的字符串"excel 12.0;HDR=YES"前面有两个引号、后面有 3 个引号的原因。后面 3 个引号中的最后一个与参数最前面的那个引号是一对。

ADO 连接的 Execute 方法用于执行 SQL 语句以对数据源进行操作，Close 方法则用于关闭连接。利用 ADO 对象操作外部数据的标准格式如代码清单 16-3 所示。

代码清单 16-3

```
Sub test()
    Dim conn As New ADODB.Connection
    conn.Open "Provider = Microsoft.ACE.OLEDB.12.0;Data Source=D:\data\Edata.xlsx;
extended properties=""excel 12.0;HDR=YES"""
    '*******************************************
    '利用 Execute 方法调用 SQL 语句对数据进行操作
    '*******************************************
    conn.Close
End Sub
```

读取数据源中的数据，需要在 ADO 连接的 Execute 方法中使用 SQL 的 select 语句。例如，读取 Edata.xlsx 工作簿中的"data"工作表，代码如代码清单 16-4 所示。

代码清单 16-4

```
conn.Execute "select * from [data$]"
```

代码清单 16-4 中的通配符"*"表示任意字符，"[data$]"为工作表的表名，整行代码表示从"data"工作表中读取所有数据。因为数据源为 Excel 文件，所以文件名后必须接一个美元符号"$"。

执行代码清单 16-4，编辑器会将读取的数据存放在内存中。如果想要将数据复制到工作表中，那么需要使用 Range 对象的 CopyFromRecordset（从数据集复制）方法，完整代码如代码清单 16-5 所示。

代码清单 16-5

```
Sub test()
    Dim conn As New ADODB.Connection
    conn.Open "Provider = Microsoft.ACE.OLEDB.12.0;Data Source=D:\data\Edata.xlsx;
```

```
extended properties=""excel 12.0;HDR=YES"""
        Range("a1").CopyFromRecordset conn.Execute("select * from [data$]")
        conn.Close
    End Sub
```

代码清单 16-5 会将 D 盘根目录下的 Edata.xlsx 工作簿中“data”工作表的所有数据复制到当前工作表中，结果如图 16-6 所示。

	A	B	C
1	张三	男	22
2	李四	女	31
3	王五	女	29
4	赵六	男	24
5			

图 16-6　复制的数据

对比图 16-1 和图 16-6，我们发现复制过来的数据缺少一行表头。这是因为在设置 Open 方法的参数时，参数 HDR 的值为 YES，因此 SQL 语句在复制数据时会将工作表的第一行作为表头而忽略，只复制数据。这样设置是为了使作为数据源的 Excel 工作表的结构与数据库更接近——数据库中的表头（列名）是不能被复制和选中的。如果需要将 Excel 工作表的表头一起复制，那么可以将 HDR 参数设置为 NO，但这要求工作表中每一列数据都是相同类型。例如，将代码清单 16-5 中 HDR 的值改为 NO，执行结果如图 16-7 所示。

	A	B	C
1	姓名	性别	
2	张三	男	22
3	李四	女	31
4	王五	女	29
5	赵六	男	24

图 16-7　参数 HDR 为 NO 时的执行结果

“data”工作表中 C 列的年龄全部为数值，只有表头为字符，因此 SQL 语句会认为表头“年龄”为非法数据，没有复制。

另一种处理方式是依旧将 Open 方法中 HDR 的值设为“YES”，在目标工作表中，手动添加表头，并将读取的数据复制到起始单元格为 A2 的区域中。为了避免复制数据过程中出现错误，通常选择这种方式处理表头问题。

本案例的第一个要求是只复制“姓名”和“年龄”两列数据，因此，Execute 方法中的 SQL 语句需要做代码清单 16-6 所示的修改。

代码清单 16-6

```
Range("a2").CopyFromRecordset conn.Execute("select 姓名,年龄 from [data$]")
```

也就是将通配符“*”改为需要复制的列名。注意，SQL 语句中的列名不需要加引号。

本案例的第二个要求是只复制性别为男的人员的信息，此时需要在 SQL 语句中添加关键字 where 进行筛选，相关代码如代码清单 16-7 所示。

代码清单 16-7

```
Range("a2").CopyFromRecordset conn.Execute("select 姓名,年龄 from [data$] where
性别 = '男'")
```

在 SQL 语句的筛选条件中，列名同样无须使用引号，但筛选的值需要使用单引号。

如果将 SQL 语句中关键字 from 后面的表名改为“data2”，就能复制“data2”工作表的数据。本案例的第三个要求是将两张表的读取结果复制到一张工作表中，这个要求直接使用 SQL 语句中的关键字“union all”即可满足，相关代码如代码清单 16-8 所示。

代码清单 16-8

```
Range("a2").CopyFromRecordset conn.Execute("select 姓名,年龄 from [data$] where
性别 = '男' union all select 姓名,年龄 from [data2$] where 性别 = '男'")
```

SQL 语句中的关键字“union all”用于合并两个或多个 select 语句的结果集，但要求 select 语句读取的列数、列名和列的顺序完全一致。同时，union all 不会剔除结果集中的重复项。

16.1.2 案例代码

本案例的完整代码如代码清单 16-9 所示。

代码清单 16-9

```
Sub test()
    Dim conn As New ADODB.Connection
    conn.Open "Provider = Microsoft.ACE.OLEDB.12.0;Data Source=D:\data\Edata.xlsx;
extended properties=""excel 12.0;HDR=YES"""
    Range("a2").CopyFromRecordset conn.Execute("select 姓名,年龄 from [data$] where
性别 = '男' union all select 姓名,年龄 from [data2$] where 性别 = '男'")
    conn.Close
End Sub
```

16.1.3 案例小结

本案例的主要内容：
- 定义 ADO 对象的连接变量；
- 设置 ADO 对象的连接的 Open 方法的参数；
- 使用 ADO 对象的连接的 Execute 方法从数据库中读取数据；
- 使用 Range 对象的 CopyFromRecordset 方法将读取的数据复制到指定的单元格区域；
- 关闭 ADO 对象的连接。

16.2 案例 73：使用 ADO 对象向外部数据插入记录

利用 SQL 语句向 D 盘 data 文件夹的 Edata.xlsx 文件中插入一行记录："田七，男，33 岁"。

16.2.1 案例解析

SQL 中插入语句的语法：

```
insert into [表名$] (列名1,列名2,…) values ('值1', '值2')
```

如果"表名"为 Excel 工作簿名，则必须在"表名"后添加美元符号"$"；SQL 语句中的"列名"无须使用单引号或双引号；如果"值"为字符串，则必须使用单引号，如果"值"为数值，则不需要使用单引号；多个"列名"和多个"值"之间用英文逗号","隔开。

本案例的插入语句如代码清单 16-10 所示。

代码清单 16-10

```
insert into [data$] (姓名,性别,年龄) values ('田七','男',33)
```

为了方便编写和修改 ADO 对象中调用的 SQL 语句，可以在 VBA 过程中定义一个字符串变量 sql，将 SQL 语句赋值给变量 sql，然后在 Execute 方法中调用。本案例中字符串变量 sql 的赋值语句如代码清单 16-11 所示。

代码清单 16-11

```
sql = "insert into [data$] (姓名,性别,年龄) values ('田七','男',33)"
```

Execute 方法的实现语句如代码清单 16-12 所示。

代码清单 16-12

```
conn.Execute sql
```

在本案例中，字符串变量 sql 的值是插入语句，目的是
向数据源中插入记录而非读取记录，因此，不能使用 Range
对象的 CopyFromRecordset 方法将结果返回到工作表。

执行本案例中的插入语句后，"**data**"工作表如图 16-8
所示。

⊿	A	B	C
1	姓名	性别	年龄
2	张三	男	22
3	李四	女	31
4	王五	女	29
5	赵六	男	24
6	田七	男	33

图 16-8　向 data 工作表中插入记录

16.2.2　案例代码

本案例的代码如代码清单 16-13 所示。

代码清单 16-13

```
Sub test()
    Dim conn As New ADODB.Connection
    Dim sql As String
    '将插入语句赋给字符串变量 sql
    sql = "insert into [data$] (姓名,性别,年龄) values ('田七','男',33)"
    conn.Open "Provider = Microsoft.ACE.OLEDB.12.0;Data Source=D:\data\Edata.xlsx;
extended properties=""excel 12.0;HDR=YES"""
    '直接将字符串变量 sql 作为 Execute 方法的参数
    conn.Execute sql
    conn.Close
End Sub
```

16.2.3　案例小结

本案例的重点依然是熟悉利用 ADO 对象定义连接，打开连接，执行 SQL 语句和关闭连
接的流程。注意，在 VBA 中调用 SQL 的插入语句时，不能使用 Range 对象的 CopyFromRecordset
方法将插入记录的结果返回到单元格。

16.3　案例 74：使用 ADO 对象在外部数据中修改记录

利用 SQL 语句将 Edata.xlsx 文件中"田七"的年龄改为 45 岁。

16.3.1　案例解析

SQL 中修改语句的语法：

```
update [表名$] set 列名 1 = '新值 1',列名 2 = '新值 2',… where 列名 = '值'
```

SQL 语句中的关键字 set 表示需要修改的列和修改的值；关键字 where 后面为条件判断语句，用于告诉编辑器修改哪条记录。注意：如果省略 where 语句，则数据库中的所有记录都会被修改！

本案例的修改语句如代码清单 16-14 所示。

代码清单 16-14

```
update [data$] set 年龄 = 45 where 姓名 = '田七'
```

本案例同样可将用于修改的 SQL 语句赋值给字符串变量 sql，然后在 Execute 方法中直接调用变量 sql，相关代码详见 16.3.2 节。

本案例代码的执行结果如图 16-9 所示。

	A	B	C
1	姓名	性别	年龄
2	张三	男	22
3	李四	女	31
4	王五	女	29
5	赵六	男	24
6	田七	男	45

图 16-9 插入记录后的结果

16.3.2 案例代码

本案例的代码如代码清单 16-15 所示。

代码清单 16-15

```
Sub test()
    Dim conn As New ADODB.Connection
    Dim sql As String
    '将 SQL 语句赋给字符串变量 sql
    sql = "update [data$] set 年龄 = 45 where 姓名 = '田七'"
    conn.Open "Provider = Microsoft.ACE.OLEDB.12.0;Data Source=D:\data\Edata.xlsx;
extended properties=""excel 12.0;HDR=YES"""
    '直接将字符串变量 sql 作为 Execute 方法的参数
    conn.Execute sql
    conn.Close
End Sub
```

16.3.3 案例小结

在修改数据库的记录时，需要利用 where 语句指定修改哪一条或哪些记录，否则编辑器将修改数据库中的所有记录！

16.4 案例 75：使用 ADO 对象在外部数据中删除记录

利用 SQL 语句将 Edata.xlsx 文件中姓名为"田七"的记录删除，或者使用其他方式使这条记录作废。

16.4.1 案例解析

SQL 中删除语句的语法：

```
delete from [表名$] where 列名 = '值'
```

关键字 where 后面的语句用于指定编辑器删除哪条或哪些记录。本案例的删除语句如代码清单 16-16 所示。

代码清单 16-16

```
delete from [data$] where 姓名 = '田七'
```

但是，编辑器不允许用户直接在 VBA 中删除数据库中的记录，如将代码清单 16-16 中的语句赋给字符串变量 sql，并使用 ADO 对象的连接的 Execute 方法执行，会弹出图 16-10 所示的错误提示。

想要删除外部数据源的记录，需要另辟蹊径。常用方法是在数据源中新增一列，用于标记每条记录的状态。状态分为“正常”和“作废”两种，所有记录的默认状态均为“正常”，对于需要删除的记录，使用修改语句将其状态改为“作废”。在查询记录的时候，仅查询状态为“正常”的记录，可以屏蔽被“删除”（即作废）的记录。新增状态列后的“data”工作表如图 16-11 所示。

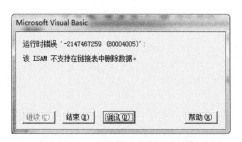

图 16-10 在 VBA 中引用 SQL 的删除语句时，会导致编辑器报错

	A	B	C	D
1	姓名	性别	年龄	状态
2	张三	男	22	正常
3	李四	女	31	正常
4	王五	女	29	正常
5	赵六	男	24	正常
6	田七	男	45	正常

图 16-11 新增状态列的“data”工作表

使用 update 语句将“data”工作表中“田七”的状态改为“作废”，SQL 代码如代码清单 16-17 所示。

代码清单 16-17

```
update [data$] set 状态 = '作废' where 姓名 = '田七'
```

将代码清单 16-17 所示的语句赋值给字符串变量 sql，然后用 Execute 方法执行，相关代码见 16.4.2 节。执行结果如图 16-12 所示。

	A	B	C	D
1	姓名	性别	年龄	状态
2	张三	男	22	正常
3	李四	女	31	正常
4	王五	女	29	正常
5	赵六	男	24	正常
6	田七	男	45	作废

图 16-12 修改“田七”的状态为“作废”

如果查询时想要屏蔽状态为“作废”的记录，那么只需要在 select 语句中使用 where 进行筛选，相关代码如代码清单 16-18 所示。

代码清单 16-18

```
select * from [data$] where 状态 = '正常'
```

使用 ADO 对象的连接的 Execute 方法执行上述 SQL 语句，并使用 Range 对象的 CopyFromRecordset 方法将结果复制到当前工作表中，就能查看所有“正常”状态的记录了。

16.4.2 案例代码

本案例将“田七”的状态修改为“作废”的代码如代码清单 16-19 所示。

代码清单 16-19

```
Sub test()
    Dim conn As New ADODB.Connection
    Dim sql As String
    '将 SQL 语句赋给字符串变量 sql
    sql = "update [data$] set 状态 = '作废' where 姓名 = '田七'"
    conn.Open "Provider = Microsoft.ACE.OLEDB.12.0;Data Source=D:\data\Edata.xlsx;
extended properties=""excel 12.0;HDR=YES"""
    '直接将字符串变量 sql 作为 Execute 方法的参数
    conn.Execute sql
    conn.Close
End Sub
```

将所有"正常"状态的记录返回到当前工作表的代码如代码清单 16-20 所示。注意，返回结果中不包含表头，表头需要在当前工作表中手动添加。

代码清单 16-20

```
Sub test()
    Dim conn As New ADODB.Connection
    Dim sql As String
    '将 SQL 语句赋给字符串变量 sql
    sql = "select * from [data$] where 状态 = '正常'"
    conn.Open "Provider = Microsoft.ACE.OLEDB.12.0;Data Source=D:\data\Edata.xlsx;
extended properties=""excel 12.0;HDR=YES"""
    '直接将字符串变量 sql 作为 Execute 方法的参数
    Range("a2").CopyFromRecordset conn.Execute(sql)
    conn.Close
End Sub
```

16.4.3 案例小结

在大多数情况下，数据库中的记录不允许随意删除，取而代之是将记录设为"正常"或"作废"状态。市面上的商用软件在查询记录时，通常自动屏蔽"作废"的记录；只有当用户选择查询所有记录时，才会显示"作废"的记录。这种"删除"记录的解决方案也可应用到利用 VBA 编写的小程序中。

16.5 案例 76：使用 ADO 对象对外部数据进行左连接

除"data"工作表和"data2"工作表以外，D 盘根目录下"data"文件夹的"Edata.xlsx"工作簿中还有一个"data3"工作表，如图 16-13 所示。本案例要求使用 SQL 语句中的左连接语句 left join … on，将"data"工作表和"data3"工作表进行连接，然后将"data"工作表中所有人员的姓名、性别和年龄，以及"data3"工作表中对应的月薪复制到当前工作表。

▲	A	B
1	姓名	月薪
2	张三	6800
3	李四	5048
4	王五	7523
5	赵六	3948
6	张三三	3596
7	李思思	6633
8	王武武	7363
9	赵柳柳	6608

图 16-13　Edata.xlsx 工作簿中的"data3"工作表

16.5.1 案例解析

在案例 72 的代码中，使用 union all 语句将"data"工作表和"data2"工作表进行"上下连接"。"上下连接"是指进行连接的两张表的列名一致，可以将一张表的记录全部添加到另一张表的下方。

左连接是指将第二张表中符合条件的列添加到第一张表的右侧。左连接的语法：

```
select 列名1, 列名2 … from [表1$] left join [表2$] on [表1$].判断列 = [表2$].判断列
```

SQL 语句中的左连接应先计算关键字 from 后的返回值："表 1"所有的记录都会被返回，而"表 2"中只有符合条件（[表 1$].判断列 = [表 2$].判断列）的记录才会被返回，而且"表 2"中符合条件的记录会被合并到与"表 1"判断列的值相等的记录中。在合并后的记录中，再进行 select 操作。

将"data"工作表和"data3"工作表按照"姓名"列进行左连接，然后返回所有记录的代码如代码清单 16-21 所示。

代码清单 16-21

```
select * from [data$] left join [data3$] on [data$].姓名=[data3$].姓名
```

将代码清单 16-21 中的 SQL 语句赋给字符串变量 sql，并在 Execute 方法中执行，然后利用单元格变量的 CopyFromRecordset 方法将结果返回到当前工作表的 A2 单元格，结果如图 16-14 所示。

▲	A	B	C	D	E	F
1						
2	张三	男		22	正常	张三	6800
3	李四	女		31	正常	李四	5048
4	王五	女		29	正常	王五	7523
5	赵六	男		24	正常	赵六	3948
6	田七	男		45	作废		

图 16-14 将"data"工作表与"data3"工作表进行左连接的返回结果

从图 16-14 中可以看出，返回结果一共有 6 列，包括"data"工作表的 4 列（在案例 75 中，我们在"data"工作表中添加了一列"状态"）和"data3"工作表的两列。"data3"工作表的"姓名"列与"data"工作表的"姓名"列相同的记录被合并成一条记录，不匹配的记录被舍弃。

根据本案例的要求，仅返回姓名、性别、年龄和月薪 4 列，因此，在图 16-14 所示的表中，还需要使用 select 语句指明需要返回的列。注意，"data"工作表和"data3"工作表都有"姓名"列，因此需要说明返回哪张表的"姓名"列，相关代码如代码清单 16-22 所示。

代码清单 16-22

```
select [data$].姓名,性别,年龄,月薪 from [data$] left join [data3$] on [data$].姓名=
[data3$].姓名
```

除左连接以外，SQL 语句中还有右连接，也就是返回右侧数据表的所有记录，然后将左侧数据表中匹配的记录进行合并。例如，将"data"工作表右连接到"data3"工作表，并返回所有记录的代码如代码清单 16-23 所示。

代码清单 16-23

```
select * from [data$] right join [data3$] on [data$].姓名=[data3$].姓名
```

代码清单 16-23 中的 SQL 语句的执行结果如图 16-15 所示。

	A	B	C	D	E	F
1						
2	张三	男	22	正常	张三	6800
3	李四	女	31	正常	李四	5048
4	王五	女	29	正常	王五	7523
5	赵六	男	24	正常	赵六	3948
6					张三三	3596
7					李思思	6633
8					王武武	7363
9					赵柳柳	6608

图 16-15　将"data"工作表与"data3"工作表进行右连接的返回结果

16.5.2　案例代码

本案例的相关代码如代码清单 16-24 所示。

代码清单 16-24

```
Sub test()
    Dim conn As New ADODB.Connection
    Dim sql As String
    '将 SQL 语句赋给字符串变量 sql
    sql = "select [data$].姓名,性别,年龄,月薪 from [data$] left join [data3$] on
[data$].姓名=[data3$].姓名"
    conn.Open "Provider = Microsoft.ACE.OLEDB.12.0;Data Source=D:\data\Edata.xlsx;
 extended properties=""""excel 12.0;HDR=YES"""""
    '直接将字符串变量 sql 作为 Execute 方法的参数
    Range("a2").CopyFromRecordset conn.Execute(sql)
    conn.Close
End Sub
```

16.5.3　案例小结

左连接与右连接的使用方法类似，掌握其中一种即可。本案例的关键在于左连接和右连接应先计算两张表连接后的返回结果，再计算 select 操作的返回结果。另外，注意两张表连接后可能存在同名列的情况。

16.6　案例 77：使用 ADO 对象进行多表连接查询

利用 SQL 语句对 data 文件夹中的 Edata.xlsx 文件进行查询，返回所有人员的姓名、性别、年龄和月薪信息。

16.6.1　案例解析

Edata.xlsx 文件中的"data"工作表和"data2"工作表包含两组不同人员的信息，"data3"工作表包含前两张工作表中所有人员（新增人员除外）的月薪信息。根据本案例的要求，首先需要对"data"工作表和"data2"工作表进行连接（union all），得到一张包含所有人员信息的新表，然后与"data3"工作表进行左连接，取得人员的月薪信息。也就是说，本案例只需要对案例 76 所示的左连接语句稍微修改。

案例 76 中的左连接语句如代码清单 16-25 所示。

代码清单 16-25

```
select [data$].姓名,性别,年龄,月薪 from [data$] left join [data3$] on [data$].姓名=
[data3$].姓名
```

在代码清单 16-25 中，将 "data" 工作表与 "data3" 工作表进行左连接，得到 "data" 工作表中所有人员的个人信息和月薪信息。根据本案例的要求，将代码清单 16-25 中的 "data" 工作表改为 "data" 工作表与 "data2" 工作表连接（union all）后的新表。"data" 工作表与 "data2" 工作表进行连接的代码如代码清单 16-26 所示。

代码清单 16-26

```
select * from [data$] union all select * from [data2$]
```

注意，使用 union all 连接的两张表的数据列的数量必须一致！

为了方便将代码清单 16-26 嵌入案例 76 的左连接语句中，可用括号将其包裹，然后在右括号后指定一个字符，如字母 a。当在 SQL 语句的其他位置引用这行代码时，可直接使用字母 a 代替，如代码清单 16-27 所示。

代码清单 16-27

```
select a.姓名,性别,年龄,月薪 from (select * from [data$] union all select * from
[data2$])a left join [data3$] on a.姓名=[data3$].姓名
```

代码清单 16-27 中有两处使用了 "a.姓名"，其中的 a 就是 "data" 工作表和 "data2" 工作表连接后的新表，即 SQL 语句 "select * from [data$] union all select * from [data2$]" 的返回结果。

将代码清单 16-27 中的语句赋给变量 sql，并在 ADO 变量的 Execute 方法中执行，然后将结果返回到当前工作表，结果如图 16-16 所示。注意，图 16-16 中的表头为手动添加。由于人员 "田七" 为案例 73 中的新增人员，"data3" 工作表中没有其相关记录，因此，在图 16-16 中，其月薪为空。

	A	B	C	D
1	姓名	性别	年龄	月薪
2	张三	男	22	6800
3	李四	女	31	5048
4	王五	女	29	7523
5	赵六	男	24	3948
6	田七	男	45	
7	张三三	男	20	3596
8	李思思	女	22	6633
9	王武武	男	24	7363
10	赵柳柳	女	33	6608

图 16-16 代码执行结果

16.6.2 案例代码

本案例的完整代码如代码清单 16-28 所示。

代码清单 16-28

```
Sub test()
    Dim conn As New ADODB.Connection
    Dim sql As String
    '将 SQL 语句赋给字符串变量 sql
    sql = "select a.姓名,性别,年龄,月薪 from (select * from [data$] union all
select * from [data2$])a left join [data3$] on a.姓名=[data3$].姓名"
    conn.Open "Provider = Microsoft.ACE.OLEDB.12.0;Data Source=D:\data\Edata.xl
sx; extended properties=""excel 12.0;HDR=YES"""
    '直接将字符串变量 sql 作为 Execute 方法的参数
    Range("a2").CopyFromRecordset conn.Execute(sql)
```

```
      conn.Close
End Sub
```

16.6.3　案例小结

为了介绍需要，我们将人员信息分成"data"和"data2"两张表，但在实际操作中，这种情况一般不会出现。在建表时，数据库中一般不会存在列名完全一致的两个表，因此，在实际操作中，一般也不会出现先将两张列名完全一样的表进行连接，再进行其他操作的情况。

数据库的增加、删除、修改、查询等操作较简单，但是，如果涉及规划和创建数据库及表的工作，那么建议读者先系统学习相关知识，避免创建的数据库冗余、不规范。

在 SQL 语句中，使用字符代替某个返回结果很常见。注意，代替某个返回结果的字符仅在 SQL 语句中有效，在其他 VBA 代码中无效！

16.7　案例 78：使用 ADO 对象访问 Access 数据库文件

D 盘根目录下的 data 文件夹中还有一个 Adata.accdb 文件，它是一个 Access 数据库文件。如果计算机中已经安装 Access 数据库，那么可以双击打开该文件并查看文件中的数据。Adata.accdb 文件有两张数据表："交易记录"表和"客户信息表"，分别如图 16-17 和图 16-18 所示。

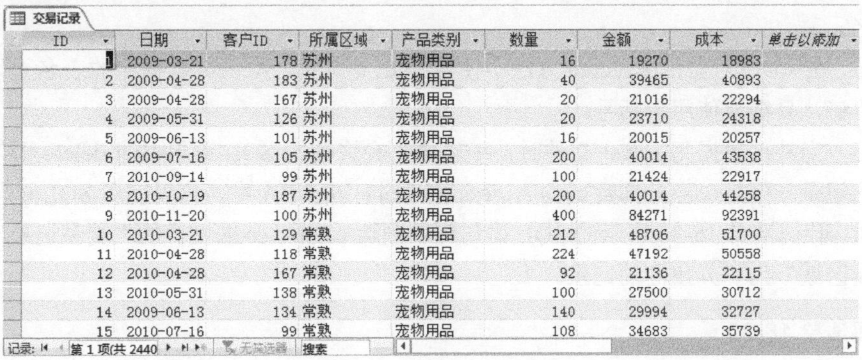

ID	日期	客户ID	所属区域	产品类别	数量	金额	成本	单击以添加
1	2009-03-21	178	苏州	宠物用品	16	19270	18983	
2	2009-04-28	183	苏州	宠物用品	40	39465	40893	
3	2009-04-28	167	苏州	宠物用品	20	21016	22294	
4	2009-05-31	126	苏州	宠物用品	20	23710	24318	
5	2009-06-13	101	苏州	宠物用品	16	20015	20257	
6	2009-07-16	105	苏州	宠物用品	200	40014	43538	
7	2010-09-14	99	苏州	宠物用品	100	21424	22917	
8	2010-10-19	187	苏州	宠物用品	200	40014	44258	
9	2010-11-20	100	苏州	宠物用品	400	84271	92391	
10	2010-03-21	129	常熟	宠物用品	212	48706	51700	
11	2010-04-28	118	常熟	宠物用品	224	47192	50558	
12	2010-04-28	167	常熟	宠物用品	92	21136	22115	
13	2010-05-31	138	常熟	宠物用品	100	27500	30712	
14	2009-06-13	134	常熟	宠物用品	140	29994	32727	
15	2010-07-16	99	常熟	宠物用品	108	34683	35739	

记录: ⏮ 第 1 项(共 2440 ▶ ▶ ⏭ 🔲 无筛选器 搜索

图 16-17　交易记录表

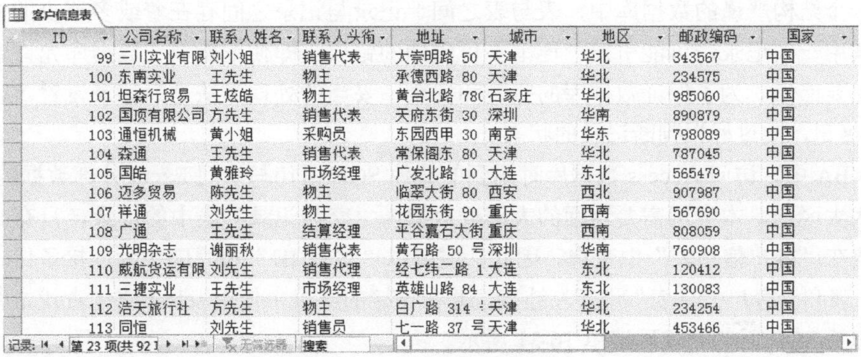

ID	公司名称	联系人姓名	联系人头衔	地址	城市	地区	邮政编码	国家
99	三川实业有限	刘小姐	销售代表	大崇明路 50	天津	华北	343567	中国
100	东南实业	王先生	物主	承德西路 80	天津	华北	234575	中国
101	坦森行贸易	王炫皓	物主	黄台北路 780	石家庄	华北	985060	中国
102	国顶有限公司	方先生	销售代表	天府东街 30	深圳	华南	890879	中国
103	通恒机械	黄小姐	采购员	东园西甲 30	南京	华东	798089	中国
104	森通	王先生	销售代表	常保阁东 80	天津	华北	787045	中国
105	国皓	黄雅玲	市场经理	广发北路 10	大连	东北	565479	中国
106	迈多贸易	陈先生	物主	临爱大街 80	西安	西北	907987	中国
107	祥通	刘先生	物主	花园东街 90	重庆	西南	567690	中国
108	广313	王先生	结算经理	平谷嘉石大街	重庆	西南	808059	中国
109	光明杂志	谢丽秋	销售代表	黄石路 50 号	深圳	华南	760908	中国
110	威航货运有限	刘先生	销售代理	经七纬二路 1	大连	东北	120412	中国
111	三捷实业	王先生	市场经理	英雄山路 84	大连	东北	130083	中国
112	浩天旅行社	王先生	物主	白广路 314 号	天津	华北	234254	中国
113	同恒	刘先生	销售员	七一路 37 号	天津	华北	453466	中国

记录: ⏮ 第 23 项(共 92 ▶ ▶ ⏭ 🔲 无筛选器 搜索

图 16-18　客户信息表

本案例对应的资料文件"案例 78：使用 ADO 对象访问 Access 数据库文件.xlsm"的工作表中仅有表头，如图 16-19 所示。本案例要求：在该工作簿中，利用 ADO 对象访问 Adata.accdb

文件中的数据，并将数据返回到图 16-19 所示的工作表中。

图 16-19　本案例需要返回的数据

16.7.1　案例解析

在 VBA 中，使用 ADO 对象访问 Access 数据库的方法与访问 Excel 外部数据的方法类似，首先，在编辑器的"工具"菜单中添加对 ADO 对象的引用；然后，在 VBA 过程中，定义一个 ADO 对象的连接；接着，打开连接，在连接的 Execute 方法中执行 SQL 语句；最后，关闭连接。

该方法与访问 Excel 外部数据的方法有以下 3 个不同之处。第一，访问 Access 数据库时，ADO 连接的打开语句更加简单。例如，在本案例中，访问存放在 data 文件夹中的 Adata.accdb 文件，打开连接的代码如代码清单 16-29 所示。

代码清单 16-29

```
conn.Open "Provider=Microsoft.ACE.OLEDB.12.0;Data Source=D:\data\Adata.accdb"
```

当外部数据为 Access 数据库文件时，需要省略说明外部数据为 Excel 文件的语句，也无须说明是否含有表头——因为 Access 数据库（包括其他数据库）默认有"表头"，也就是数据库的列名。

第二，在 ADO 对象的 Execute 方法中使用 SQL 语句时，Access 数据库的表名无须连接美元符号"$"，只需要使用方括号。

第三，当外部数据为 Excel 文件时，编辑器不允许使用 SQL 语句中的 delete 语句删除数据表中的记录；但是，当外部数据为 Access 文件时，在 VBA 中，可以使用 SQL 语句删除记录。例如，代码清单 16-30 所示的 SQL 语句可以删除 Adata.accdb 文件的"交易记录"表中所有"所属区域"为"苏州"的记录。

代码清单 16-30

```
delete from [交易记录] where 所属区域 = '苏州'
```

在一个结构严谨的数据库中，表与表之间、记录与记录之间存在着或多或少的关联，贸然删除其中一条记录，可能引发一连串不可预知的错误。即使编辑器或数据库允许直接删除记录，也要谨慎。为了保证数据库的完整和安全，妥当的处理方法是为记录设置"正常"或"作废"标记，通过标记判断记录的状态。

在 VBA 中，访问 Access 数据库时用到的其他 SQL 语句与访问 Excel 外部数据的 SQL 语句没有太大区别。本案例需要返回的大部分数据为"交易记录"表中的记录，只有"公司名称"需要在"客户信息表"中查询。因此，需要以"客户 ID"和"ID"为连接条件，将"交易记录"表和"客户信息表"进行左连接，并在连接的结果中使用 select 语句查找本案例需要的列。相关 SQL 语句如代码清单 16-31 所示。

代码清单 16-31

```
select 客户ID,公司名称,日期,产品类别,数量,金额,成本 from [交易记录] left join [客户信息表] on [交易记录].客户ID = [客户信息表].ID
```

　　注意，客户的 ID 在"交易记录"表中为"客户 ID"，而在"客户信息表"中为"ID"。在大部分情况下，同一个信息在一个数据库文件的不同表中，一般要求被命名为相同的列名。但是，同样的信息被命名为不同列名的情况也允许存在。因此，虽然两张表中都有客户的 ID 信息，但是只有在"交易记录"表中为"客户 ID"，因此，在 select 语句中，无须指明"客户 ID"属于哪张表。

　　除可以在 VBA 中访问 Excel 外部数据和 Access 数据库以外，还能访问 MySQL、SQL Server 和 Oracle 等数据库。在访问不同数据库时，ADO 对象的打开连接的语句分别如下。

　　MySQL 数据库：

```
conn.Open "Provider=SQLOLEDB;DataSource=" & Path & ";Initial Catolog=" & strDataName
```

　　SQL Server 数据库：

```
conn.Open "Provider=MSDASQL;Driver={SQL Server};Server=" & Path & ";Database=" & strDataName
```

　　Oracle 数据库：

```
conn.Open "Provider=madaora;Data Source=MyOracleDB; User Id=UserID; Password=Password"
```

16.7.2　案例代码

　　本案例的完整代码如代码清单 16-32 所示。

　　代码清单 16-32

```
Sub test()
    Dim conn As New ADODB.Connection
    Dim sql As String
    '将 SQL 语句赋给字符串变量 sql
    sql = "select 客户ID,公司名称,日期,产品类别,数量,金额,成本 from [交易记录] left join
[客户信息表] on [交易记录].客户ID = [客户信息表].ID"
    conn.Open "Provider = Microsoft.ACE.OLEDB.12.0;Data Source=D:\data\Adata.accdb;"
    '直接将字符串变量 sql 作为 Execute 方法的参数
    Range("a2").CopyFromRecordset conn.Execute(sql)
    conn.Close
End Sub
```

16.7.3　案例小结

　　本章介绍了通过 ADO 对象访问 Excel 外部数据和其他数据库的基本流程，以及常用的 SQL 语句。

　　ADO 对象的存在，并非为了提供 Dir 函数和 GetOpenFilename 方法以外的第三种提取与操作外部数据的方法，而是作为利用 VBA 搭建 C/S（客户端/服务器）结构系统时的技术基础。在得到厂家允许和授权的前提下，程序员可以通过 VBA 和 ADO 访问其他系统（如 ERP、OA 系统等）的数据库，提取数据并进行其他操作。另外，在使用 ADO 对象访问外部数据或数据库时，务必对数据结构有一定的了解，知道每张表主要存放什么信息、表之间有何关联等，以确保使用 SQL 语句进行操作时准确无误。

第17章

触类旁通：掌握 VBA 的各种自学方法

在学习 IT 相关知识的过程中，自学是一项重要的技能。以 VBA 为例，VBA 是一套庞大的系统，一本书很难覆盖 VBA 的方方面面。而且，VBA 的使用自由度大，对于同一个问题，可以采用多种方法解决。因此，我们需要不断学习新的知识。

本章主要介绍 VBA 的自学方法，包括：

- ❏ 通过类比的方式自学 VBA 的 Shapes（图形）对象；
- ❏ 利用微软官方的帮助文档插入图片；
- ❏ 利用录制宏插入图表；
- ❏ 利用编程推测相关代码来操作表单控件；
- ❏ Like 运算符及相关通配符。

17.1 案例 79：自学 VBA 的 Shapes 对象

资料文件"案例 79：自学 VBA 的 Shapes 对象.xlsm"中含有多种图形，包括图片、图表（如柱形图）和表单控件（如复选框）等，如图 17-1 所示。这些类型的图形在 VBA 中都属于 Shapes 对象。本案例要求通过将 Shapes 对象和 Sheets 对象进行类比的方式来学习 Shapes 对象的相关知识，并编写代码获取图 17-1 中所有图形的名字、类型，分别返回到工作表的 A 列和 B 列中，最后删除图 17-1 中所有类型为矩形的图形。

图 17-1　本案例的各种图形

17.1.1 案例解析

Excel 中的 Shapes 对象必须创建在 Sheets 对象之中，也就是说，二者是从属关系，每一个 Shapes 对象必须属于某一个 Sheets 对象。Shapes 对象与 Sheets 对象有很多相似之处，如 Sheets 对象中重要的两个属性：Name 和 Count，Shapes 对象也拥有。如果查询图 17-1 所示的 Sheet1 工作表中有多少个 Shapes 对象，那么，在过程中，执行代码清单 17-1 所示的语句，Excel 就会弹出含有具体数字的提示框。

代码清单 17-1

```
MsgBox Sheet1.Shapes.Count
```

可以看出，代码清单 17-1 与查询当前工作簿中一共有多少张工作表的代码类似。

每个 Shapes 对象都拥有 Name 属性。如果想要将 sheet1 工作表中所有图形的名字返回到 A 列中，那么先定义一个 Shape 对象的变量（变量名一般为 shp），然后使用 shp 在 For Each 循环中遍历 Sheet1 工作表的所有图形，并将其 Name 属性返回到 A 列，相关代码如代码清单 17-2 所示。

代码清单 17-2

```
Dim shp As Shape
For Each shp In Sheet1.Shapes
    i = i + 1
    '获取图形的名字
    Range("a" & i) = shp.Name
Next
```

代码清单 17-2 的返回结果如图 17-2 所示。

虽然 Sheets 对象有多种类型，但是在本书前面的内容中并未详细介绍，这是因为 Sheets 对象的常用类型只有 Worksheets 对象，本书中还经常使用 Sheets 对象直接代替 Worksheets 对象。

Shapes 对象同样有多种类型，从图 17-2 中可以看出，有 Picture、Rectangle、TextBox、Chart、CheckBox、Diagram 等。本案例要求将图 17-1 中所有图形的类型返回到工作表的 B 列，在 For Each 循环中，增加一行获取 Type 属性的代码即可。Shapes 对象的 Type 属性用不同的整数表示不同的图形类型，如图 17-3 的 B 列所示。相关代码如代码清单 17-3 所示。

图 17-2 在 A 列中返回所有图形的名字

代码清单 17-3

```
Dim shp As Shape
For Each shp In Sheet1.Shapes
    i = i + 1
    '获取图形的名字
    Range("a" & i) = shp.Name
    '获取图形的类型
    Range("b" & i) = shp.Type
Next
```

图 17-3 在 B 列中返回所有图形的
类型数值

代码清单 17-3 的返回结果如图 17-3 所示。

最后，本案例要求删除图 17-1 中所有的矩形图形，这需要使用 Shapes 对象的 Delete 方法。参考 Sheets 对象的 Delete

方法，即可推断出如何使用 Shapes 对象的 Delete 方法。

从图 17-3 中可以看出，矩形（Rectangle）的类型值为 1，因此，在 For Each 循环中，对每个图形的 Type 值进行判断，若为 1，则删除，相关代码见 17.1.2 节。

17.1.2 案例代码

本案例的完整代码如代码清单 17-4 所示。

代码清单 17-4

```
Sub test()
    '定义 Shape 对象的变量
    Dim shp As Shape
    Dim i As Integer
    '输出所有图形的数量
    MsgBox Sheet1.Shapes.Count
    For Each shp In Sheet1.Shapes
        i = i + 1
        '获取图形的名字
        Range("a" & i) = shp.Name
        '获取图形的类型
        Range("b" & i) = shp.Type
        If shp.Type = 1 Then
            shp.Delete
        End If
    Next
End Sub
```

17.1.3 案例小结

本节没有详细介绍 Shapes 对象的属性和方法，希望读者能够参照 Sheets 对象，自行对 Shapes 对象进行深入探索。对象之间存在诸多相似之处，这种现象在 VBA 的学习过程中比较常见。参照已学习的知识点探索新知识点是一种触类旁通的方法。

17.2 案例 80：插入并调整图片（利用官方资料）

本案例的案例资料包括一个工作簿"案例 80：插入并调整图片.xlsx"和一个"data"文件夹。该工作簿的"员工信息"工作表中有姓名、工号、月基本薪资和照片列，其中"照片"列为空，如图 17-4 所示。"data"文件夹中包含一组以人员姓名命名的图片，如图 17-5 所示。本案例要求编写 VBA 代码将"data"文件夹中的图片添加到"员工信息"工作表中对应人员的"照片"列中，并且要求图片的大小和位置与所在单元格的大小与位置一致，并可随着单元格的变化而变化。

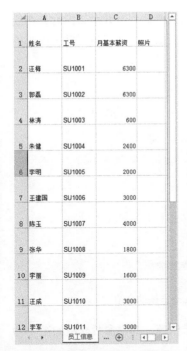

图 17-4　"员工信息"工作表

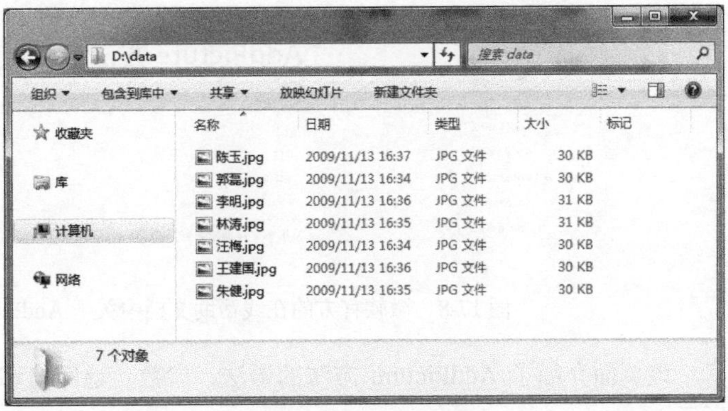

图 17-5　data 文件夹

17.2.1　案例解析

将图片添加到工作表需要用到 Shapes 对象的 Add 方法。注意，Shapes 对象的 Add 方法与 Sheets 对象的 Add 方法有显著区别。从图 17-6 中可以看出，Shapes 对象没有单独的 Add 方法，而是针对不同图形类型有各自的添加方法。图片（Picture）类型的添加方法甚至有两个，分别是 AddPicture 和 AddPicture2，如图 17-7 所示。

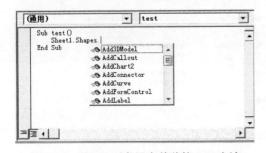

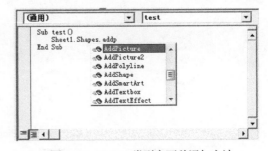

图 17-6　Shapes 对象没有单独的 Add 方法

图 17-7　Picture 类型有两种添加方法

每个新增图片的方法都有多个必选参数，如 AddPicture 方法的参数包括 FileName、LinkToFile、SaveWithDocument、Left、Top、Width 和 Height 7 个，且均为必选项；而 AddPicture2 还多一个 Compress 参数，它同样为必选项。因此，我们明显无法参照 Sheets 对象的 Add 方法在工作表中添加图片。

既然无法通过类比的方式在工作表中新增 Shapes 对象，那么很多读者会想到在网络中搜索相关信息，这当然是一个值得推荐的方法。但是，网络中搜索的信息往往良莠不齐且杂乱无章，可能影响学习效率。其实，我们可以查询微软官方的在线帮助文档，内容权威，使用便捷。

在使用 Visual Basic 编辑器时，想要打开微软的在线帮助文档，只需要将鼠标光标放在要查询的内容上，然后按 F1 键。在联网的情况下，计算机会弹出浏览器并打开微软的官方在线帮助文档页面，相关内容将显示在页面中。例如，先选中 AddPicture 方法，然后敲击键盘的 F1 键，计算机弹出的页面如图 17-8 所示。

图 17-8　微软官方的在线帮助文档中关于 AddPicture 方法的介绍

该页面介绍了 AddPicture 方法的语法、参数、返回值和示例等，其中参数介绍如图 17-9 所示。

图 17-9　AddPicture 的参数介绍

其中，参数 FileName 为文件名和路径（因为翻译的原因，部分在线帮助文档不好理解，我们需要加入一些必要的推测）。参数 LinkToFile 表示是否使用链接，当其值为 msofalse 时，表示复制图片，当其值为 msotrue 时，则仅通过链接的形式展示图片。参数 SaveWithDocument 表示是否将图片与文件一起保存。当参数 LinkToFile 的值为 Msofalse 时，该参数的值必须为 MsoTrue。参数 Left、Top、Width 和 Height 分别表示图片的左边距、上边距、宽、高，即图片与工作表左边框和上边框的距离，以及图片的宽度和高度，单位均为磅。

在以上参数中，需要添加的图片的名称和路径已知；LinkToFile 和 SaveWithDocument 两个参数应分别设为 msofalse 与 msotrue，表示将图片复制到工作表中并随 Excel 文档一起保存；若暂不知如何设置左边距、上边距、宽和高 4 个参数，那么可先参照在线帮助文档的示例，观察一下效果。例如，将"员工信息"工作表中汪梅的对应图片（见 data 文件夹）添加到工作表中（按照本书惯例，将 data 文件夹复制到计算机的 D 盘根目录下），相关代码如代码清单 17-5 所示。

代码清单 17-5

```
Sheet1.Shapes.AddPicture "D:\data\汪梅.jpg",
msoFalse, msoTrue, 100, 100, 70, 70
```

代码清单 17-5 的运行结果如图 17-10 所示。可以看到，图片被添加到与工作表左边框和上边框距离 100 磅的位置，且图片的宽和高均为 70 磅。

为了让图片的位置和大小与所在单元格一致，还需设置图片的左边距、上边距、宽和高属性值与单元格的对应值一样。但是，Excel 中的单元格没有属性窗口，无法直观地查看相关属性值，此时可以在 Visual Basic 编辑器界面中按 F2 键，打开"对象浏览器"，然后在浏览器的搜索栏中输入"Range"，在下方的库中选中"Range"，对象浏览器中就会列出 Range 对象的所有成员，如图 17-11 所示。如果想进一步了解各个成员的详细信息，那么按 F1 键，或者右键单击该成员，然后选中"帮助"，即可打开微软的在线帮助文档，以查看其详细介绍。

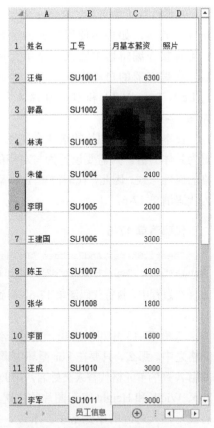

图 17-10　成功将图片添加到工作表中

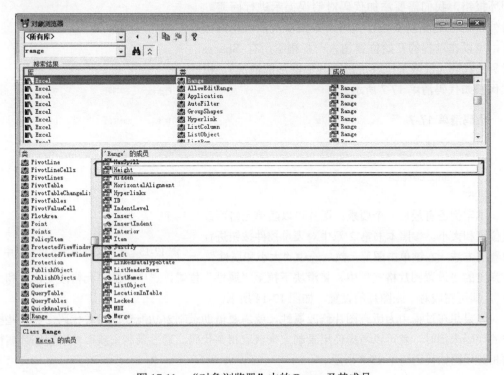

图 17-11　"对象浏览器"中的 Range 及其成员

从图 17-11 中可知，Range 对象的成员列表确实包含 Left、Top、Width 和 Height 4 个属性。其实，如果不使用对象浏览器，那么可直接在编辑器中输入一个单元格，然后，在编辑器的自动提示中，也能逐一找到 Left、Top、Width 和 Height 这 4 个属性，如图 17-12 所示。

在本案例中，图片的这 4 个属性无须设置为具体的值，只需要设置为与对应的单元格的属性一致。因此，代码清单 17-5 可修改为代码清单 17-6。

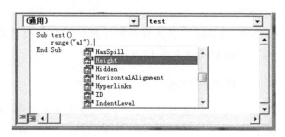

图 17-12　在编辑器的自动提示中查找对象的方法和属性

代码清单 17-6

```
Sheet1.Shapes.AddPicture "D:\data\汪梅.jpg", msoFalse, msoTrue, Range("d2").Left,
Range("d2").Top, Range("d2").Width, Range("d2").Height
```

在过程中，执行代码清单 17-6，得到的结果如图 17-13 所示。

从图 17-13 中可以看出，图片已经被准确地嵌入单元格之中。那么，只要在 For 循环中调用代码清单 17-6，并用 A 列的单元格代替人员姓名，用 D 列单元格的 Left、Top、Width 和 Height 表示图片的位置与大小，就能把所有图片插入对应的单元格了。不过，本案例的 "data" 文件夹中并非拥有所有人员的照片，因此，会导致 For 循环报错，我们需要添加代码对错误提示进行回避。另外，为了避免重复执行代码而导致多次插入相同图片，可以在过程的开始位置加入一行删除所有 Shapes 对象的代码（仅限工作表中没有其他图形的情况），相关代码如代码清单 17-7 所示。

代码清单 17-7

```
Dim shp As Shape
For Each shp In Sheet1.Shapes
        shp.Delete
Next
```

图 17-13　照片被准确嵌入单元格中

本案例还有最后一个要求：图片可以随单元格而改变位置和大小。参照本书第 2 章中对表单控件按钮进行设置的方法，右键单击图片，然后选中"大小和属性"，在弹出的"设置图片格式"中，将滑块下拉至"属性"位置，选中"随单元格改变位置和大小"，即可完成对一张图片的设置，如图 17-14 所示。

如果想在过程中为所有图片修改属性，就需要借助录制宏功能获取相关代码。当某些操作的代码未知时，就可以考虑使用录制宏来获取相关代码。通过录制宏获取的设置图片属性的相关代码如代码清单 17-8 所示。

代码清单 17-8

```
Selection.Placement = xlMoveAndSize
```

将代码清单 17-8 中的 Selection 替换为本案例的代码
中的 Shape 对象的变量 shp，即可在 For 循环中为所有图
片设置属性。注意，17.2.2 节的代码清单 17-9 中有两处需
要用到这个变量：第一处是在过程开始的位置，用于删除
多余图片的代码；第二处是设置图片的位置和大小随单元
格变化的代码。因为这两处代码互不干扰，所以使用了同
一个变量 shp。为了避免理解上的困扰，也可定义两个不同
的变量。

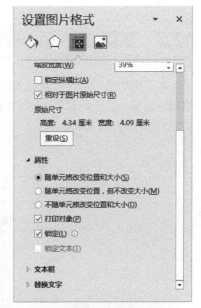

另外，17.2.2 节的代码清单 17-9 中使用了表达式
"Range("a1").End(xlDown).Row"。这个表达式与"Range
("a65536").End(xlUp).Row"类似，效果也大致相同。前者
是从 A1 单元格开始往下寻找最后一个不为空的单元格的
行号，后者则是从 A65536 单元格开始往上寻找第一个不为
空的单元格的行号。在工作表 A 列的数据连贯的情况下，
这两个表达式效果相同。但是，如果 A 列数据中含有空单
元格，两个表达式的返回结果就未必相同了。

图 17-14　设置图片随单元格
改变位置和大小

17.2.2　案例代码

本案例的过程代码如代码清单 17-9 所示。

代码清单 17-9

```
Sub test()
    Dim shp As Shape
    Dim i As Integer
    '回避报错
    On Error Resume Next
    '插入图片前，先删除之前的图片，避免重复
    For Each shp In Sheet1.Shapes
        shp.Delete
    Next
    '利用 For 循环将图片插入相应的单元格，并设置图片随单元格改变位置和大小
    For i = 2 To Range("a1").End(xlDown).Row
        Set shp = Sheet1.Shapes.AddPicture("D:\data\" & Range("a" & i) & ".jpg",
msoFalse, msoTrue, Range("d" & i).Left, Range("d" & i).Top, Range("d" & i).Width,
Range("d" & i).Height)
        shp.Placement = xlMoveAndSize
    Next
End Sub
```

17.2.3　案例小结

本案例中解决问题的方式是查询微软的官方资料，包括在线帮助文档和对象浏览器。本

案例还用到了自学 VBA 的重要手段：录制宏。

17.3 案例 81：插入图表对象（利用录制宏）

本案例的资料文件"案例 81：插入图表对象.xlsx"是一张汇总表，如图 17-15 所示。本案例要求根据这张汇总表，编写 VBA 代码来制作一张二维折线图，并要求折线图 Y 轴的数值区间为 100 万～1000 万。

▲	A	B	C	D
1				
2		日期	汇总	
3		1月	2149401	
4		2月	2027698	
5		3月	4942922	
6		4月	5672917	
7		5月	4713449	
8		6月	3494776	
9		7月	4827606	
10		8月	3160299	
11		9月	5260276	
12		10月	4801124	
13		11月	9318247	
14		12月	7406512	
15				

图 17-15　数据汇总表

17.3.1 案例解析

案例 80 中使用了录制宏功能，本案例将继续尝试使用录制宏来获取实现案例所需的代码。

首先，录制一段插入数据为空的折线图的代码，步骤如下：录制宏→单击 Excel 功能区的"插入"标签（注意，不是"开发工具"标签下的"插入"）→选择任意二维折线图→停止录制。以上操作得到的主要代码如代码清单 17-10 所示。

代码清单 17-10

```
ActiveSheet.Shapes.AddChart2(227, xlLine).Select
```

虽然代码清单 17-10 中的部分参数暂时没有介绍，但是我们可以做出以下合理推断：

○ 图形的类型有多种，插入图形时，必须指明其类型，AddChart2 明显表示插入图表；

○ 图表的类型也有多种，插入时，也需要指明类型，AddChart2 后的参数明显用于指明图表的类型为二维折线图；

○ 图表与 Shapes 对象属于从属关系；

○ 与所有 Shapes 对象一样，插入图表时，必须指明图表所在的工作表。

接下来，选中汇总表，然后插入一次二维折线图（表示以汇总表为二维折线图的数据源），并将过程录制下来，得到的主要代码如代码清单 17-11 所示。

代码清单 17-11

```
ActiveSheet.Shapes.AddChart2(227, xlLine).Select
ActiveChart.SetSourceData Source:=Range("Sheet1!$B$2:$C$14")
```

显然，代码清单 17-11 中的第二行代码表示指定二维折线图的数据源。注意，使用 Shapes 对象的 AddChart2 方法插入的是一个 Shapes 对象，如图 17-16 所示，但是，在设置数据源时，使用的是"ActiveChart"。

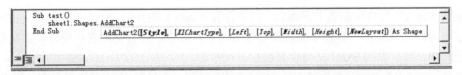

图 17-16　使用 AddChart2 方法插入的是一个 Shapes 对象

图 17-17　设置坐标轴格式

本案例最后要求将图表的 Y 轴的数值区间设为 100 万～1000 万，需要录制的过程：右键单击坐标 Y 轴，选择"设置坐标轴格式"，在弹出的标签中，将边界的最小值设为 1000 000，也就是 1.0E6，最大值默认就是 1000 万，无须修改，如图 17-17 所示。

通过录制宏获得的代码如代码清单 17-12 所示。

代码清单 17-12

```
ActiveSheet.ChartObjects("图表 10").Activate
ActiveChart.Axes(xlValue).Select
ActiveChart.Axes(xlValue).MinimumScale = 1000000
```

可以判断出设置坐标轴数值区间的代码为第三行。将录制宏所得的所有代码进行整合，即可得到本案例的最终代码。

17.3.2　案例代码

本案例完整的过程代码如代码清单 17-13 所示。

代码清单 17-13

```
Sub test()
    '插入折线图
    Sheet1.Shapes.AddChart2(227, xlLine).Select
    '指定折线图的数据源
    ActiveChart.SetSourceData Source:=Range("b2:c14")
    '设置折线图的坐标轴
    ActiveChart.Axes(xlValue).MinimumScale = 1000000
End Sub
```

17.3.3　案例小结

录制宏功能无疑是自学 VBA 的一件"神兵利器"。

在初学 VBA 时，因为有些读者没有任何知识基础，所以不得不对录制的宏代码"囫囵吞枣"似地加以利用（如案例 02、案例 03）。但是，在经过一段时间的学习后，读者可以对录取宏所得的代码有针对性地进行分析，挑选出其中有用的部分，为我所用。

17.4　案例 82：操作表单控件（利用编程推测）

虽然 ActiveX 控件的功能非常强大，但是含有 ActiveX 控件的 Excel 文件往往会占用较大的内存空间。如果只是类似制作调查问卷这类简单的需求，那么使用表单控件其实是完全可以满足的，而且制作的 Excel 文件也会更加"轻便"。

但是，在使用表单控件制作调查问卷时，会遇到这样一个问题：因为表单控件无法设置属性，所以表单控件中的选项按钮自然无法利用 GroupName 进行分组。为了解决这个问题，在表单控件中，用户可使用分组框将同一组选项按钮框起来，以达到分组的目的。本案例资料文件"案例 82：操作表单控件.xlsx"的工作表中就有两组选项按钮使用了分组框进行分组，如图 17-18 所示。

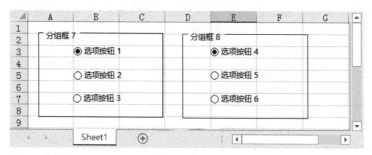

图 17-18　两组选项按钮

本案例要求：编写代码使图 17-18 中的分组框不可见，工作表中只保留两组选项按钮，且要求同一组的选项按钮互斥，不同组的选项按钮不互斥。注意，不能删除分组框，否则所有选项按钮都会被分到同一组。

17.4.1　案例解析

因为表单控件无法设置属性，所以无法通过录制宏的方式获得将分组框设置为不可视状态的代码。因此，本案例只能一边编写代码，一边推断所需的语句。

首先，回忆 ActiveX 控件的相关知识，要将一个控件设置为不可视，需要将其 Visible 属性设为 False（或其他类似值），因此，初步推测本案例的代码如代码清单 17-14 所示。

代码清单 17-14

```
Sub test()
    For Each 变量 In 分组框对象
        变量.Visible = False
    Next
End Sub
```

但是，在定义变量时，我们会发现，VBA 中根本没有分组框（GroupBox）对象，甚至连表单控件（FormControl）对象都不存在，因此无法定义相关类型的变量。已知所有表单控件都属于 Shapes 对象，故只能尝试先定义一个 Shapes 对象的变量，相关代码如代码清单 17-15 所示。

代码清单 17-15

```
Sub test()
    Dim shp As Shape
```

```
    For Each shp In Sheet1.Shapes
        shp.Visible = msoFalse
    Next
End Sub
```

代码清单 17-15 中变量 shp 的 Visible 属性值可由编辑器提示给出，因此可知本案例的解析思路没有问题——要将一个对象设置为不可视，修改其 Visible 属性即可。但是，代码清单 17-15 会将 Sheet1 工作表中所有 Shapes 对象都设置为不可见，包括选项按钮，因此应先对 Shapes 对象的类型进行判断，只有变量 shp 的类型为分组框时，才将其隐藏。尝试编写代码获取工作表中所有 Shapes 对象的类型，如代码清单 17-16 所示。

代码清单 17-16

```
Sub test1()
    Dim shp As Shape
    Dim i As Integer
    For Each shp In Sheet1.Shapes
        i = i + 1
        Range("h" & i) = shp.Type
    Next
End Sub
```

可是，代码清单 17-16 的执行结果令人意外——如果读者已经执行了代码清单 17-16，那么应该看到工作表的 H 列的所有值均为 8。这意味着在 VBA 中，表单控件中的选项按钮和分组框是同一种类型（表单控件类型）的 Shapes 对象。

回忆 17.3 节中的案例 81，必须先指明插入的 Shapes 对象为图表，然后才能指定图表的类型为二维折线图。那么，在本案例中，是否同样需要先指明 Shapes 对象的变量为表单控件（FormControl），然后判断其类型是分组框（GroupBox）呢？

尝试在变量 shp 后面输入英文符号“.”，查看是否有与表单控件相关的提示。果然不出所料，还真有。不但有，而且正是本案例需要的、与类型相关的属性：FormControlType 属性，如图 17-19 所示。

在表达式“shp.FormControlType”的后面继续输入英文符号“.”，查看是否有与分组框相关的属性或方法，输入“.”后，Visual Basic 编辑器根本不会弹出任何提示。

那么换一个思路，尝试在 If 函数中的“shp.FormControlType”后面输入等号“=”，查看编辑器是否会提示相应的属性值。果然，再次推断正确，编辑器给出了表单控件类型值的提示，其中就有分组框（GroupBox），如图 17-20 所示。

图 17-19　Shapes 对象的表单类型属性

图 17-20　If 函数中判断表单控件的类型值

之所以需要在 If 函数中查看提示，是因为 If 函数中的等号"="表示等式两边的值相等；而 If 函数外的等号"="大多数情况下表示将等式右边的值赋给左边。直接将类型值赋给变量明显不符合 VBA 的编程习惯，因此，在 If 函数外的表达式"shp.FormControlType"后输入等号"="，无法看到相关提示。

建议读者在阅读 17.4.2 节中的代码之前，先尝试自行编写，以达到自学的目的。

17.4.2 案例代码

本案例的最终代码如代码清单 17-17 所示。

代码清单 17-17

```
Sub test()
    Dim shp As Shape
    For Each shp In Sheet1.Shapes
        If shp.FormControlType = xlGroupBox Then
            shp.Visible = msoFalse
        End If
    Next
End Sub
```

17.4.3 案例小结

其实，本案例使用的方法在之前的学习过程中或多或少地使用过。合理利用 VBA 强大的提示和自动补齐功能，不但可以提高编程效率，还可以根据提示对接下来应该使用的语句进行合理推断。

另外，并非一定要知道如何编写完整的代码，才能开始编程。首先编写可以实现功能的代码，获取需要的信息和提示，然后思考接下来应该如何开展工作，这是自学过程甚至实际工作中可行的方法。

17.5 案例 83：学习使用 Like 语句

案例 82 其实还有另一种实现方法，即先通过判断 Shapes 对象的名字中是否含有分组框（GroupBox），再决定是否设置其可视性。想要判断字符串中是否含有某个特定字符，可以使用 Like 运算符。本节将介绍 VBA 中 Like 运算符的使用方法。本案例的资料文件"案例 83：学习使用 Like 语句.xlsx"中包含一张图 17-21 所示的工作表，本案例要求根据工作表 C 列的各种条件，在 A 列中找到对应的 PN 码并标记为黄色（即修改单元格填充色）。

图 17-21 案例 83 的工作簿

17.5.1 案例解析

Like 运算符用于对两个字符串进行匹配，当前面的字符串包含后面的字符串时，则返回 True，若不包含，则返回 False。在匹配的过程中，Like 运算符可以使用通配符代替字符。在案例 82 中，首先编写代码获取工作表中所有 Shapes 对象的变量的名称，可使用代码清单 17-18 所示的代码。

代码清单 17-18

```
Sub test1()
    Dim shp As Shape
    Dim i As Integer
    For Each shp In Sheet1.Shapes
        i = i + 1
        Range("h" & i) = shp.Name
    Next
End Sub
```

由代码清单 17-18 的结果可知，两个分组框的名字分别为 Group Box 7 和 Group Box 8。因此，只需要在 For Each 循环中使用 Like 运算符比较每一个 shp.Name，若含有字符串"Group Box*"，则将其 Visible 属性设为 False。相关代码如代码清单 17-19 所示。

代码清单 17-19

```
If shp.Name Like "Group Box*" Then
        shp.Visible = msoFalse
End If
```

代码清单 17-19 中的通配符"*"表示任意字符，表达式"Group Box*"表示任意以"Group Box"开头的字符串。

除"*"以外，Like 运算符还可搭配多种通配符使用，具体如下。

- ❍ *：任意字符。
- ❍ #：任意单个数字。
- ❍ ?：任意单个字符。
- ❍ !：逻辑"非"。
- ❍ [A-Z]：所有大写字母。
- ❍ [A-Z a-z]：所有字母。
- ❍ [0-9]：数字。
- ❍ [!A-Z]：非大写字母。
- ❍ [!0-9]：非数字。

利用 Like 运算符以及上述通配符，即可逐个解决本案例中的问题。首先，为本案例编写一个"外壳"，在"外壳"中，创建 For 循环、设置单元格的填充色等。同时，需要在"外壳"代码的开始处将所有单元格设置为无填充色，否则工作表中的填充色会越来越多。设置单元格填充色和取消单元格填充色的代码可分别通过录制宏获取。

"外壳"代码如代码清单 17-20 所示。

代码清单 17-20

```
Sub test()
    Dim i As Integer
```

```
        Range("A2:A15").Interior.Pattern = xlNone
        For i = 2 To 15
            If Range("a" & i) Like 条件语句 Then
                Range("a" & i).Interior.Color = 65535
            End If
        Next
    End Sub
```

根据图 17-21 中 C 列的各项条件，利用通配符编写对应的表达式，代替代码清单 17-20 所示"外壳"代码中的"条件语句"，即可完成本案例。

17.5.2 案例代码

本案例各项要求对应的过程代码分别如下（黑色粗体部分的代码对应不同的条件）。

❍ 第一位以 J 开头，实现代码如代码清单 17-21 所示。

代码清单 17-21

```
Sub test()
    Dim i As Integer
    Range("A2:A15").Interior.Pattern = xlNone
    For i = 2 To 15
        If Range("a" & i) Like "J*" Then
            Range("a" & i).Interior.Color = 65535
        End If
    Next
End Sub
```

❍ 第一位以 J 开头并且有 7 个字符，实现代码如代码清单 17-22 所示。

代码清单 17-22

```
Sub test()
    Dim i As Integer
    Range("A2:A15").Interior.Pattern = xlNone
    For i = 2 To 15
        If Range("a" & i) Like "J??????" Then
            Range("a" & i).Interior.Color = 65535
        End If
    Next
End Sub
```

❍ 第一位以 J 开头、有 7 个字符且第 5 位是 w 的实现代码如代码清单 17-23 所示。

代码清单 17-23

```
Sub test()
    Dim i As Integer
    Range("A2:A15").Interior.Pattern = xlNone
    For i = 2 To 15
        If Range("a" & i) Like "J???w??" Then
            Range("a" & i).Interior.Color = 65535
        End If
    Next
End Sub
```

- 第一位以 A~M 开头（注意，方括号中的字母仅代表一位字符）的实现代码如代码清单 17-24 所示。

代码清单 17-24

```
Sub test()
    Dim i As Integer
    Range("A2:A15").Interior.Pattern = xlNone
    For i = 2 To 15
        If Range("a" & i) Like "[A-M]*" Then
            Range("a" & i).Interior.Color = 65535
        End If
    Next
End Sub
```

- 第一位以大写字母开头，实现代码如代码清单 17-25 所示。

代码清单 17-25

```
Sub test()
    Dim i As Integer
    Range("A2:A15").Interior.Pattern = xlNone
    For i = 2 To 15
        If Range("a" & i) Like "[A-Z]*" Then
            Range("a" & i).Interior.Color = 65535
        End If
    Next
End Sub
```

- 第一位以字母开头，实现代码如代码清单 17-26 所示。

代码清单 17-26

```
Sub test()
    Dim i As Integer
    Range("A2:A15").Interior.Pattern = xlNone
    For i = 2 To 15
        If Range("a" & i) Like "[A-Z a-z]*" Then
            Range("a" & i).Interior.Color = 65535
        End If
    Next
End Sub
```

- 第一位以数字开头，实现代码如代码清单 17-27 所示。注意：本段代码的条件判断语句也可以使用#表示一位数字。

代码清单 17-27

```
Sub test()
    Dim i As Integer
    Range("A2:A15").Interior.Pattern = xlNone
    For i = 2 To 15
        If Range("a" & i) Like "[0-9]*" Then
            Range("a" & i).Interior.Color = 65535
        End If
    Next
End Sub
```

○ 前两位以数字开头，实现代码如代码清单 17-28 所示。注意：本段代码的条件判断语句也可以连续使用两个 "[0-9]" 表示两位数字。

代码清单 17-28

```
Sub test()
    Dim i As Integer
    Range("A2:A15").Interior.Pattern = xlNone
    For i = 2 To 15
        If Range("a" & i) Like "##*" Then
            Range("a" & i).Interior.Color = 65535
        End If
    Next
End Sub
```

○ 第一位以数字开头，第二位不是数字，实现代码如代码清单 17-29 所示。

代码清单 17-29

```
Sub test()
    Dim i As Integer
    Range("A2:A15").Interior.Pattern = xlNone
    For i = 2 To 15
        If Range("a" & i) Like "[0-9][!0-9]*" Then
            Range("a" & i).Interior.Color = 65535
        End If
    Next
End Sub
```

○ 第一位以 J 开头、有 7 个字符且第 5 位是字母的实现代码如代码清单 17-30 所示。

代码清单 17-30

```
Sub test()
    Dim i As Integer
    Range("A2:A15").Interior.Pattern = xlNone
    For i = 2 To 15
        If Range("a" & i) Like "J???[A-Z a-z]??" Then
            Range("a" & i).Interior.Color = 65535
        End If
    Next
End Sub
```

○ 开头和结尾均是大写字母，并且共有 7 位，实现代码如代码清单 17-31 所示。

代码清单 17-31

```
Sub test()
    Dim i As Integer
    Range("A2:A15").Interior.Pattern = xlNone
    For i = 2 To 15
        If Range("a" & i) Like "[A-Z]?????[A-Z]" Then
            Range("a" & i).Interior.Color = 65535
        End If
    Next
End Sub
```

○　第一位不是字母，实现代码如代码清单 17-32 所示。

代码清单 17-32

```
Sub test()
    Dim i As Integer
    Range("A2:A15").Interior.Pattern = xlNone
    For i = 2 To 15
        If Range("a" & i) Like "[!A-Z a-z]*" Then
                Range("a" & i).Interior.Color = 65535
        End If
    Next
End Sub
```

17.5.3　案例小结

在模糊搜索方面，Like 运算符和相关的通配符的便捷性远远超过 VBA 的其他函数。熟练掌握 Like 运算符和相关通配符的使用方法可应对日常工作中的数据比对操作。

第 18 章

触"类"旁通：如何创建类模块

在 VBA 中，类模块属于比较抽象的概念，理解和使用方面都有一定的难度，但类模块的功能相当强大，能够大幅提高编写 VBA 代码的效率。有些人认为，能否熟练使用类模块，是区分 VBA 初级用户和高级用户的分水岭。

因篇幅有限，本章只能简单介绍类模块，希望能让读者对类模块有个初步了解，并借此对 VBA 的整个体系有更深刻的认识。

本章的内容包括：

- ○ VBA 中的私有和公有；
- ○ 使用类模块创建自定义类；
- ○ 创建类的方法和属性；
- ○ 使用自定义类；
- ○ 导出自定义类；
- ○ Do-While 循环。

18.1 案例 84：VBA 中的私有和公有

本案例的资料文件"案例 84：VBA 中的私有和公有.xlsx"中有两个按钮，分别是"开始考试"和"结束考试"，如图 18-1 所示。本案例要求在了解 VBA 中的公有和私有的区别后，定义一个公有字符变量，当单击"开始考试"按钮时，弹出对话框提示考生输入姓名，并保存在公有变量中；单击"结束考试"按钮时，返回公有变量的值，显示考生名字。

图 18-1　本案例的资料文件

18.1.1 案例解析

VBA 中的变量分为公有和私有两种。任意过程中定义的变量都属于私有变量，它仅能在该过程中被使用，在其他过程中无法访问。如图 18-2 所示，过程 test1 中定义的整型变量 i 无法在过程 test2 中被访问。

如果想让变量 i 在 test1 中被赋值，然后在 test2 中被调用，就需要将 i 定义为该模块的公有变量，方法是将 i 定义到所有过程的外面，如图 18-3 所示。

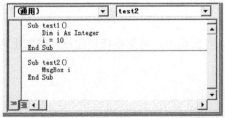

图 18-2　test1 的私有变量 i 无法在 test2 中被访问

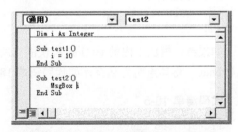

图 18-3　i 被定义为该模块的公有变量

图 18-3 中的整型变量 i 在该模块内就属于公有变量，模块内的所有过程均能对其进行访问和调用。例如，先执行模块内的 test1，为变量 i 赋值；再执行 test2，会弹出对话框显示变量 i 的当前值为 10；若不先执行 test1，直接执行 test2，那么对话框内会显示整型变量的初始值 0。

除模块内的公有变量以外，VBA 中还有跨模块的公有变量。当编辑器中有多个模块时，一个模块内的公有变量在其他模块中无法被访问。如果希望定义一个跨模块的公有变量，则需要在模块中使用关键字 Public 对变量进行定义。例如，在编辑器的模块 1 内，执行代码清单 18-1。

代码清单 18-1

```
Public i As Integer

Sub test()
    i = 11
End Sub
```

然后，在模块 2 内，执行代码清单 18-2。

代码清单 18-2

```
Sub test()
    MsgBox i
End Sub
```

那么，弹出的提示框会显示数值 11。因为代码清单 18-1 和代码清单 18-2 中的两个过程在不同的模块内，所以过程名可以相同。

不过，为了避免引起不必要或不可预知的错误，尽量不要使用跨模块的公有变量。模块内跨过程的公有变量一般能满足编程需要。

除了变量，VBA 中的过程也分为公有和私有。与变量相反，创建的过程默认情况下为公有，可供所有模块内的其他过程调用。例如，在模块 1 内，创建过程 test1 的代码如代码清单 18-3 所示。

代码清单 18-3

```
Sub test1()
    Dim i As Integer
    i = 101
    MsgBox i
End Sub
```

然后，可以在模块 2 的过程 test2 中，对 test1 进行调用，如代码清单 18-4 所示。

代码清单 18-4

```
Sub test2()
    Call test1
End Sub
```

如果希望模块 1 内的 test1 过程仅能在所属模块内被调用，则需要在创建过程时加上关键字 Private，将其声明为私有，如代码清单 18-5 所示。

代码清单 18-5

```
Private Sub test1()
    Dim i As Integer
    i = 101
    MsgBox i
End Sub
```

在这种情况下，如果执行代码清单 18-4 中的 test2（位于模块 2 中）试图调用 test1，则会弹出图 18-4 所示的错误提示。

前文提到，在一般情况下，不建议定义跨模块的公有变量，以免造成逻辑混乱。但是，如果确实需要在一个模块中访问另一个模块的变量，那么可以考虑借用过程的公有属性。例如，在模块 1 中定义一个公有整型变量 i，然后在过程 test1 中对 i 赋值并将其显示在提示框中，如代码清单 18-6 所示。

图 18-4   无法跨模块调用私有过程

代码清单 18-6

```
Dim i As Integer

Sub test1()
    i = 101
    MsgBox i
End Sub
```

然后，在模块 2 的 test2 中，调用 test1，即可访问模块 1 中的公有变量 i，如代码清单 18-7 所示。

代码清单 18-7

```
Sub test2()
    Call test1
End Sub
```

18.1.2   案例代码

本案例要求定义一个公有字符串变量，并在 "开始考试" 按钮绑定的宏中使用 InputBox 函数让考生输入姓名，然后将其赋值给公有字符串变量，最后在 "结束考试" 按钮绑定的宏中访问该公有字符串变量。本案例的相关代码如代码清单 18-8 所示。

代码清单 18-8

```
'定义公有字符串变量 str
Dim str As String
```

```
'利用 InputBox 函数为公有字符串变量 str 赋值
Sub 开始考试()
    str = InputBox("请输入姓名：")
End Sub

'调用公有字符串变量 str
Sub 结束考试()
    MsgBox "考生" & str & "你本次的考试成绩为："
End Sub
```

18.1.3　案例小结

如果仅使用 VBA 对 Excel 的数据进行处理，那么可能很少用到公有变量，也很少需要跨模块调用过程。但是，如果希望借助 VBA 完成更复杂的工作，如创建类模块或开发小型系统等，那么访问公有变量和调用公有过程都将不可避免。因此，熟练掌握公有变量与过程的定义和使用，可以为深入学习 VBA 打好基础。

18.2　案例 85：使用类模块

使用类模块创建一个用于操作工作表的类，类的方法包括：

○ 创建指定标签名的工作表；
○ 删除指定标签名的工作表；
○ 创建一张工作表并将其置于所有工作表的右侧。

类的属性包括指定当前工作簿中从左开始的某张工作表，然后返回该工作表的标签名。

18.2.1　案例解析

因为类模块的概念比较抽象，所以此处暂不考虑使用纯文字解释何为类及类模块，而是首先根据本案例的各项要求逐个编写过程，然后尝试利用类模块将这些过程合并成一个类，最后总结何为类模块。

编写创建指定标签名的工作表的过程代码，如创建一个标签名为"一月"的工作表，如代码清单 18-9 所示。

代码清单 18-9

```
Sub AddSht()
    Dim k As Integer
    Dim sht, sht1 As Worksheet
    '判断是否存在"一月"工作表，避免新表重名
    For Each sht In Sheets
        If sht.Name = "一月" Then
            k = 1
        End If
    Next
    '当不存在"一月"工作表时，创建"一月"工作表
```

```
        If k = 0 Then
            Set sht1 = Sheets.add
            sht1.Name = "一月"
        End If
    End Sub
```

将代码清单 18-9 中的"AddSht"过程修改为带参数的过程。不再将标签名指定为"一月"，而是将标签名作为过程的参数，由用户指定，如代码清单 18-10 所示。

代码清单 18-10

```
Sub AddSht(str As String)
    Dim k As Integer
    Dim sht, sht1 As Worksheet
    '判断是否存在标签名为 str 的工作表
    For Each sht In Sheets
        If sht.Name = str Then
            k = 1
        End If
    Next
    '当不存在标签名为 str 的工作表时，创建工作表
    If k = 0 Then
        Set sht1 = Sheets.add
        sht1.Name = str
    End If
End Sub
```

如此即可得到用于创建指定标签名工作表的"AddSht"过程，如调用"AddSht"过程创建一张"二月"工作表，如代码清单 18-11 所示。

代码清单 18-11

```
Sub test()
    Call AddSht("二月")
End Sub
```

编写删除指定工作表的过程代码，同样写成带参数的过程，如代码清单 18-12 所示。

代码清单 18-12

```
Sub DelSht(str As String)
    Dim sht As Worksheet
    For Each sht In Sheets
        If sht.Name = str Then
            Application.DisplayAlerts = False
            sht.Delete
            Application.DisplayAlerts = True
        End If
    Next
End Sub
```

调用"DelSht"过程，删除"二月"工作表的代码如代码清单 18-13 所示。

代码清单 18-13

```
Sub test()
    Call DelSht("二月")
End Sub
```

至此，已经得到了两个带参数的过程，它们分别用于新建和删除指定标签名的工作表。接下来，创建一个类模块。右键单击"工程资源管理器"，然后选择"插入"，再选择"类模块"，即可在编辑器中插入一个类模块，如图 18-5 所示。

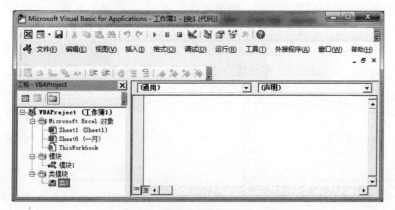

图 18-5　在编辑器中插入一个类模块

打开"类 1"的属性窗口（如果编辑器中没有属性窗口，则可以在"视图"标签中选中并打开），然后修改名称为 SheetX，如图 18-6 所示。

修改类模块的名称后的"工程资源管理器"如图 18-7 所示。

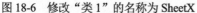

图 18-6　修改"类 1"的名称为 SheetX　　　　图 18-7　修改类名称后的"工程资源管理器"

类的名称可以根据需要自行设定，甚至可以与 VBA 中已有的对象同名（当然，我们不推荐这样设定）。本案例将类名修改为 SheetX，除方便用户记忆和使用以外，还表明这个类与工作表有关。

将代码清单 18-10 和代码清单 18-12 中的 AddSht 与 DelSht 两个过程复制到 SheetX 类模块中，即可得到一个名为 SheetX 的类。这个类有两个方法：AddSht 和 DelSht，分别用于新建和删除指定标签名的工作表。

如果要使用这个类，那么需要先定义一个类的变量，如代码清单 18-14 所示。

代码清单 18-14

```
Dim sht As New SheetX
```

在定义类的变量时，必须使用关键字 New。如果类的名称与已有对象的名称重复，那么在定义变量时，若不使用关键字 New，则会定义 VBA 的一个对象变量；若使用 New，则会定义类的变量。这也是前文说可以将类的名称设定成与已有对象同名的原因，但是，必须再次强调，类的名称与已有对象同名并不是一个好的编程习惯！

尝试在编辑器的通用模块中创建一个过程并定义 SheetX 类的变量 sht，然后通过在变量 sht 后输入英文符号 "."来查看编辑器自动提示的内容，如图 18-8 所示。

从图 18-8 中可以看出，编辑器将 AddSht 和 DelSht 两个过程作为类 SheetX 的两个方法。选择其中一个方法，如 AddSht，编辑器会提示按类型输入参数，如图 18-9 所示。

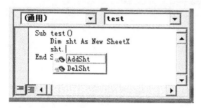

图 18-8 编辑器自动提示类的方法　　　　图 18-9 编辑器提示输入 AddSht 方法的参数

提示中的参数与代码清单 18-10 中 "AddSht" 过程的参数一致。输入 "三月"作为 AddSht 方法的参数，如图 18-10 所示，然后执行 "test" 过程。如果当前工作簿中没有标签名为 "三月"的工作表，则会新增一张 "三月"工作表。可见，类 SheetX 的 AddSht 方法与 "AddSht" 过程的效果一样。

从以上内容可总结出：

❏ 类模块是用来创建 "类"的模块；

❏ 类是多个过程的集合。

显然，在同一个类模块中编写的过程（或者某个类的方法），其作用的对象应当一致，如上文中的 SheetX 类，其方法全部用于操作工作表。

虽然 VBA 也允许一个类模块中存在操作不同对象的过程，如在 SheetX 类中创建一个针对 Range 单元格的方法，这并不会产生报错。但是，一个类仅操作一种对象是应当被遵循的规律。

除带参数的方法以外，还可以在类中创建不带参数的方法。本案例的第三个要求是创建一个类的方法，用于新增一个不指定标签名的工作表，并将该工作表置于当前工作簿的最右侧。明显，这就是一个不带参数的方法，先编写对应的过程代码，如代码清单 18-15 所示。

代码清单 18-15

```
Sub AddSht2()
    Sheets.add after:=Sheets(Sheets.Count)
End Sub
```

将代码清单 18-15 复制到 SheetX 类模块中，然后定义一个 SheetX 类的变量，并查看编辑器的自动提示。可以看到，编辑器已经为 SheetX 类添加了 AddSht2 方法，如图 18-11 所示。执行 AddSht2 方法，可在当前工作簿的最右侧新增一张工作表。

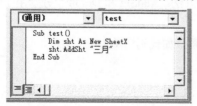

图 18-10 将字符串 "三月"作为 AddSht 方法的参数　　图 18-11 SheetX 类中已增加 AddSht2 方法

在 VBA 中，对象既有方法又有属性。与对象类似，在模块中，能够创建过程和函数，方法一般是一组操作，可以直接执行。函数必须有运算结果且返回给指定的对象或变量。

可以推断，既然在类模块中创建的过程就是类的方法，那么在类模块中创建的函数应该是类的属性。但是，在模块中，创建函数使用关键字 Function，而在类模块中，为类创建属性时，需要使用关键字 Property。Property 分为 Property Get、Property Let 和 Property Set 三种方式。其中，Property Get 用于创建类的只读属性，相对而言比较简单；后两种方式用于创建非只读属性，比较复杂，本书略过不提。

本案例的最后一个要求是创建类的属性，用于返回指定工作表的标签名。很明显，这是一个只读属性，因为本案例并未要求对指定工作表的标签名进行修改，因此需要用到关键字 Property Get。创建该属性的相关代码如代码清单 18-16 所示。

代码清单 18-16

```
Property Get ShtName(i As Integer)
    ShtName = Sheets(i).Name
End Property
```

将这段代码复制到 SheetX 类模块中，即可得到 SheetX 类带参数的只读属性 ShtName。在编辑器中，输入一个 SheetX 类的变量，然后查看编辑器的自动提示，如图 18-12 所示，已经可以看到 ShtName 属性了。注意，类的属性与对象的属性一样，即不可单独直接执行，必须将结果返回给指定的对象或变量等。

选中 ShtName 属性后，编辑器还会提示输入一个整数类型的参数，它与在类模块中创建 ShtName 属性时设定的参数格式一致，如图 18-13 所示。

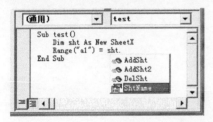
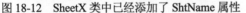

图 18-12　SheetX 类中已经添加了 ShtName 属性

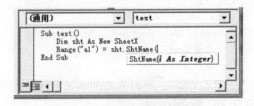

图 18-13　ShtName 属性的参数

输入一个整数作为参数，ShtName 属性会返回对应工作表的标签名。至此，本案例要求的类、3 个方法和一个属性已经全部创建完成。

如果希望重复使用 SheetX 类，那么可在"工程资源管理器"中右键单击类名"SheetX"，然后选中"导出文件"，将 SheetX 类导出为一个扩展名为"cls"的类文件。在下次使用 SheetX 类时，在"工程资源管理器"中，右键选中"导入文件"，选择类文件并导入编辑器，即可再次使用 SheetX 类。

18.2.2　案例代码

本案例 SheetX 类模块中的代码如代码清单 18-17 所示，共 4 段，分别为 3 个方法和一个属性。

代码清单 18-17

```
Sub AddSht(str As String)
    Dim k As Integer
```

```
        Dim sht, sht1 As Worksheet
        '判断是否存在标签名为 str 的工作表
        For Each sht In Sheets
            If sht.Name = str Then
                  k = 1
            End If
        Next
        '当不存在标签名为 str 的工作表时，创建工作表
        If k = 0 Then
            Set sht1 = Sheets.add
            sht1.Name = str
        End If
    End Sub

    Sub DelSht(str As String)
        Dim sht As Worksheet
        For Each sht In Sheets
            If sht.Name = str Then
                  Application.DisplayAlerts = False
                  sht.Delete
                  Application.DisplayAlerts = True
            End If
        Next
    End Sub

    Sub AddSht2()
        Sheets.add after:=Sheets(Sheets.Count)
    End Sub

    Property Get ShtName(i As Integer)
        ShtName = Sheets(i).Name
    End Property
```

18.2.3　案例小结

　　类模块是一个抽象的概念，加之本节的案例比较简单，因此，本书并不期望通过一个案例就能使读者完全掌握 VBA 中的类模块。在平时的工作中，读者可以尝试将一些使用频率很高的代码，根据操作对象的不同，分别集中到不同的类模块中，获得各种不同作用的类，以提高工作效率。

　　同时，本书希望读者能够触"类"旁通，将对象的方法、类的方法和模块中的过程，以及对象的属性、类的属性和模块中的函数进行关联思考，并对 VBA 的开发思路和整体结构有更深刻的认识。

18.3　案例 86：学习使用 Do-While 循环

　　在 VBA 中，Do-While 循环比较基础，本应在书中更靠前的位置介绍，但因为 Do-While 循环和 For 循环的作用高度重叠，所以我们将 Do-While 循环的介绍放在此处。注意，本书中

需要使用循环的环境一般选择使用 For 循环。

本案例要求，利用 Do-While 循环创建标签名为 "1 日" 至 "31 日" 的 31 张工作表。

18.3.1 案例解析

Do-While 循环的语法：

```
Do While 条件语句
    执行语句 1
    执行语句 2
    执行语句 3
    ……
Loop
```

当 "条件语句" 成立时，执行循环体中的语句，一直到 "条件语句" 不成立为止。因此，在使用 Do-While 循环时，需要在循环体中加入终止循环的执行语句，常见的方式是设置一个整型变量 i，并在 "条件语句" 中设置 i 的最大值，然后在循环体中对 i 进行累加，语法如下：

```
Do While i < N
    i = i + 1
    执行语句 1
    执行语句 2
    执行语句 3
    ……
Loop
```

本案例要求创建 31 张工作表，那么可以将 "条件语句" 设置为 "i < 31"，然后在循环体中新建工作表，并对 i 进行累加。Do-While 循环的相关代码如代码清单 18-18 所示。

代码清单 18-18

```
Do While i < 31
    i = i + 1
    Set sht = Sheets.Add
    sht.Name = i & "月"
Loop
```

Do-While 循环也可在循环体内使用判断语句来控制循环次数，从而舍弃关键字 While，如代码清单 18-18 可修改为代码清单 18-19。

代码清单 18-19

```
Do
    i = i + 1
    Set sht = Sheets.Add
    sht.Name = i & "月"
    If i = 31 Then
            Exit Do
    End If
Loop
```

但是，不使用 While 语句的 Do 循环存在一个严重缺陷，即一旦忘记添加退出循环的判断语句，就会造成无限循环，导致计算机卡 "死"。

18.3.2 案例代码

本案例的完整代码如代码清单 18-20 所示。

代码清单 18-20

```
Sub test()
    Dim i As Integer
    Dim sht As Worksheet
    Do While i < 31
        i = i + 1
        Set sht = Sheets.Add
        sht.Name = i & "月"
    Loop
End Sub
```

18.3.3 案例小结

与 For 循环不同，Do-While 循环并不强制要求指定循环次数，因此更容易造成无限循环，甚至导致计算机"死"机。这也是本书中更喜欢使用 For 循环的原因之一。

本书希望借 Do-While 循环说明：在 VBA 和其他编程语言中，往往存在很多功能类似的知识点，择其一熟练掌握即可。将功能接近的知识点全部掌握，完全没有必要，还会增加学习负担。本书从开篇到本章之前，从未提及 Do-While 循环，但并不妨碍在各个案例的代码中使用循环功能。

第19章

利用 VBA 字典搭建用户界面

本书的最后两章将尝试使用 VBA 和 Access 数据库搭建一个小型的商品收银系统。因为这部分内容较多，所以拆成两章讲解。本章主要为这个系统的开发打好"地基"，具体内容包括：

- ○ 使用 VBA 字典去除重复项；
- ○ 创建用户界面的三级菜单列表；
- ○ 梳理窗体各控件之间的逻辑关系。

19.1 案例 87：使用 VBA 字典去除重复项

本案例的资料文件是一张某公司于 2020 年 1 月至 10 月的采购明细表，共有 800 多行数据，且已按日期顺序排列，部分如图 19-1 所示。本案例要求对该工作表进行处理，得到所有已采购商品的最新进价，并填入 Sheet2 工作表，如图 19-2 所示。

	A	B	C	D	E
1	日期	商品编码	数量	进价	总价
840	2020/10/27 9:20	B177	20	138.60	2,772.00
841	2020/10/27 10:53	A958	600	118.40	71,040.00
842	2020/10/27 10:53	A960	300	37.00	11,100.00
843	2020/10/27 10:53	A961	600	92.50	55,500.00
844	2020/10/28 10:34	A722	240	55.30	13,272.00
845	2020/10/28 10:53	A731	400	11.22	4,488.00
846	2020/10/28 10:53	A742	400	8.16	3,264.00
847	2020/10/28 10:53	A750	320	15.30	4,896.00
848	2020/10/28 10:53	A755	900	10.20	9,180.00
849	2020/10/28 10:53	A794	300	61.20	18,360.00
850	2020/10/28 10:53	A914	90	161.16	14,504.40
851	2020/10/29 11:33	A980	600	60.45	36,270.00
852	2020/10/30 13:56	A742	200	8.16	1,632.00
853	2020/10/30 13:56	A750	80	15.30	1,224.00
854	2020/10/30 13:56	A755	600	10.20	6,120.00
855	2020/10/30 13:56	A794	200	61.20	12,240.00
856	2020/10/30 13:56	A812	90	35.70	3,213.00
857	2020/10/30 13:56	A960	100	37.74	3,774.00
858	2020/10/30 16:21	A766	360	66.30	23,868.00
859	2020/10/31 16:21	A748	100	78.00	7,800.00
860					

图 19-1　采购明细表

	A	B
1	商品编号	最新进价
2		
3		
4		
5		
6		
7		
8		
9		
10		

图 19-2　Sheet2 工作表

19.1.1 案例解析

如果使用 For 循环来处理本案例，则至少需要两层 For 循环：外层 For 循环逐一读取 Sheet1 工作表 B 列的商品编码，内层 For 循环则将 Sheet1 工作表的商品编码与 Sheet2 工作表 A 列的商品编号逐一进行对比，二者若不相等，则将 Sheet1 工作表的商品编码和对应的进价复制到 Sheet2 工作表；二者若相等，则将 Sheet1 工作表中对应的进价更新到 Sheet2 工作表。

两层 For 循环进行嵌套，逻辑略显复杂，编写代码时需要保持思路清晰，有兴趣的读者可以自行尝试。

其实，本案例就是去除商品编码中的重复值，以获得商品的最新进价。字典可以轻松实现本案例。

在 VBA 中，可以将字典理解为一个特殊的数组。字典有以下 3 个特点：

- 字典可以有多行，但是固定只有两列；
- 字典的两列分别为 Key 和 Item，也就是键值和项目；
- 字典的 Key 不允许重复。

利用字典的这些特点，可以轻松去除数据中的重复值。

首先需要在 VBA 中引用字典。字典与 ADO 一样，都不属于默认的 Excel 内部对象，因此，在定义字典变量时，需要使用关键字 New，并且在 Visual Basic 编辑器中依次单击"工具"→"引用"，然后在弹出的"引用"窗口中选中"Microsoft Scripting Runtime"复选框，如图 19-3 所示。

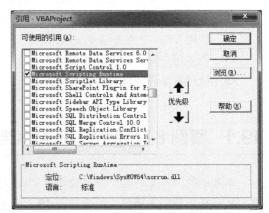

图 19-3   在"引用"窗口中选中"Microsoft Scripting Runtime"复选框

如果在"引用"窗口中找不到该项目，那么需要单击窗口中的"浏览"按钮，在路径"C:\Windows\System32"下找到文件"scrrun.dll"并选中，然后单击"打开"按钮，如图 19-4 所示，这样就能在"引用"窗口中找到"Microsoft Scripting Runtime"项目了。

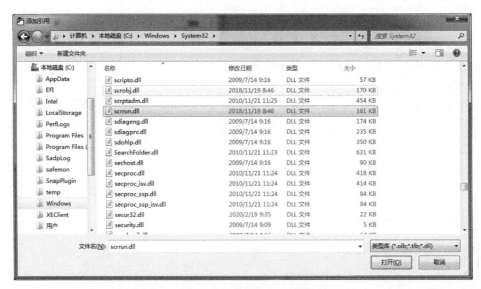

图 19-4   System32 文件夹下的 scrrun.dll 文件

完成以上操作后，在编辑器中，就能定义 Dictionary（字典）对象的变量了，如图 19-5 所示。

定义 Dictionary 对象的变量的语句如代码清单 19-1 所示。

代码清单 19-1

```
Dim dic As New Dictionary
```

定义好 Dictionary 对象的变量后，就可利用编辑器的自动提示功能查看 Dictionary 对象的方法和属性了。从图 19-6 中可以看出，Dictionary 对象的属性和方法并不多，且大部分能通过字面含义推测其作用。

图 19-5　编辑器自动提示中的 Dictionary 对象　　　　图 19-6　Dictionary 对象的属性和方法

　　Dictionary 对象的 Add 方法用于为字典添加一条记录。根据图 19-7 中的提示可知，Dictionary 对象的每一条记录都必须包括 Key 和 Item 两个值，也就是字典的键值和项目。如果需要为字典添加多条记录，则需要多次执行 Add 方法。

　　为 Dictionary 对象的变量 dic 添加 3 条记录，如代码清单 19-2 所示。

代码清单 19-2

```
dic.Add "S001", "张三"
dic.Add "S002", "李四"
dic.Add "S003", "王五"
```

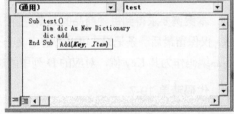

图 19-7　每一组字典的值都包括 Key 和 Item

代码清单 19-2 中 Dictionary 对象的变量 dic 的 Key 和 Item 都是字符类型的值，因此，需要使用双引号。如果 Key 和/或 Item 的值是数值类型，则无须使用双引号。

　　因为字典是一种特殊的数组，所以字典的 Key 也可以理解为数组的下标。利用数组变量和下标，可以访问对应的数组元素的值。同理，利用字典变量和 Key，可以访问字典中对应的 Item 值。执行代码清单 19-2 后，dic("S001")、dic("S002") 和 dic("S003") 对应的 Item 值分别为"张三""李四"与"王五"，而代码清单 19-3 可在当前工作表的 A1 单元格中返回"李四"。

代码清单 19-3

```
Range("A1") = dic("S002")
```

利用 Dictionary 对象的变量和 Key 可以修改对应的 Item 值，如代码清单 19-4 可将 dic("S002") 的 Item 值由"李四"改为"赵六"。

代码清单 19-4

```
dic("S002") = "赵六"
```

在使用 Add 方法为 Dictionary 对象的变量插入记录时，如果字典的 Key 值重复，则编辑器会报错，如代码清单 19-5 所示。

代码清单 19-5

```
dic.Add "S001", "张三"
dic.Add "S002", "李四"
dic.Add "S003", "王五"
dic.Add "S002", "赵六"
```

因为代码清单 19-5 中变量 dic 的 Key 值出现了重复，即有两个"S002"，所以在执行这段代码时，编辑器会弹出图 19-8 所示的错误提示。

如果将代码清单 19-5 修改为代码清单 19-6，那么编辑器不会报错，因为 dic("S002")对应的 Item 值会先被赋值为"李四"，然后被修改为"赵六"。利用字典的这种操作方式，可以快速去除数据记录中的重复值。

图 19-8　Key 值重复时的报错

代码清单 19-6

```
dic("S001") = "张三"
dic("S002") = "李四"
dic("S003") = "王五"
dic("S002") = "赵六"
```

本案例要求得到每种商品的最新进价，因此，需要去除采购明细表中所有商品编码重复的记录，仅保留最后一条记录。可以考虑定义一个 Dictionary 对象的变量 dic，将 Sheet1 工作表 B 列的商品编码作为其 Key 值，对应的 D 列中的进价作为 Item 值，相关代码如代码清单 19-7 所示。

代码清单 19-7

```
dic(Sheet1.Range("A" & i)) = Sheet1.Range("D" & i)
```

在 For 循环中，执行代码清单 19-7，理论上，当 Sheet1 工作表中 A 列的商品编码出现重置值时，变量 dic 会用后一条记录中的进价替换之前的进价，最后保留最新的进价。但代码清单 19-7 存在一个问题：将单元格直接作为字典的 Key 值和 Item 值时，编辑器会认为是将单元格本身赋给了字典，而非单元格中的值。

将代码清单 19-7 修改为代码清单 19-8。

代码清单 19-8

```
dic(Sheet1.Range("b" & i).Value) = Sheet1.Range("d" & i).Value
```

使用 Dictionary 对象的 Count 属性查看代码清单 19-7 和代码清单 19-8 的异同。Dictionary 对象的 Count 属性用于获取字典记录的数量。在代码清单 19-7 的下面，执行代码清单 19-9 中的语句。

代码清单 19-9

```
MsgBox dic.Count
```

弹出的提示框如图 19-9 所示。

而使用了 Range 对象的 Value 属性后，字典的记录数如图 19-10 所示。

从图 19-9 和图 19-10 中可知，字典可将单元格作为 Key 值和 Item 值，而且不会重复（因为同一张工作表中的单元格不会重复）；如果要将单元格的值赋给字典，则必须使用 Value 属性。

图 19-9 未使用单元格的 Value 属性，　　　　图 19-10 使用了单元格的 Value 属性，
字典共有 858 条记录　　　　　　　　　　字典共有 106 条记录

　　将 Sheet1 工作表中 B 列和 D 列的值分别作为 Key 值和 Item 值赋给变量 dic，即可去除重复的商品编码，并得到商品编码对应的最新进价。如果要将 dic 的 Key 值和 Item 值逐一返回到 Sheet2 工作表的 A 列和 B 列，则需要用到 Dictionary 对象的 Keys 方法和 Items 方法。Dictionary 对象的 Keys 方法和 Items 方法可分别获取字典的 Key 值和 Item 值，并分别存储于"dic.Keys"和"dic.Items"一维数组中。想要将 dic 变量的 Key 值和 Item 值返回 Sheet2 工作表的 A 列和 B 列，可使用下标将数组 dic.Keys 和 dic.Items 中的元素逐一提取。另外，使用 LBound 函数后可知，作为数组，dic.Keys 和 dic.Items 的下标起始值皆为 0。

19.1.2 案例代码

　　本案例的过程代码如代码清单 19-10 所示。

代码清单 19-10

```
Sub test()
    Dim dic As New Dictionary
    Dim i, j, irow As Integer
    irow = Sheet1.Range("a65536").End(xlUp).Row
    '利用字典去除 Sheet1 工作表 B 列中的重复值
    For i = 2 To irow
        dic(Sheet1.Range("b" & i).Value) = Sheet1.Range("d" & i).Value
    Next
    '利用下标将字典的 Key 值和 Item 值逐一返回到 Sheet2 工作表的 A 列和 B 列
    For j = 1 To dic.Count
        Sheet2.Range("a" & j + 1) = dic.Keys(j - 1)
        Sheet2.Range("b" & j + 1) = dic.Items(j - 1)
    Next
End Sub
```

19.1.3 案例小结

　　本案例介绍了字典的基本用法，包括：
- 使用 Add 方法为字典添加 Key 值和 Item 值；
- 利用 Dictionary 对象的变量和 Key 值修改对应的 Item 值；
- 利用字典去除数据中的重复值；
- 利用 Count 属性查看字典的记录数；
- 利用 Dictionary 对象的 Keys 方法和 Items 方法将 Key 值和 Item 值返回到指定的单元格。

19.2　案例 88：利用字典创建三级菜单列表

从本节开始，我们将介绍如何利用 VBA 搭建一个小型的商品收银系统，系统的用户界面如图 19-11 所示。本案例先尝试利用字典创建选取商品的三级菜单列表。

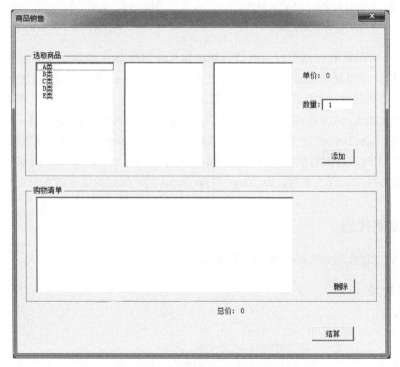

图 19-11　商品收银系统的用户界面

商品收银系统的商品信息如图 19-12 所示。

	A	B	C	D	E
1	商品编码	类别	品名	规格	价格
2	I10001	A类	焖烧杯	大红	90
3	I10002	B类	高压锅	2L	2000
4	I10003	A类	焖烧杯	小红	110
5	I10004	A类	保温杯	300ML	120
6	I10005	B类	炒锅	2L	130
7	I10006	C类	搅拌机	大	140
8	I10007	C类	搅拌机	小	150
9	I10008	C类	压榨机	1L	160
10	I10009	D类	漏勺	木质长柄	170
11	I10010	D类	夹子	金属短	180
12	I10011	D类	夹子	金属长	190
13	I10012	D类	漏勺	短柄	200
14	I10012	E类	漏勺	短柄	200

商品信息

图 19-12　商品信息

19.2.1　案例分析

观察图 19-11 所示的用户界面和图 19-12 所示的商品信息，可知用户界面上方的 3 个列表框分别用于显示商品的类别、品名和规格，而且 3 个列表框之间存在一定的逻辑联系：在第一个列表框中选中类别后，第二个列表框中应显示该类别的商品品名；在第二个列表框中选中品名后，第三个列表框中应显示商品的规格。

如果直接将"商品信息"工作表中 B 列至 D 列的数据导入窗体的列表框中，那么会带入多个重复值，因此，需要先使用字典去除重复值。

在用户界面激活时，第一个列表框中就应显示商品类别，以供用户选择。因此，列表框 1 中的相关代码应写入用户窗体的激活事件中，如代码清单 19-11 所示。

代码清单 19-11

```
Private Sub UserForm_Activate()
        列表框 1 的相关代码
End Sub
```

在为第一个列表框添加项目时，应充分利用字典 Key 值的不重复性，此时，字典的 Item 值反而没那么重要。因此，在循环中，可将需要展示在列表框 1 中的商品类别赋给字典的 Key 值，而字典的 Item 可取任意值。使用字典去除工作表 B 列中商品类别重复值的代码如代码清单 19-12 所示。

代码清单 19-12

```
dic(Sheet1.Range("b" & i).Value) = 1
```

注意，代码清单 19-12 中的 Range 对象的 Value 属性不可缺少。将字典的 Key 值赋给第一个列表框，即可得到不重复的商品类别，如代码清单 19-13 所示。

代码清单 19-13

```
Me.ListBox1.List = dic.keys
```

添加其他两个列表框的思路与上面基本一致，但应注意以下 3 点。

- 触发事件：第二个列表框载入的商品品名由第一个列表框中被选中的商品类别决定，因此相关代码应写在第一个列表框的单击事件中；同理，第三个列表框中显示的规格由第二个列表框被选中的品名决定，因此相关代码应写入第二个列表框的单击事件中。

- 判断机制：第二个列表框并不需要载入所有商品的品名，而是仅载入第一个列表框中选中类别包含的品名，因此需要判断载入的品名是否属于第一个列表框中的类别；第三个列表框的规格则需要同时判断是否属于第二个列表框选中的品名和第一个列表框选中的类别。如果只判断品名，则有可能载入不同类别但是相同品名的商品规格，如选中 E 类商品中的漏勺，仅一个规格"短柄"。若没有同时判断类别和品名，则会将 D 类漏勺的规格"木质长柄"也载入第三个列表框中。

- 及时清除列表框 ListBox2 和 ListBox3 中的项目：一次选购多种商品时，为避免前一次的选择结果影响之后的操作，在列表框 ListBox1 的 Click 事件中，应先清空列表框 ListBox2 和 ListBox3 中的项目，再根据本次选中的类别添加 ListBox2 的项目；同理，在 ListBox2 的 Click 事件中，应先清空列表框 ListBox3 中的项目，再根据选中的类别和品名载入 ListBox3 的项目。

因为商品规格以下再无下一级菜单，同一品名的商品不存在重复规格的情况，因此第三个列表框无须使用字典的去重复值特性，仅使用字典的数组特性，在添加第三个列表框的相关代码中，也可使用数组代替字典。

另外，还有两条非必要但被大多数 VBA 使用者推荐的编程建议。

第一，Dictionary 对象非 VBA 内部对象，每次重新打开 Visual Basic 编辑器后，都要在"引用"窗口中勾选"Microsoft Scripting Runtime"项目，才能定义 Dictionary 对象的变量。因此，可考虑在过程代码中定义一个不指定类型的变量，然后创建 Dictionary 对象并赋给该变量，相关语句如代码清单 19-14 所示。

代码清单 19-14

```
Dim dic
Set dic = CreateObject("Scripting.Dictionary")
```

第二，虽然可以直接将工作表某列单元格的值作为 Key 值赋给字典，但是，除要指明工作表的表名以外，还要添加 Range 对象的 Value 属性。因此，可考虑在整个模块中定义一个公有数组变量，并将整个工作表的所有数据赋给该数组。在后续的代码中，将数组的某列作为 Key 值赋给字典即可。

19.2.2　案例代码

本案例的代码如代码清单 19-15 所示。

代码清单 19-15

```
'定义公有整型变量和公有数组变量
Dim irow As Integer
Dim arr()

'在窗体的 Activate 事件中，载入列表框 1
Private Sub UserForm_Activate()
    Dim i As Integer
    '定义变量 dic
    Dim dic
    Set dic = CreateObject("Scripting.Dictionary")
    '获取 Sheet1 工作表最后一行的行号，后续代码可调用 irow
    irow = Sheet1.Range("a65536").End(xlUp).Row
    '将 Sheet1 工作表所有数据赋给 arr()，后续代码可调用 arr()
    arr() = Sheet1.Range("a2:e" & irow)
    '利用字典 Key 值的不重复性，去除商品类别中的重复值
    For i = LBound(arr) To UBound(arr)
        dic(arr(i, 2)) = 1
    Next
    '将去除重复值后的类别返回列表框 1
    Me.ListBox1.List = dic.keys
End Sub

'在列表框 1 的 Click 事件中，载入列表框 2
Private Sub ListBox1_Click()
    '清除 ListBox2 和 ListBox3 中的项目
    Me.ListBox2.Clear
    Me.ListBox3.Clear
    Dim i As Integer
```

```
    '定义变量 dic
    Dim dic
    Set dic = CreateObject("Scripting.Dictionary")
    '利用字典 Key 值的不重复性，去除商品品名中的重复值
    For i = LBound(arr) To UBound(arr)
        If arr(i, 2) = Me.ListBox1.Value Then
            dic(arr(i, 3)) = 1
        End If
    Next
    '将去除重复值后的品名返回列表框
    Me.ListBox2.List = dic.keys
End Sub

'在列表框 2 的 Click 事件中，载入列表框 3
Private Sub ListBox2_Click()
    '清除 ListBox3 中的项目
    Me.ListBox3.Clear
    Dim i As Integer
    '定义变量 dic
    Dim dic
    Set dic = CreateObject("Scripting.Dictionary")
    '利用字典 Key 值的不重复性，去除商品品名中的重复值
    For i = LBound(arr) To UBound(arr)
        If arr(i, 2) = Me.ListBox1.Value And arr(i, 3) = Me.ListBox2.Value Then
            dic(arr(i, 4)) = 1
        End If
    Next
    '将去除重复值后的品名返回列表框
    Me.ListBox3.List = dic.keys
End Sub
```

19.2.3 案例小结

本案例涉及的知识点如下：

- 在过程代码中，直接创建 Dictionary 对象并定义该对象的变量；
- 利用字典 Key 值的不重复性，去除数据中的重复值；
- 在将单元格赋值给字典时，必须使用 Value 属性；
- 可定义一个公有数组变量，将整个工作表的数据赋给数组，并供整个模块调用；
- 将整型变量 irow 定义为公有变量，在过程中，它被赋值后即可供整个模块调用；
- 梳理各窗体控件之间的逻辑关系。

19.3 案例 89：完成"添加"按钮和"购物清单"列表框

本节继续开发商品收银系统。案例 89 已经完成了商品选取的三级菜单，本案例需要完成商品收银系统的"添加"按钮，并通过该按钮将用户选择的商品添加到"购物清单"列表框中。本案例完成后的系统界面如图 19-13 所示。

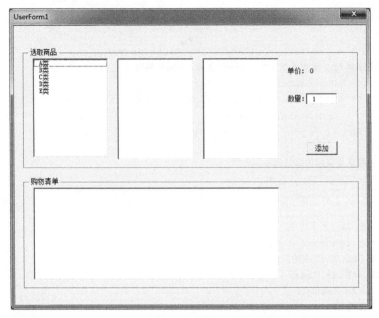

图 19-13 完成"添加"按钮和"购物清单"列表框后的系统界面

19.3.1 案例解析

根据图 19-13，首先需要在系统界面新增 3 个标签（Label1 至 Label3）、一个文本框（TextBox1）、一个按钮（CommandButton1）和一个列表框（ListBox4）。其中，文本框（TextBox1）用于输入商品的数量；按钮（CommandButton1）用于将商品菜单中选取的商品添加到列表框（ListBox4）中；列表框（ListBox4）用于展示顾客选取的所有商品，即图 19-14 中的"购物清单"；3 个标签（Label1 至 Label3）的描述见下文。通过拖动鼠标或修改 Left、Top、Width 和 Height 等属性的值，调整上述控件的位置和大小，使系统界面看上去协调、紧凑和美观。

梳理各个控件之间的逻辑关系：

- 标签 Label1 和 Label3 的 Caption 属性为固定值，分别为字符串"单价："和"数量："，且系统运行期间不会发生改变；
- 标签 Label2 用于显示用户所选商品的单价，会随所选商品的改变而改变；
- 商品编码是商品的唯一标识码（Key），当 ListBox1 至 ListBox3 三个列表框的 Value 值确定后，即可得到用户所选商品的编码，由商品编码可以确定商品的单价；
- 文本框 TextBox1 中仅可输入大于 0 的整数；
- 只有当商品编码（或单价）确定且商品数量不小于 0 时，"添加"按钮才能被单击，否则应弹出错误提示；
- "添加"按钮需要将用户所选的商品类别、品名、规格、单价、数量和小计添加到"购物清单"列表框，以供收银时核对信息；
- 商品编码作为商品的唯一标识码（Key），也应添加至"购物清单"列表框，以供后期导入数据库时使用。

理清各个控件的逻辑关系后，即可开始为每个控件编写相关代码。

标签 Label1 和 Label3 的 Caption 值可直接在"属性"窗口中修改。

标签 LabeL2 显示的单价需要使用 For 循环和 If 函数在数组 arr 中找到类别、品名与规格分别与 3 个列表框的 Value 值一一对应的那组元素，然后提取元素中的单价，同时可提取商品编码。相关代码应写在 ListBox3 的 Click 事件中。商品编码和单价应定义为公有变量，以便在其他事件和过程中调用，如代码清单 19-16 所示。

代码清单 19-16

```
For i = LBound(arr) To UBound(arr)
        If arr(i, 2) = Me.ListBox1.Value And arr(i, 3) = Me.ListBox2.Value And
arr(i, 4) = Me.ListBox3.Value Then
                ID = arr(i, 1)
                PRI = arr(i, 5)
        End If
Next
```

文本框 TextBox1 用于填写商品的数量，因此可以在属性窗口中将 Value 值初始化为 1，且在"添加"按钮的 Click 事件中加入判断语句。TextBox1 的 Value 值必须为大于 0 的正整数，否则弹出错误提示。

除判断 TextBox1 的 Value 值是否大于 0 以外，单击"添加"按钮时还应判断公有变量 ID 是否为空，为空则表示 ListBox1 至 ListBox3 中还有未被选中的列表框，也就是用户所选商品还未确定，也应报错，如代码清单 19-17 所示。

代码清单 19-17

```
If IsNumeric(Me.TextBox1.Value) = True And Me.TextBox1.Value > 0 And ID <> "" Then
    ……
Else
    MsgBox "请选择商品，并输入正确的数量！"
End If
```

当用户购买多件商品时，每添加一件商品到"购物清单"列表框，都应及时将系统界面中的单价清零、数量置 1，以避免对后续操作造成不必要的干扰。因此，列表框 ListBox1 和 ListBox2 的 Click 事件中都应加入单价清零、数量置 1 的语句，单价和数量分别对应标签 Label2 的 Caption 值与文本框 TextBox1 的 Value 值。同时，为了使单击"添加"按钮时的判断语句始终生效，每次单击列表框 ListBox1 和 ListBox2 时都应清空公有变量 ID，否则，只有第一次判断时，才会正确弹出提示框，而后续未正确选中商品却单击"添加"按钮时，只会弹出导致程序中止的系统报错，而非 MsgBox 提示框，如代码清单 19-18 所示。

代码清单 19-18

```
Me.Label2.Caption = 0
Me.TextBox1.Value = 1
ID = ""
```

"添加"按钮的作用是将用户选中商品的信息和数量添加到"购物清单"列表框中。

ListBox 列表框本身就是一个二维数组，可保存和展示多行多列信息。虽然列表框默认只有一列，但通过修改"属性"窗口中 ColumnCount 属性的值，可以调整列表框的列数，如在图 19-14 中，将 ColumnCount 修改为 7，表示列表框 ListBox4 一共有 7 列。

在拥有多列的列表框中添加项目，一般有两种方式，第一种是将所有项目的值赋给一个数组变量，然后将变量赋给列表框。这种方法适合列表框中的项目可以一次性全部获取的情况，如需要将工作表的 A1 至 F6 单元格区域的值赋给列表框，可使用代码清单 19-19 所示的代码。

代码清单 19-19

```
arr() = Range("a1:f6")
Me.ListBox1.List = arr()
```

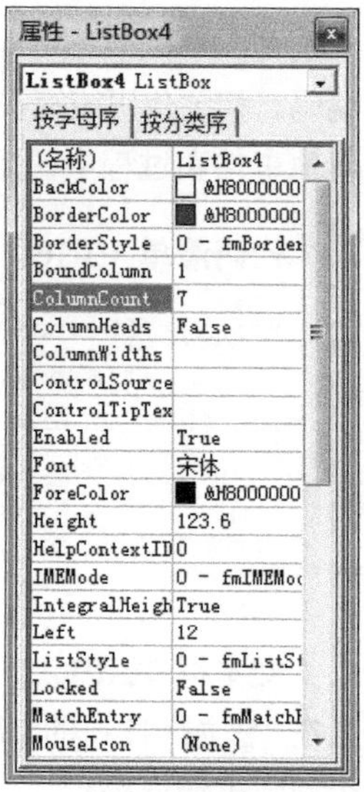

另一种方式需要先逐行添加项目，然后往项目中逐列赋值。如果 AddItem 方法不接参数，那么可以为列表框添加一行空白项目。列表框的空白项目可以使用 List 属性及下标逐列赋值。作为一个二维数组，列表框中的每个项目都有对应的下标。列表框中行与列的下标初始值均为 0，如列表框中第一行、第一列的项目应表示为 List(0 , 0)。

假设用户窗体中有一个列表框 ListBox1，其 ColumnCount 属性为 2，即该列表框有 2 列，那么，为 ListBox1 添加一行项目并赋值的代码如代码清单 19-20 所示。

代码清单 19-20

```
Me.ListBox1.AddItem
Me.ListBox1.List(0, 0) = 1
Me.ListBox1.List(0, 1) = 2
```

图 19-14 列表框的
ColumnCount 属性

继续为列表框添加第二行项目并赋值，实现代码如代码清单 19-21 所示。

代码清单 19-21

```
Me.ListBox1.AddItem
Me.ListBox1.List(1, 0) = 3
Me.ListBox1.List(1, 1) = 4
```

添加第三行、第四行项目的代码以此类推。这种方式适合列表框的项目无法一次性全部添加的情况。例如，本案例中的列表框 ListBox4，只有当"添加"按钮被单击时，才会添加一行记录，因此需要使用这种添加项目的方式。

当"添加"按钮被单击后，向列表框 ListBox4 中添加的项目包括：商品编码、类别、品名、规格、单价和数量。其中，商品编码和单价在列表框 ListBox3 的 Click 事件中已经被赋给公有变量 ID 和 PRI，可以直接读取；类别、品名和规格可分别读取列表框 ListBox1、ListBox2 与 ListBox3 的 Value 值；数量则需要读取文本框 TextBox1 的 Value 值；最后的小计需要取 PRI 和文本框 TextBox1 的 Value 值的乘积。相关代码如代码清单 19-22 所示。

代码清单 19-22

```
Me.ListBox4.AddItem
n = Me.ListBox4.ListCount
Me.ListBox4.List(n - 1, 0) = ID
Me.ListBox4.List(n - 1, 1) = Me.ListBox1.Value
Me.ListBox4.List(n - 1, 2) = Me.ListBox2.Value
Me.ListBox4.List(n - 1, 3) = Me.ListBox3.Value
Me.ListBox4.List(n - 1, 4) = PRI
Me.ListBox4.List(n - 1, 5) = Me.TextBox1.Value
Me.ListBox4.List(n - 1, 6) = Me.TextBox1.Value * PRI
```

代码清单 19-22 使用了列表框的 ListCount 属性，该属性表示当前列表框的行数。将 ListCount 属性的值赋给整型变量 n，因为列表框中行和列的下标初始值都为 0，所以当前列表框最后一行项目的行号需要用 n–1 表示。

至此，"添加"按钮的 Click 事件的代码已经完成。下面对列表框 ListBox4 的细节进行调整。首先，列表框的默认列宽有可能使项目无法全部显示，如图 19-15 所示。

因此，需要调整"属性"窗口中的 ColumnWidths 值，其单位为磅，且每一列的 ColumnWidths 值都需要进行设置。例如，本案例的 ListBox4 共 7 列，每列的 ColumnWidths 值均设为 45 磅，可使列表框的项目排列更加整齐。此时，在"属性"窗口的 ColumnWidths 栏中，至少输入 6 个 45（第 7 列的列宽对本案例中项目的位置没有影响），中间用英文逗号隔开，按回车键后的"属性"窗口如图 19-16 所示。

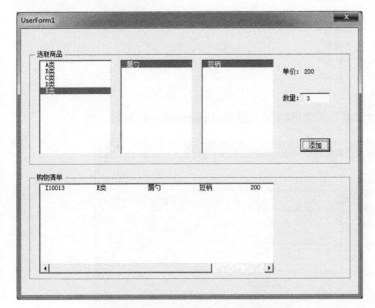

图 19-15 默认的列宽无法显示所有列

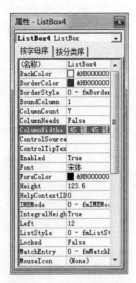

图 19-16 在 ColumnWidths 属性栏中，至少输入 6 个 45

再次激活系统界面，列表框 ListBox4 已经可以完整地显示所有列了，如图 19-17 所示。

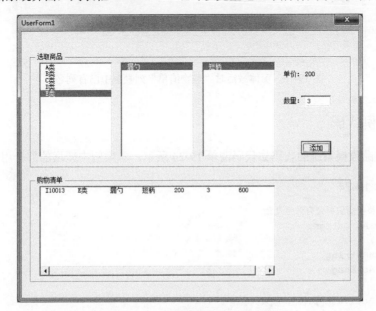

图 19-17 列表框已可显示所有列

　　第二个需要调整的细节："购物清单"列表框（ListBox4）中没有列名，无法让用户直观地了解每一列显示的信息是什么。因此，可在用户窗体的 Activate 事件中（注意，不是"添加"按钮的 Click 事件）加入一段代码，为"购物清单"列表框添加一行表头，添加的代码如代码清单 19-23 所示。

代码清单 19-23

```
Me.ListBox4.AddItem
Me.ListBox4.List(0, 0) = "商品编码"
Me.ListBox4.List(0, 1) = "类别"
Me.ListBox4.List(0, 2) = "品名"
Me.ListBox4.List(0, 3) = "规格"
Me.ListBox4.List(0, 4) = "单价"
Me.ListBox4.List(0, 5) = "数量"
Me.ListBox4.List(0, 6) = "小计"
```

代码清单 19-23 为"购物清单"列表框添加了图 19-18 所示的一行列名。

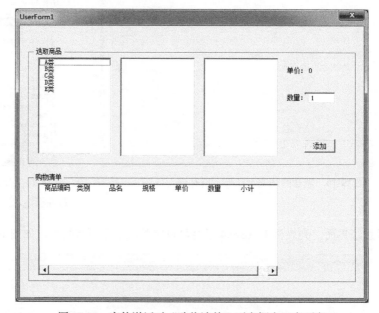

图 19-18　窗体激活时"购物清单"列表框中已有列名

19.3.2　案例代码

　　至此，商品收银系统的代码如代码清单 19-24 所示，本案例中新增的部分用粗体显示。

代码清单 19-24

```
'定义公有整型变量和公有数组变量
Dim irow As Integer
Dim arr()
Dim ID As String
Dim PRI As Long

'在窗体的 Activate 事件中，载入列表框 1
Private Sub UserForm_Activate()
```

```
        Dim i As Integer
        '定义变量 dic
        Dim dic
        Set dic = CreateObject("Scripting.Dictionary")
        '获取 Sheet1 工作表最后一行的行号，后续代码可调用 irow
        irow = Sheet1.Range("a65536").End(xlUp).Row
        '将 Sheet1 工作表所有数据赋给 arr()，后续代码可调用 arr()
        arr() = Sheet1.Range("a2:e" & irow)
        '利用字典 Key 值的不重复性，去除商品类别中的重复值
        For i = LBound(arr) To UBound(arr)
            dic(arr(i, 2)) = 1
        Next
        '将去除重复值后的类别返回列表框 1
        Me.ListBox1.List = dic.keys
        '为"购物清单"列表框添加表头
        Me.ListBox4.AddItem
        Me.ListBox4.List(0, 0) = "商品编码"
        Me.ListBox4.List(0, 1) = "类别"
        Me.ListBox4.List(0, 2) = "品名"
        Me.ListBox4.List(0, 3) = "规格"
        Me.ListBox4.List(0, 4) = "单价"
        Me.ListBox4.List(0, 5) = "数量"
        Me.ListBox4.List(0, 6) = "小计"
End Sub

'在列表框 1 的 Click 事件中，载入列表框 2
Private Sub ListBox1_Click()
        '清除 ListBox2 和 ListBox3 中的项目
        Me.ListBox2.Clear
        Me.ListBox3.Clear
        Dim i As Integer
        '定义变量 dic
        Dim dic
        Set dic = CreateObject("Scripting.Dictionary")
        '利用字典 Key 值的不重复性，去除商品品名中的重复值
        For i = LBound(arr) To UBound(arr)
            If arr(i, 2) = Me.ListBox1.Value Then
                dic(arr(i, 3)) = 1
            End If
        Next
        '将去除重复值后的品名返回列表框 2
        Me.ListBox2.List = dic.keys
        '单价清零
        Me.Label2.Caption = 0
        '数量置 1
        Me.TextBox1.Value = 1
        '清空 ID
        ID = ""
End Sub

'在列表框 2 的 Click 事件中，载入列表框 3
Private Sub ListBox2_Click()
        '清除 ListBox3 中的项目
```

```
        Me.ListBox3.Clear
        Dim i As Integer
        '定义变量dic
        Dim dic
        Set dic = CreateObject("Scripting.Dictionary")
        '利用字典Key值的不重复性，去除商品品名中的重复值
        For i = LBound(arr) To UBound(arr)
            If arr(i, 2) = Me.ListBox1.Value And arr(i, 3) = Me.ListBox2.Value Then
                dic(arr(i, 4)) = 1
            End If
        Next
        '将去除重复值后的品名返回列表框3
        Me.ListBox3.List = dic.keys
        '单价清零
        Me.Label2.Caption = 0
        '数量置1
        Me.TextBox1.Value = 1
        '清空ID
        ID = ""
    End Sub


    '在列表框3的Click事件中，获取商品编码和单价
    Private Sub ListBox3_Click()
        Dim i As Integer
        '获取商品编码和单价
        For i = LBound(arr) To UBound(arr)
            If arr(i, 2) = Me.ListBox1.Value And arr(i, 3) = Me.ListBox2.Value And
arr(i, 4) = Me.ListBox3.Value Then
                ID = arr(i, 1)
                PRI = arr(i, 5)
            End If
        Next
        '将单价赋给Label2
        Me.Label2.Caption = PRI
    End Sub


    '在"添加"按钮的Click事件中,为ListBox4列表框添加项目值
    Private Sub CommandButton1_Click()
    Dim n As Integer
    '判断用户是否已选商品且输入了正确的数量
    If IsNumeric(Me.TextBox1.Value) = True And Me.TextBox1.Value > 0 And ID <> "" Then
        '为"购物清单"列表框新增一行
        Me.ListBox4.AddItem
        '将当前"购物清单"列表框的行数赋给整型变量n
        n = Me.ListBox4.ListCount
        '为"购物清单"列表框的最后一行逐个添加项目值
        Me.ListBox4.List(n - 1, 0) = ID
        Me.ListBox4.List(n - 1, 1) = Me.ListBox1.Value
        Me.ListBox4.List(n - 1, 2) = Me.ListBox2.Value
        Me.ListBox4.List(n - 1, 3) = Me.ListBox3.Value
        Me.ListBox4.List(n - 1, 4) = PRI
        Me.ListBox4.List(n - 1, 5) = Me.TextBox1.Value
        Me.ListBox4.List(n - 1, 6) = Me.TextBox1.Value * PRI
```

```
Else
      MsgBox "请选择商品并输入正确的数量！"
End If
End Sub
```

19.3.3 案例小结

本案例介绍了如何为多行多列的列表框添加项目。在案例中，我们应该注意以下 6 点：
- 务必调整好控件的位置和大小，以使整个用户界面更加协调、紧凑和美观；
- 将商品编码和单价赋给公有变量 ID 和 PRI，可方便后续代码调用；
- 当用户单击"添加"按钮时，若未正确选择商品或输入的商品数量不正确，应弹出错误提示；
- 在系统界面中，及时将商品单价清零、数量置 1，可避免前一次选中商品的单价和输入的商品数量对此次操作造成不必要的干扰；
- 调整列表框的 ColumnWidths 值，使所有列同时显示在列表框中；
- 在窗体的 Activate 事件中，为列表框 ListBox4 添加表头。

在系统开发的开始阶段，很难及时发现所有需要关注的细节和问题。因此，在编写代码的过程中，需要逐步完成每个功能并反复测试。当发现需要完善的细节或需要解决的问题时，应及时调整代码，不要将相关工作遗留至下一个阶段。

第20章

使用 Excel+Access 完成 C/S 系统开发

本章将继续创建商品收银系统，并将完成后的系统界面与后台 Access 数据库进行关联，最终得到一个完整的系统。

20.1 案例 90："删除"按钮和"总价"标签

在案例 89 中，我们已经完成了"添加"按钮的相关编程工作。除"添加"按钮以外，系统界面中还应有一个"删除"按钮，用于删除"购物清单"列表框中用户选中之后又不再需要的商品。系统界面中还应有一个"总价"标签，用于显示用户当前选中商品的价格总和。

本案例完成后的系统界面如图 20-1 所示。

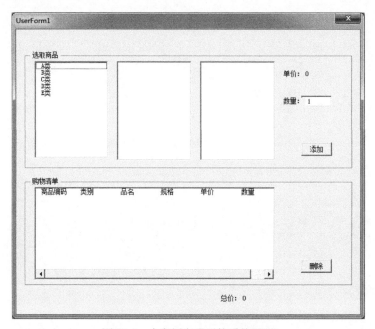

图 20-1　本案例完成后的系统界面

20.1.1　案例解析

根据本案例的要求，在案例 89 完成版的基础上，为系统界面添加一个"删除"按钮，以及两个标签：Label4 和 Label5。其中，Label4 的 Caption 值为字符串"总价："，Label5 的

Caption 值显示当前用户选中商品的总价，默认值为 0。

在开始编写代码前，先调整各个控件的位置，使界面紧凑、美观。

"删除"按钮用于删除"购物清单"列表框中的项目。在列表框中删除项目时，需要使用方法 RemoveItem，但需要指定删除项目的行号，因此，应先获知用户在单击"删除"按钮时选中了"购物清单"列表框中的哪一行。

列表框的 Selected 方法后可接整型变量 i，当用户选中列表框的第 i 行时，表达式 ListBox4.Selected(i)的值为 True，否则为 False。因此，可在 For 循环中遍历列表框的每一行，并判断表达式 ListBox4.Selected(i)的值是否为 True，为 True 即表示用户当前在列表框中选中了第 i 行，然后使用 RemoveItem 方法删除该行即可。相关代码如代码清单 20-1 所示。

代码清单 20-1

```
For i = 1 To Me.ListBox4.ListCount -1
      If Me.ListBox4.Selected(i) = True Then
            Me.ListBox4.RemoveItem i
      End If
Next
```

在代码清单 20-1 中，For 循环计数变量 i 的取值范围本应从 0 开始，因为列表框的行从 0 开始计数。但是，本案例中列表框 ListBox4 的第 0 行为表头，不能删除，因此 i 不能取 0，必须从 1 开始取值。

标签 Label5 的 Caption 值为所有选中商品的总价，因此应同时受"添加"和"删除"按钮的影响。当用户单击"添加"按钮向 ListBox4 中新增一行项目时，标签 Label5 的 Caption 值应在当前值的基础上再加上新增项目中的"小计"。ListBox4 中的"小计"可表示为 Me.ListBox4.List(n-1, 6)。但 VBA 中列表框中的项目默认为文本类型，直接相加会以字符串的形式进行拼接。例如当前 Label5 的 Caption 值为 10，Me.ListBox4.List(n-1, 6)的值为 100，如果不做处理，直接相加，会得到字符串"10100"，而非数字 110。要解决这个问题，可先将表达式 Me.ListBox4.List(n-1, 6)乘以 1，将其转换为数值类型，再与 Label5 的 Caption 值相加。因此，"添加"按钮的 Click 事件中与总价相关的代码如代码清单 20-2 所示。

代码清单 20-2

```
Me.Label5.Caption = Me.Label5.Caption + Me.ListBox4.List(n-1, 6) * 1
```

或者，直接使用表达式 Me.TextBox1.Value * PRI 表示列表框 ListBox4 中的"小计"，相关代码如代码清单 20-3 所示。

代码清单 20-3

```
Me.Label5.Caption = Me.Label5.Caption + Me.TextBox1.Value * PRI
```

无论使用上述哪行代码，都应插入"添加"按钮的 Click 事件的 If 语句中——只有当用户正确选择商品并单击"添加"按钮时，才计算商品总价。

在"删除"按钮的 Click 事件中，计算"总价"的逻辑思路：当前 Label5 的 Caption 值减 ListBox4 列表框中当前被选中项目的"小计"，得到的值再赋给 Label5 的 Caption。前文中介绍过可使用 For 循环、If 函数和 Selected 方法获取单击"删除"按钮时列表框被选中项目的行号，并可将其赋给整型变量 i，因此，在"删除"按钮的 Click 事件中，被删除商品的"小计"可表示为 Me.ListBox4.List(i, 6)。相关代码如代码清单 20-4 所示。

代码清单 20-4

```
Me.Label5.Caption = Me.Label5.Caption - Me.ListBox4.List(i, 6)
```

代码清单 20-4 应写入"删除"按钮的 Click 事件的 For 循环和 If 函数中，且应写在 RemoveItem 方法的语句之前，也就是说，必须先计算删除商品后的总价，再删除商品。

20.1.2　案例代码

至此，商品收银系统的代码如代码清单 20-5 所示，本案例中新增的部分用粗体显示。

代码清单 20-5

```
'定义公有整型变量和公有数组变量
Dim irow As Integer
Dim arr()
Dim ID As String
Dim PRC As Long


'在窗体的 Activate 事件中，载入列表框 1
Private Sub UserForm_Activate()
    Dim i As Integer
    '定义变量 dic
    Dim dic
    Set dic = CreateObject("Scripting.Dictionary")
    '获取 Sheet1 工作表最后一行的行号，后续代码可调用 irow
    irow = Sheet1.Range("a65536").End(xlUp).Row
    '将 Sheet1 工作表的所有数据赋给 arr()，后续代码可调用 arr()
    arr() = Sheet1.Range("a2:e" & irow)
    '利用字典 Key 值的不重复性，去除商品类别中的重复值
    For i = LBound(arr) To UBound(arr)
        dic(arr(i, 2)) = 1
    Next
    '将去除重复值后的类别返回列表框 1
    Me.ListBox1.List = dic.keys
    '为"购物清单"列表框添加表头
    Me.ListBox4.AddItem
    Me.ListBox4.List(0, 0) = "商品编码"
    Me.ListBox4.List(0, 1) = "类别"
    Me.ListBox4.List(0, 2) = "品名"
    Me.ListBox4.List(0, 3) = "规格"
    Me.ListBox4.List(0, 4) = "单价"
    Me.ListBox4.List(0, 5) = "数量"
    Me.ListBox4.List(0, 6) = "小计"
End Sub

'在列表框 1 的 Click 事件中，载入列表框 2
Private Sub ListBox1_Click()
    '清除 ListBox2 和 ListBox3 中的项目
```

```
            Me.ListBox2.Clear
            Me.ListBox3.Clear
            Dim i As Integer
            '定义变量dic
            Dim dic
            Set dic = CreateObject("Scripting.Dictionary")
            '利用字典Key值的不重复性，去除商品品名中的重复值
            For i = LBound(arr) To UBound(arr)
                If arr(i, 2) = Me.ListBox1.Value Then
                    dic(arr(i, 3)) = 1
                End If
            Next
            '将去除重复值后的品名返回列表框2
            Me.ListBox2.List = dic.keys
            '单价清零
            Me.Label2.Caption = 0
            '数量置1
            Me.TextBox1.Value = 1
            '清空ID
            ID = ""
        End Sub

    '在列表框2的Click事件中，载入列表框3
    Private Sub ListBox2_Click()
            '清除ListBox3中的项目
            Me.ListBox3.Clear
            Dim i As Integer
            '定义变量dic
            Dim dic
            Set dic = CreateObject("Scripting.Dictionary")
            '利用字典Key值的不重复性，去除商品品名中的重复值
            For i = LBound(arr) To UBound(arr)
                If arr(i, 2) = Me.ListBox1.Value And arr(i, 3) = Me.ListBox2.Value Then
                    dic(arr(i, 4)) = 1
                End If
            Next
            '将去除重复值后的品名返回列表框3
            Me.ListBox3.List = dic.keys
            '单价清零
            Me.Label2.Caption = 0
            '数量置1
            Me.TextBox1.Value = 1
            '清空ID
            ID = ""
        End Sub

    '在列表框3的Click事件中，获取商品编码和单价
    Private Sub ListBox3_Click()
            Dim i As Integer
            '获取商品编码和单价
            For i = LBound(arr) To UBound(arr)
                If arr(i, 2) = Me.ListBox1.Value And arr(i, 3) = Me.ListBox2.Value And
    arr(i, 4) = Me.ListBox3.Value Then
```

```
                    ID = arr(i, 1)
                    PRI = arr(i, 5)
            End If
    Next
    '将单价赋给 Label2
    Me.Label2.Caption = PRI
End Sub


'在"添加"按钮的 Click 事件中，为 ListBox4 列表框添加项目值
Private Sub CommandButton1_Click()
Dim n As Integer
'判断用户是否已选商品且输入了正确的数量
If IsNumeric(Me.TextBox1.Value) = True And Me.TextBox1.Value > 0 And ID <> "" Then
    '为"购物清单"列表框新增一行
    Me.ListBox4.AddItem
    '将当前"购物清单"列表框的行数赋给整型变量n
    n = Me.ListBox4.ListCount
    '为"购物清单"列表框的最后一行逐个添加项目值
    Me.ListBox4.List(n - 1, 0) = ID
    Me.ListBox4.List(n - 1, 1) = Me.ListBox1.Value
    Me.ListBox4.List(n - 1, 2) = Me.ListBox2.Value
    Me.ListBox4.List(n - 1, 3) = Me.ListBox3.Value
    Me.ListBox4.List(n - 1, 4) = PRI
    Me.ListBox4.List(n - 1, 5) = Me.TextBox1.Value
    Me.ListBox4.List(n - 1, 6) = Me.TextBox1.Value * PRI
    '在 Label5 中显示用户所选商品的总价
    Me.Label5.Caption = Me.Label5.Caption + Me.ListBox4.List(n - 1, 6) * 1
Else
    MsgBox "请选择商品并输入正确的数量！"
End If
End Sub


'"删除"按钮的 Click 事件
Private Sub CommandButton2_Click()
    Dim i As Integer
    '找到用户选中的行并删除，同时修改总价
    For i = 1 To Me.ListBox4.ListCount - 1
        If Me.ListBox4.Selected(i) = True Then
            Me.Label5.Caption = Me.Label5.Caption - Me.ListBox4.List(i, 6)
            Me.ListBox4.RemoveItem i
        End If
    Next
End Sub
```

20.1.3 案例小结

本节的主要内容：

❑ 使用 RemoveItem 方法可以删除列表框的项目，但必须指定行号；

❑ Selected 方法可以获取列表框当前被选中项目的行号；

- 列表框的项目值默认为文本类型，在进行加法运算前，需要先将其转换为数值类型，否则会被视为字符串而进行拼接；
- 列表框的项目的其他操作代码应放在"删除"代码之前，否则会导致操作报错或结果不正确。

20.2 案例 91："结算"按钮和销售记录

在案例 90 的基础上，我们继续完善商品收银系统：为系统界面增加一个"结算"按钮，单击该按钮后，可将"购物清单"列表框中的商品编码（对应"产品编号"）、数量和"小计"（对应"金额"）添加至资料文件"案例 91：'结算'按钮及销售记录.xlsm"的"销售记录"工作表中，同时为每条销售记录创建一个订单号并记录销售日期。"销售记录"工作表如图 20-2 所示。

图 20-2 "销售记录"工作表

20.2.1 案例解析

在商品收银系统的界面中，新增一个按钮，并将其 Caption 值修改为"结算"，然后调整其大小和位置，使界面整体协调、美观，如图 20-3 所示。

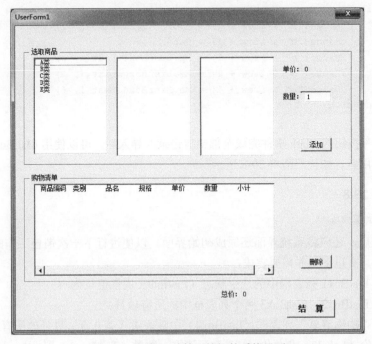

图 20-3 添加"结算"按钮的系统界面

在"结算"按钮的 Click 事件中，首先通过 For 循环遍历"购物清单"列表框中的第 1 行

（第 0 行为表头）至最后一行（第 ListCount − 1 行），并将每一行的商品编码、数量和小计赋给"销售记录"工作表中对应的单元格。如果 For 循环中用整型变量 i 表示列表框的行号，那么商品编码、数量与小计对应的列表框中的下标分别为（i, 0）、（i, 5）和（i, 6）。

单击"结算"按钮时，还需为当前"购物清单"列表框中的每条记录分配一个"订单号"。考虑到一般情况下收银员在同一时间只能完成一笔销售，因此可将销售时间精确到秒，用"YYYYMMDDHHMMSS"的格式表示销售的年、月、日、时、分、秒，作为每笔销售的订单号。为了不使这串数字在 Excel 的单元格中被自动转换为科学计数法或其他格式，可在前面加上销售订单"Sales Order"的首字母缩写"SO"。

VBA 中的 Now 函数可获取当前的年、月、日、时、分、秒，然后配合 Format 函数，即可得到"YYYYMMDDHHMMSS"格式的字符串，实现代码如代码清单 20-6 所示。

代码清单 20-6

```
Format(Now, "YYYYMMDDHHMMSS")
```

在"销售记录"工作表的"日期"列中，直接使用 Date 函数获取当前日期即可。

在向"销售记录"工作表中添加记录时，必须先获取当前工作表最后一行数据的行号，然后将该行号加 1，即可得到新记录插入时的行号。获取当前工作表行号的语句必须写在循环中，否则，在单击"结算"按钮后，"销售清单"列表框中的记录会被全部插入"销售记录"工作表的同一行，且后插入的记录会覆盖先插入的记录，导致无法获取列表框中的所有记录，实现代码如代码清单 20-7 所示。

代码清单 20-7

```
For i = 1 To Me.ListBox4.ListCount - 1
        irow = Sheet2.Range("a65536").End(xlUp).Row
        With Sheet2
            .Range("a" & irow + 1) = "SO" + Format(Now, "YYYYMMDDHHMMSS")
            .Range("b" & irow + 1) = Date
            .Range("c" & irow + 1) = Me.ListBox4.List(i, 0)
            .Range("d" & irow + 1) = Me.ListBox4.List(i, 5)
            .Range("e" & irow + 1) = Me.ListBox4.List(i, 6)
        End With
Next
```

当"结算"按钮的 Click 事件完成全部销售记录的导入后，可以使用 MsgBox 函数弹出消息框来提示使用者，如代码清单 20-8 所示。

代码清单 20-8

```
MsgBox "结算成功！"
```

结算完成后，还应将系统界面还原成初始界面，以便进行下一次销售工作的记录。对于还原系统界面，有以下工作需要完成：

❍ 取消 ListBox1 列表框中的选中状态（ListIndex 属性值设为−1）；

❍ 清空 ListBox2、ListBox3 两个列表框中的所有项目；

❍ 清除"购物清单"列表框（ListBox4）中除表头（第 0 行）以外的所有项目；

❍ 将单价（Label2）和总价（Label5）清零、数量（TextBox1）置 1。

以上操作的相关代码见代码清单 20-9。

代码清单 20-9

```
Me.ListBox1.ListIndex = -1
Me.ListBox2.Clear
Me.ListBox3.Clear
Me.ListBox4.Clear
Me.Label2.Caption = 0
Me.TextBox1.Value = 1
Me.Label5.Caption = 0
```

使用 Clear 方法清空 ListBox4 中的所有项目后，还应再次为其载入表头，相关代码在 19.3.2 节中已列出，此处不再重复。我们也可将代码清单 20-9 写入用户窗体的 Activate 事件中，然后在 "结算" 按钮的 Click 事件的最后调用该事件，重置系统界面。本书选择后一种方案，调用窗体的 Activate 事件的语句如代码清单 20-10 所示。

代码清单 20-10

```
Call UserForm_Activate
```

如果读者认为还原系统界面的代码太复杂，那么可在弹出 MsgBox 函数的提示框后，卸载整个用户窗体，如代码清单 20-11 所示。

代码清单 20-11

```
Unload Me
```

但是，在卸载用户窗体后，必须能够便捷地再次打开它，否则无法连续、流畅地进行收银操作。

最后，如果 "购物清单" 列表框为空（只含有表头），则单击 "结算" 按钮时不应弹出 "结算成功" 提示框。因此，需要使用 If 函数判断 "购物清单" 列表框（ListBox4）中的 ListCount 当前值是否大于 1，只有大于 1，才弹出提示框，如代码清单 20-12 所示。

代码清单 20-12

```
If Me.ListBox4.ListCount > 1 Then
      MsgBox "结算成功！"
End If
```

20.2.2 案例代码

至此，商品销售系统的代码如代码清单 20-13 所示，本案例中新增的部分用粗体显示。

代码清单 20-13

```
'定义公有整型变量和公有数组变量
Dim irow As Integer
Dim arr()
Dim ID As String
Dim PRC As Long

'在窗体的 Activate 事件中，载入列表框 1
Private Sub UserForm_Activate()
    Dim i As Integer
    '定义变量 dic
    Dim dic
```

```
Set dic = CreateObject("Scripting.Dictionary")
'获取 Sheet1 工作表最后一行的行号，后续代码可调用 irow
irow = Sheet1.Range("a65536").End(xlUp).Row
'将 Sheet1 工作表所有数据赋给 arr()，后续代码可调用 arr()
arr() = Sheet1.Range("a2:e" & irow)
'利用字典 Key 值的不重复性，去除商品类别中的重复值
For i = LBound(arr) To UBound(arr)
        dic(arr(i, 2)) = 1
Next
'将去除重复值后的类别返回列表框 1
Me.ListBox1.List = dic.keys
'取消列表框的被选中状态
Me.ListBox1.ListIndex = -1
'清空"购物清单"列表框的所有项目
Me.ListBox4.Clear
'为"购物清单"列表框载入表头
Me.ListBox4.AddItem
Me.ListBox4.List(0, 0) = "商品编码"
Me.ListBox4.List(0, 1) = "类别"
Me.ListBox4.List(0, 2) = "品名"
Me.ListBox4.List(0, 3) = "规格"
Me.ListBox4.List(0, 4) = "单价"
Me.ListBox4.List(0, 5) = "数量"
Me.ListBox4.List(0, 6) = "小计"
'清空 ListBox2 列表框中的所有项目
Me.ListBox2.Clear
'清空 ListBox3 列表框中的所有项目
Me.ListBox3.Clear
'重置单价、总价和数量的初始值
Me.Label2.Caption = 0
Me.TextBox1.Value = 1
Me.Label5.Caption = 0
End Sub


'在列表框 1 的 Click 事件中，载入列表框 2
Private Sub ListBox1_Click()
    '清除列表框 3
    Me.ListBox3.Clear
    Dim i As Integer
    '定义变量 dic
    Dim dic
    Set dic = CreateObject("Scripting.Dictionary")
    '利用字典 Key 值的不重复性，去除商品品名中的重复值
    For i = LBound(arr) To UBound(arr)
        If arr(i, 2) = Me.ListBox1.Value Then
                dic(arr(i, 3)) = 1
        End If
    Next
    '先清空 ListBox2 中的所有项目
    Me.ListBox2.Clear
    '将去除重复值后的品名返回列表框 2
    Me.ListBox2.List = dic.keys
    '单价清零
```

```
            Me.Label2.Caption = 0
            '数量置 1
            Me.TextBox1.Value = 1
            '清空 ID
            ID = ""
    End Sub


    '在列表框 2 的 Click 事件中，载入列表框 3
    Private Sub ListBox2_Click()
        Dim i As Integer
        '定义变量 dic
        Dim dic
        Set dic = CreateObject("Scripting.Dictionary")
        '利用字典 Key 值的不重复性，去除商品品名中的重复值
        For i = LBound(arr) To UBound(arr)
            If arr(i, 2) = Me.ListBox1.Value And arr(i, 3) = Me.ListBox2.Value Then
                    dic(arr(i, 4)) = 1
            End If
        Next
        '先清空 ListBox3 中的所有项目
        Me.ListBox3.Clear
        '将去除重复值后的品名返回列表框 3
        Me.ListBox3.List = dic.keys
        '单价清零
        Me.Label2.Caption = 0
        '数量置 1
        Me.TextBox1.Value = 1
        '清空 ID
        ID = ""
    End Sub


    '在列表框 3 的 Click 事件中，获取商品编码和单价
    Private Sub ListBox3_Click()
        Dim i As Integer
        '获取商品编码和单价
        For i = LBound(arr) To UBound(arr)
            If arr(i, 2) = Me.ListBox1.Value And arr(i, 3) = Me.ListBox2.Value And
arr(i, 4) = Me.ListBox3.Value Then
                    ID = arr(i, 1)
                    PRI = arr(i, 5)
            End If
        Next
        '将单价赋给 Label2
        Me.Label2.Caption = PRI
    End Sub


    '在"添加"按钮的 Click 事件中，为 ListBox4 列表框添加项目值
    Private Sub CommandButton1_Click()
    Dim n As Integer
    '判断用户是否选择商品，且输入了正确的数量
    If IsNumeric(Me.TextBox1.Value) = True And Me.TextBox1.Value > 0 And ID <> "" Then
        '为"购物清单"列表框新增一行
```

```
        Me.ListBox4.AddItem
        '将当前"购物清单"列表框的行数赋给整型变量 n
        n = Me.ListBox4.ListCount
        '为"购物清单"列表框的最后一行逐个添加项目值
        Me.ListBox4.List(n - 1, 0) = ID
        Me.ListBox4.List(n - 1, 1) = Me.ListBox1.Value
        Me.ListBox4.List(n - 1, 2) = Me.ListBox2.Value
        Me.ListBox4.List(n - 1, 3) = Me.ListBox3.Value
        Me.ListBox4.List(n - 1, 4) = PRI
        Me.ListBox4.List(n - 1, 5) = Me.TextBox1.Value
        Me.ListBox4.List(n - 1, 6) = Me.TextBox1.Value * PRI
        '在 Label5 中，显示用户所选商品总价
        Me.Label5.Caption = Me.Label5.Caption + Me.ListBox4.List(n - 1, 6) * 1
    Else
        MsgBox "请选择商品并输入正确的数量！"
    End If
End Sub


'"删除"按钮的 Click 事件
Private Sub CommandButton2_Click()
    Dim i As Integer
    '找到用户选中的行并删除，同时修改总价
    For i = 1 To Me.ListBox4.ListCount - 1
        If Me.ListBox4.Selected(i) = True Then
            Me.Label5.Caption = Me.Label5.Caption - Me.ListBox4.List(i, 6)
            Me.ListBox4.RemoveItem i
        End If
    Next
End Sub


'"结算"按钮的 Click 事件
Private Sub CommandButton3_Click()
    Dim irow As Integer
    Dim i As Integer
    '将订单号、日期、商品编号（对应"产品编号"）、数量和小计（对应"金额"）写入"销售记录"工作表
    For i = 1 To Me.ListBox4.ListCount - 1
        irow = Sheet2.Range("a65536").End(xlUp).Row
        With Sheet2
            .Range("a" & irow + 1) = "SO" & Format(Now, "YYYYMMDDHHMMSS")
            .Range("b" & irow + 1) = Date
            .Range("c" & irow + 1) = Me.ListBox4.List(i, 0)
            .Range("d" & irow + 1) = Me.ListBox4.List(i, 5)
            .Range("e" & irow + 1) = Me.ListBox4.List(i, 6)
        End With
    Next
    '弹出提示框
    If Me.ListBox4.ListCount > 1 Then
        MsgBox "结算成功！"
    End If
    '调用窗体的 Activate 事件重置系统界面
    Call UserForm_Activate
End Sub
```

20.2.3 案例小结

本节涉及两个新知识点：
- 取消列表框的选中状态，将 ListIndex 属性值设为-1；
- 卸载用户窗体。

本案例在处理各控件之间和各事件之间的关系的同时，发现和处理出现的 bug。从重置用户窗体的代码可以看出，解决同一个问题的方案可以有多种，在选用不同的方案时，应注意分别要处理哪些细节问题。

至此，商品收银系统的 Excel 版本已开发完成，现在只需要设置一个合适的窗体激活方式，如打开工作簿时激活窗体或在工作表中添加按钮激活窗体等，即可使用这个系统。

20.3 案例 92：为商品收银系统添加 Access 数据库

商品收银系统已在案例 91 中搭建完成，并可正常使用。如果想要完善这个系统，使之能够长期、稳定运行，那么应考虑将系统的前台用户界面和后台数据库分离，这样设置有如下优势。
- 随着数据量的增加，直接打开数据源会占用越来越多的资源，导致系统运行缓慢；用户界面与数据库分离后，可使用 ADO 对象和 SQL 语句按需访问，加快系统的运行速度。
- 独立数据库可以支持多用户界面同时访问，实现局域网内多台计算机同时收银的布局。

本节将在案例 91 的基础上，添加一个 Access 数据库，将商品收银系统"升级"为典型的 C/S（客户端/服务器端）系统架构。

20.3.1 案例解析

完成本案例需要两个步骤：创建 Access 数据库；利用 VBA 中的 ADO 对象建立用户界面与 Access 数据库之间的联系。

首先创建数据库。双击打开 Access，单击新建"空白数据库"，在弹出的窗口中，选择创建数据库的路径和名称，如图 20-4 所示。

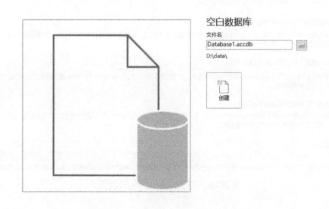

图 20-4 指定数据库的路径和名称

然后，单击"创建"按钮，得到图 20-5 所示的空白数据库。

图 20-5 空白数据库

右键单击 Access 左侧的"表 1"，依次选择"导入"→"Excel"，弹出图 20-6 所示的窗口。单击"浏览"按钮并在计算机中找到本案例的资料文件"案例 92：为收银系统添加 Access 数据库.xlsm"，然后选择"将源数据导入当前数据库的新表中"选项按钮，单击"确定"按钮。

小贴士：关于图 20-6 中的另两个单选项，可查阅相关资料了解。

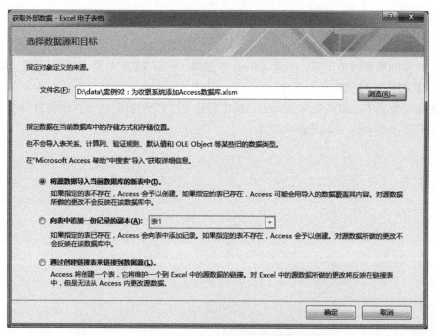

图 20-6 导入 Excel 外部数据

在接下来的向导窗口中，选择"显示工作表"，Access 会获取并显示本案例资料文件中的工作表。先选中"商品信息"工作表，再单击"下一步"按钮，如图 20-7 所示。

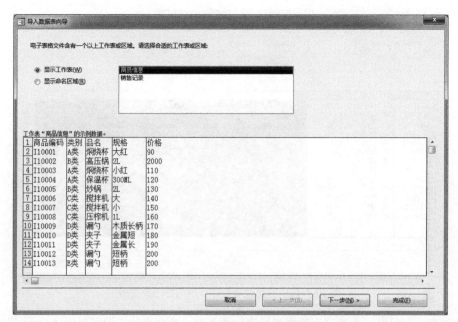

图 20-7 选中"商品信息"工作表

在接下来的向导窗口中，选中"第一行包含列标题"复选框，Access 会将工作表的第一行作为数据表的表头而非数据，如图 20-8 所示，然后单击"下一步"按钮。

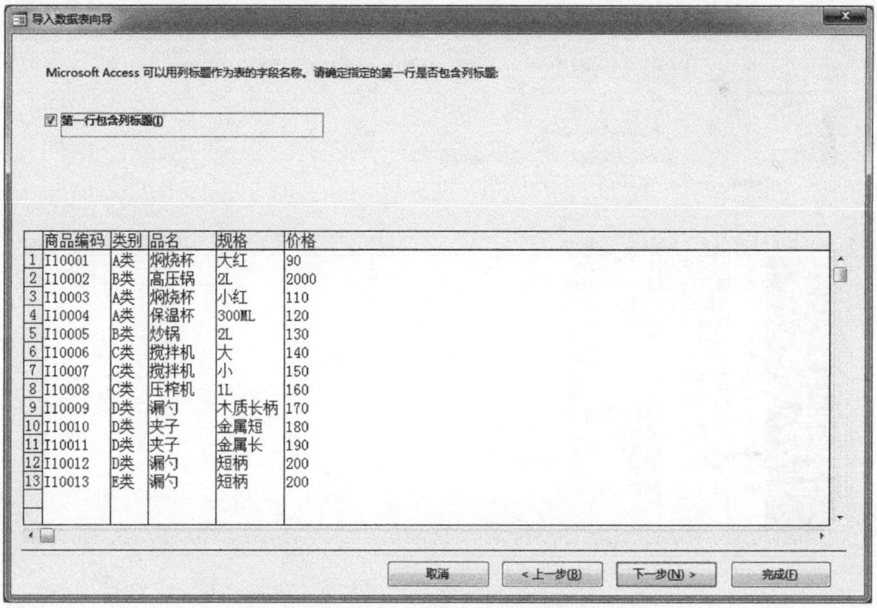

图 20-8 选中"第一行包含列标题"复选框

在下一个向导窗口中，可以选中数据表的每一列，然后修改字段名和字段信息。我们需要留意哪些字段应设为文本类型，哪些字段应设为整型或长整型。在所有字段均设定完毕后，单击"下一步"按钮，如图 20-9 所示。

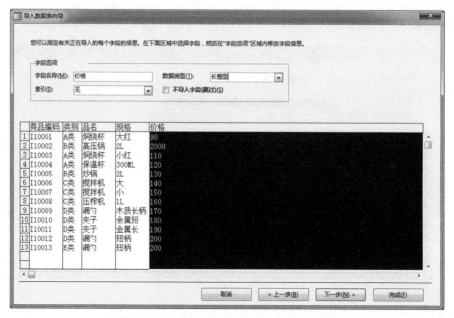

图 20-9 选中并修改每个字段的名称与类型等

接下来，向导窗口会建议为数据表设定一个主键。数据表的主键可以由 Access 创建，也可指定工作表中的某列为主键。因为"商品信息"工作表中的"商品编码"在本案例中被定义为不会重复，可作为主键，因此在向导窗口中选择"商品编码"为主键，如图 20-10 所示。设定好主键后，单击"下一步"按钮。

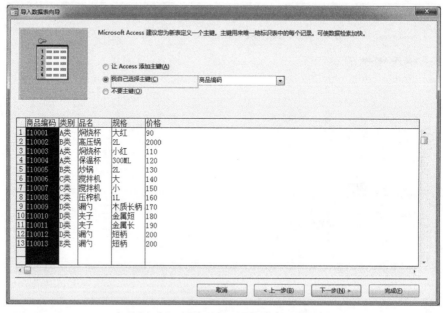

图 20-10 选择"商品编码"为主键

下一个向导窗口会默认将导入的 Excel 工作表的标签名作为新数据表的表名，如图 20-11 所示。本书建议，若无特殊要求，应尽量保持 Access 数据表的表名与 Excel 工作表的标签名一致。在确定表名后，单击"完成"按钮。

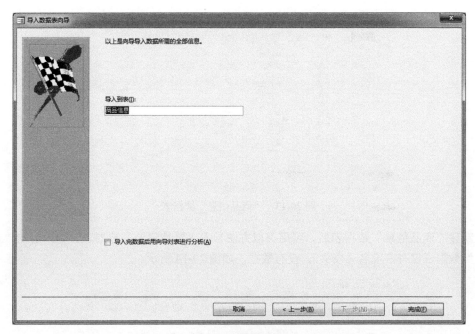

图 20-11　确认表名

最后一个向导窗口询问是否保存导入步骤，也就是询问前面的设置是否需要被保存，如果不需要，则可不勾选，如图 20-12 所示。单击"关闭"按钮，即可打开新建的数据表。

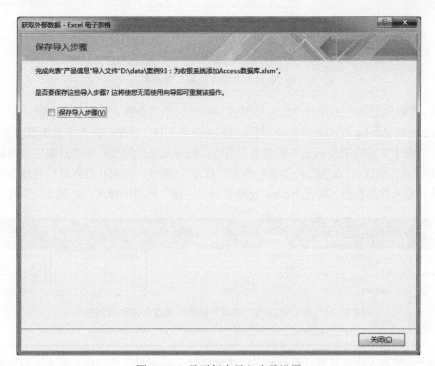

图 20-12　是否保存导入步骤设置

新建的"商品信息"数据表与工作表基本一致，只不过数据表中没有表头，只有字段名，如图 20-13 所示。如需在 Access 的数据表中插入新记录，除从 Excel 中导入、利用 SQL 语句插入以外，还可直接在 Access 中添加，方法与从 Excel 中导入类似，此处不再赘述。

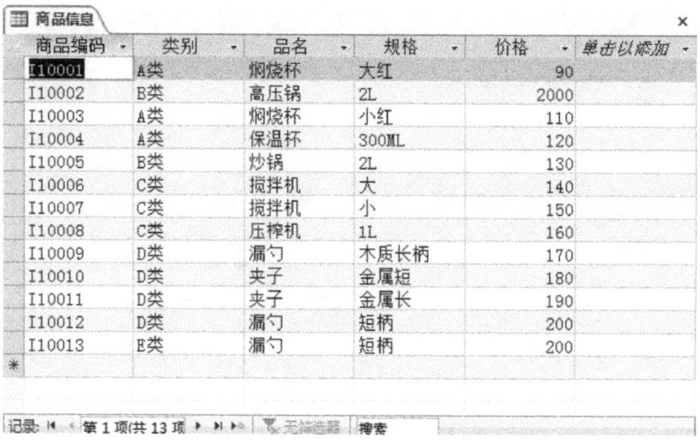

商品编码	类别	品名	规格	价格
I10001	A类	焖烧杯	大红	90
I10002	B类	高压锅	2L	2000
I10003	A类	焖烧杯	小红	110
I10004	A类	保温杯	300ML	120
I10005	B类	炒锅	2L	130
I10006	C类	搅拌机	大	140
I10007	C类	搅拌机	小	150
I10008	C类	压榨机	1L	160
I10009	D类	漏勺	木质长柄	170
I10010	D类	夹子	金属短	180
I10011	D类	夹子	金属长	190
I10012	D类	漏勺	短柄	200
I10013	E类	漏勺	短柄	200

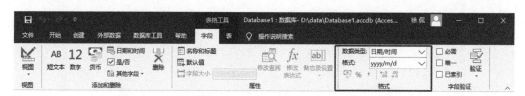

图 20-13 “商品信息”数据表

新建“商品信息”数据表后，可用类似方法导入“销售记录”数据表。导入后的“销售记录”数据表仅有字段名（表头），没有数据，如图 20-14 所示。

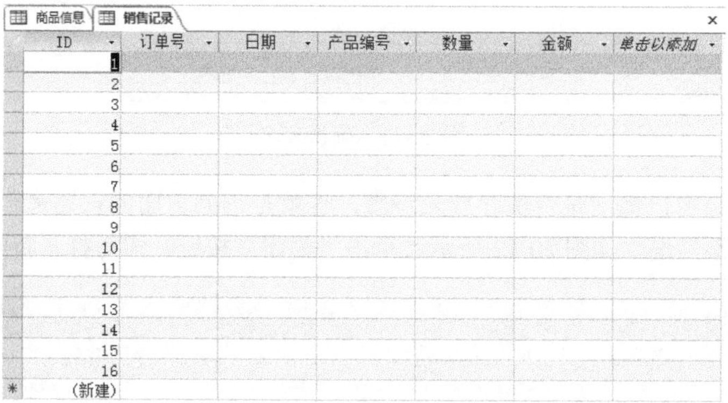

图 20-14 “销售记录”数据表

不过，“销售记录”工作表中的订单号并非唯一，不适合作为数据表的主键，因此，在导入时，可选择让 Access 自动生成主键，即图 20-14 中的“ID”。另外，因为该数据表中没有数据，所以会默认每个字段的类型都是“短文本”类型，应对此进行修改，如“日期”字段的类型应为“日期/时间”格式，“金额”的类型可选为“货币”，等等。如果在导入时没有修改字段的类型，那么在导入数据表后，可在 Access 功能区的“字段”标签中修改，如图 20-15 所示。

图 20-15 在功能区的“字段”标签中修改字段的数据类型

小贴士：除导入外部数据以外，Access 还可通过复制/粘贴、手动输入等方式创建数据表。因本书篇幅有限，故不做介绍，相关操作步骤请自行查阅相关资料。

Access 数据库搭建完毕，下一步需要修改相关代码，建立 Excel 工作簿与 Access 数据库之间的联系。两部分的代码需要修改：导入商品信息和导出销售记录。

　　从 Access 数据库导入商品信息到 Excel 工作表，主要用于给用户窗体的列表框添加项目，可在弹出用户窗体时导入商品信息，也可在打开工作簿时导入商品信息。考虑到弹出用户窗体的频率略高于打开工作簿的频率（用户窗体有可能因各种原因被强制关闭，需要重新打开），因此选择在打开工作簿时导入商品信息，消耗的计算机资源会略低。

　　在 Visual Basic 编辑器的"工程资源管理器"中，双击"ThisWorkbook"，然后在代码窗口中创建一个工作簿的 Open 事件。在该事件中，创建一个 ADO 对象的变量，并设定路径等相关信息。相关代码可以视为 Excel 工作簿连接外部数据的"外壳"代码，其他操作数据库的代码写入"外壳"之中即可。工作簿的 Open 事件和 ADO"外壳"代码如代码清单 20-14 所示。

代码清单 20-14

```
Private Sub Workbook_Open()
    Dim conn As New ADODB.Connection
    conn.Open "Provider=Microsoft.ACE.OLEDB.12.0;Data Source=D:\data\Database1.accdb"

    conn.Close
End Sub
```

　　在编写代码清单 20-14 前，需要在 Excel 的"引用"窗口中勾选 ADO 项目，具体操作见本书的第 16 章。

　　将 Access 数据库的"商品信息"数据表导入 Excel 工作表的 SQL 语句及相关代码如代码清单 20-15 所示。

代码清单 20-15

```
Sheet1.Range("a2").CopyFromRecordset conn.Execute("select * from [商品信息]")
```

　　因为导入的商品信息不含表头，所以可在工作表的第一行手动输入表头，然后从第二行的 A2 单元格开始导入数据。

　　为了获取数据库中最新、最全的商品信息，在导入之前，应先清空工作表中的原有数据，相关代码如代码清单 20-16 所示。

代码清单 20-16

```
Sheet1.Range("a2:e65536").ClearContents
```

　　接下来，修改用户窗体中"结算"按钮的 Click 事件的代码。在案例 91 的"结算"按钮的 Click 事件中，我们将"购物清单"列表框中的所有销售记录写入"销售记录"工作表，相关代码如代码清单 20-17 所示。

代码清单 20-17

```
For i = 1 To Me.ListBox4.ListCount - 1
    irow = Sheet2.Range("a65536").End(xlUp).Row
    With Sheet2
        .Range("a" & irow + 1) = "SO" & Format(Now, "YYYYMMDDHHMMSS")
        .Range("b" & irow + 1) = Date
        .Range("c" & irow + 1) = Me.ListBox4.List(i, 0)
        .Range("d" & irow + 1) = Me.ListBox4.List(i, 5)
        .Range("e" & irow + 1) = Me.ListBox4.List(i, 6)
    End With
Next
```

本案例只需要将代码清单 20-17 中 For 循环内的代码改为 ADO 对象的变量 conn 的 Execute 方法和 SQL 插入语句。向"销售记录"数据表中插入一条记录的代码和 SQL 语句如代码清单 20-18 所示。

代码清单 20-18

```
conn.Execute "insert into [销售记录] (订单号,日期,产品编号,数量,金额) values ('SO0001',
'2020/11/27','I9999',10,1000)"
```

在代码清单 20-18 中,关键字"values"之前的部分表示向"销售记录"表中插入记录的各个字段名;"values"之后的括号中为各个字段的值,需要逐一替换为对应的变量。为了方便编写代码,可先将"values"后面的内容替换为字符型变量 SqlStr。修改后的代码如代码清单 20-19 所示。

代码清单 20-19

```
conn.Execute "insert into [销售记录] (订单号,日期,产品编号,数量,金额) values" & SqlStr
```

代码清单 20-19 中的字符型变量 SqlStr 代替了代码清单 20-18 中关键字"values"后面的内容,因此,此时的变量 SqlStr 的值如代码清单 20-20 所示。

代码清单 20-20

```
SqlStr = " ('SO0001','2020/11/27','I9999',10,1000) "
```

将代码清单 20-20 中的各个常量替换为对应的变量或表达式,首先,在需要被替换的常量左右,各加一个英文双引号""";然后,在常量左右,再各加一个连接符号"&",注意,"&"的前后都要留有空格;最后,将常量改为变量或表达式即可。例如,将上面代码中的订单号"SO0001"改为字符型变量 SO 的代码如代码清单 20-21 所示。

代码清单 20-21

```
SO = "SO" & Format(Now, "YYYYMMDDHHMMSS")
SqlStr = "('" & SO & "','2020/11/27','I9999',10,1000)"
```

参照以上步骤,逐一将字符型变量 SqlStr 中的日期、产品编号、数量和金额替换为对应的变量或表达式,得到代码清单 20-22 所示的代码。

代码清单 20-22

```
SqlStr = "('" & SO & "','" & Date & "','" & Me.ListBox4.List(i, 0) & "',"
& Me.ListBox4.List(i, 5) & "," & Me.ListBox4.List(i, 6) & ")"
```

在代码清单 20-22 中,字符型变量 SO 表示订单号,Date 函数用于获取当前日期,表达式"Me.ListBox4.List(i, 0)""Me.ListBox4.List(i, 5)"和"Me.ListBox4.List(i, 6)"分别表示产品编号、数量与金额。将代码清单 20-19 和代码清单 20-22 嵌入 For 循环代码,即可将"购物清单"列表框中的销售记录插入数据表,如代码清单 20-23 所示。

代码清单 20-23

```
For i = 1 To Me.ListBox4.ListCount - 1
        SqlStr = "('" & SO & "','" & Date & "','" & Me.ListBox4.List(i, 0) & "'," &
Me.ListBox4.List(i, 5) & "," & Me.ListBox4.List(i, 6) & ")"
        conn.Execute ("insert into [销售记录] (订单号,日期,产品编号,数量,金额) values" & SqlStr
Next
```

注意,变量 SqlStr 的赋值语句必须写在 For 循环中,否则将无法获取 ListBox4 列表框中的所有项目。

至此，商品收银系统由单独的 Excel 文件"升级"成"Excel 用户界面+Access 数据库"的 C/S 架构。

最后，为了系统的数据安全，以及便于后续分布式使用（一个后台数据库和多个前台用户界面），还可为系统做以下设置。

○ 修改数据库文件的文件名，如本案例中的数据库文件 Database1.accdb 可改为 abc.jpg、123.mp3 等。更改数据库文件名可以防止其被恶意破坏。注意，如果修改了数据库文件的文件名，那么代码中指定数据库文件的路径和文件名的 SQL 语句也必须做相应修改，否则导致系统无法访问数据库。

○ 为了防止 VBA 代码被恶意修改或从代码中窃取数据库文件的路径和文件名，可在 Visual Basic 编辑器中对项目设置保护。方法为：单击编辑器的"工具"标签，选择 "VBAProject 属性"，在弹出的窗口中，单击"保护"标签，选中"查看时锁定工程"复选框，然后，在下面的"密码"栏中，设置密码，如图 20-16 所示。

○ 因为销售记录已被保存至 Access 数据库中，所以 Excel 工作簿中的"销售记录"工作表现在可以删除，但"商品信息"工作表必须保留，这是为了防止恶意删除而导致系统无法正常运行。我们可将"商品信息"工作表设置为隐藏。

○ 最后，可在工作簿中新建一张工作表，在工作表中，创建一个按钮，单击该按钮，即可弹出用户界面。这样，在用户界面因各种原因被关闭后，可便捷地再次打开它，如图 20-17 所示。

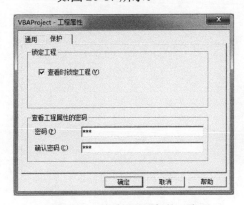

图 20-16 为项目设置保护及密码

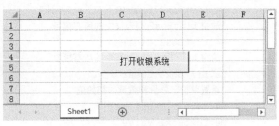

图 20-17 "打开收银系统"按钮

上述部分步骤，本书并未实际执行，读者可逐一尝试。

20.3.2 案例代码

本案例的代码共分为 3 个部分。第一部分为窗体及各个控件的事件的代码，如代码清单 20-24 所示。本案例中新增的代码用粗体显示。

代码清单 20-24

```
'定义公有整型变量和公有数组变量
Dim irow As Integer
Dim arr()
Dim ID As String
Dim PRC As Long
```

```
'在窗体的 Activate 事件中,载入列表框 1
Private Sub UserForm_Activate()
    Dim i As Integer
    '定义变量 dic
    Dim dic
    Set dic = CreateObject("Scripting.Dictionary")
    '获取 Sheet1 工作表最后一行的行号,后续代码可调用 irow
    irow = Sheet1.Range("a65536").End(xlUp).Row
    '将 Sheet1 工作表所有数据赋给 arr(),后续代码可调用 arr()
    arr() = Sheet1.Range("a2:e" & irow)
    '利用字典 Key 值的不重复性,去除商品类别中的重复值
    For i = LBound(arr) To UBound(arr)
        dic(arr(i, 2)) = 1
    Next
    '将去除重复值后的类别返回列表框 1
    Me.ListBox1.List = dic.keys
    '取消列表框的被选中状态
    Me.ListBox1.ListIndex = -1
    '清空"购物清单"列表框的所有项目
    Me.ListBox4.Clear
    '为"购物清单"列表框载入表头
    Me.ListBox4.AddItem
    Me.ListBox4.List(0, 0) = "商品编码"
    Me.ListBox4.List(0, 1) = "类别"
    Me.ListBox4.List(0, 2) = "品名"
    Me.ListBox4.List(0, 3) = "规格"
    Me.ListBox4.List(0, 4) = "单价"
    Me.ListBox4.List(0, 5) = "数量"
    Me.ListBox4.List(0, 6) = "小计"
    '清空 ListBox2 列表框中的所有项目
    Me.ListBox2.Clear
    '清空 ListBox3 列表框中的所有项目
    Me.ListBox3.Clear
    '重置单价、总价和数量的初始值
    Me.Label2.Caption = 0
    Me.TextBox1.Value = 1
    Me.Label5.Caption = 0
End Sub

'在列表框 1 的 Click 事件中,载入列表框 2
Private Sub ListBox1_Click()
    '清除列表框 3
    Me.ListBox3.Clear
    Dim i As Integer
    '定义变量 dic
    Dim dic
    Set dic = CreateObject("Scripting.Dictionary")
    '利用字典 Key 值的不重复性,去除商品名中的重复值
    For i = LBound(arr) To UBound(arr)
        If arr(i, 2) = Me.ListBox1.Value Then
            dic(arr(i, 3)) = 1
        End If
```

```vba
        Next
        '先清空 ListBox2 中的所有项目
        Me.ListBox2.Clear
        '将去除重复值后的品名返回列表框 2
        Me.ListBox2.List = dic.keys
        '单价清零
        Me.Label2.Caption = 0
        '数量置 1
        Me.TextBox1.Value = 1
        '清空 ID
        ID = ""
    End Sub


    '在列表框 2 的 Click 事件中，载入列表框 3
    Private Sub ListBox2_Click()
        Dim i As Integer
        '定义变量 dic
        Dim dic
        Set dic = CreateObject("Scripting.Dictionary")
        '利用字典 Key 值的不重复性，去除商品品名中的重复值
        For i = LBound(arr) To UBound(arr)
            If arr(i, 2) = Me.ListBox1.Value And arr(i, 3) = Me.ListBox2.Value Then
                dic(arr(i, 4)) = 1
            End If
        Next
        '先清空 ListBox3 中的所有项目
        Me.ListBox3.Clear
        '将去除重复值后的品名返回列表框 3
        Me.ListBox3.List = dic.keys
        '单价清零
        Me.Label2.Caption = 0
        '数量置 1
        Me.TextBox1.Value = 1
        '清空 ID
        ID = ""
    End Sub


    '在列表框 3 的 Click 事件中，获取商品编码和单价
    Private Sub ListBox3_Click()
        Dim i As Integer
        '获取商品编码和单价
        For i = LBound(arr) To UBound(arr)
            If arr(i, 2) = Me.ListBox1.Value And arr(i, 3) = Me.ListBox2.Value And
arr(i, 4) = Me.ListBox3.Value Then
                ID = arr(i, 1)
                PRI = arr(i, 5)
            End If
        Next
        '将单价赋给 Label2
        Me.Label2.Caption = PRI
    End Sub


    '在"添加"按钮的 Click 事件中，为列表框 ListBox4 添加项目值
```

```vb
Private Sub CommandButton1_Click()
Dim n As Integer
'判断用户是否已选商品且输入了正确的数量
If IsNumeric(Me.TextBox1.Value) = True And Me.TextBox1.Value > 0 And ID <> "" Then
    '为"购物清单"列表框新增一行
    Me.ListBox4.AddItem
    '将当前"购物清单"列表框的行数赋给整型变量 n
    n = Me.ListBox4.ListCount
    '为"购物清单"列表框的最后一行逐个添加项目值
    Me.ListBox4.List(n - 1, 0) = ID
    Me.ListBox4.List(n - 1, 1) = Me.ListBox1.Value
    Me.ListBox4.List(n - 1, 2) = Me.ListBox2.Value
    Me.ListBox4.List(n - 1, 3) = Me.ListBox3.Value
    Me.ListBox4.List(n - 1, 4) = PRI
    Me.ListBox4.List(n - 1, 5) = Me.TextBox1.Value
    Me.ListBox4.List(n - 1, 6) = Me.TextBox1.Value * PRI
    '在 Label5 中，显示用户所选商品的总价
    Me.Label5.Caption = Me.Label5.Caption + Me.ListBox4.List(n - 1, 6) * 1
Else
    MsgBox "请选择商品并输入正确的数量！"
End If
End Sub


'"删除"按钮的 Click 事件
Private Sub CommandButton2_Click()
    Dim i As Integer
    '找到用户选中的行并删除，同时修改总价
    For i = 1 To Me.ListBox4.ListCount - 1
        If Me.ListBox4.Selected(i) = True Then
            Me.Label5.Caption = Me.Label5.Caption - Me.ListBox4.List(i, 6)
            Me.ListBox4.RemoveItem i
        End If
    Next
End Sub


'"结算"按钮的 Click 事件
Private Sub CommandButton3_Click()
    Dim conn As New ADODB.Connection
    Dim i As Integer
    Dim SqlStr, SO As String
    '打开 ADO 连接
    conn.Open "Provider=Microsoft.ACE.OLEDB.12.0;Data Source=D:\data\Database1.accdb"
    '获取订单号
    SO = "SO" & Format(Now, "YYYYMMDDHHMMSS")
    '将订单号、日期、商品编码（对应"产品编号"）、数量和小计（对应"金额"）插入数据库的"销售记录"表
    For i = 1 To Me.ListBox4.ListCount - 1
        SqlStr = "('" & SO & "','" & Date & "','" & Me.ListBox4.List(i, 0) & "'," _
& Me.ListBox4.List(i, 5) & "," & Me.ListBox4.List(i, 6) & ")"
        conn.Execute "insert into [销售记录] (订单号,日期,产品编号,数量,金额) _
values" & SqlStr
    Next
    '关闭连接
    conn.Close
```

```
    '弹出提示框
If Me.ListBox4.ListCount > 1 Then
        MsgBox "结算成功！"
Else
        MsgBox "购物列表为空！"
End If
    '调用窗体的 Activate 事件，重置用户界面
    Call UserForm_Activate
End Sub
```

本案例的第二部分代码为工作簿的 Open 事件，用于从数据库中导入商品信息，并弹出用户窗体，如代码清单 20-25 所示。

代码清单 20-25

```
Private Sub Workbook_Open()
    '清除原有数据
    Sheet1.Range("a2:e65536").ClearContents
    '创建 ADO 连接并导入商品信息
    Dim conn As New ADODB.Connection
    conn.Open "Provider=Microsoft.ACE.OLEDB.12.0;Data Source=D:\data\Database1.accdb"
    Sheet1.Range("a2").CopyFromRecordset conn.Execute("select * from [商品信息]")
    conn.Close
    '导入商品信息后自动弹出用户窗体
    UserForm1.Show
End Sub
```

最后一部分代码为工作表中按钮的绑定宏，用于在单击按钮时弹出用户窗体，应写在通用模块中，如代码清单 20-26 所示。

代码清单 20-26

```
Sub 打开系统()
    UserForm1.Show
End Sub
```

20.3.3　案例小结

因案例讲解需要，本书首先介绍了搭建商品收银系统的用户界面的整个过程，然后在本章创建数据库。其实，这并不符合系统开发的一般流程，数据库的创建应先于用户界面的设计和代码的编写，这一点还请读者在以后的学习和工作中注意。

本案例涉及的知识点如下。

❑ 了解如何新建 Access 数据库。本章只进行了简单介绍，如需深入了解，可自行查阅相关资料。

❑ 熟悉利用 ADO 对象为 Excel 文件和数据库创建连接的方法，相关代码见本书的第 16 章。

❑ 将 SQL 语句中的常量替换为变量（以及函数或表达式）可能是本案例中最容易让人出错的地方，在不能熟练操作前，读者可参考 20.3.1 节中的步骤并多加练习。

最后，感谢读者阅读本书。如果读者从本书的第一个案例开始，一直坚持理论加实践的学习方法，对每个案例的代码都亲自动手编写和测试，那么到这个案例结束时，读者应该已经从最开始只是希望利用 VBA 被动解决工作中遇到的 Excel 难题的新手，成长为可以主动使用 VBA 开发实用小工具，甚至开发一套小型系统的 VBA 熟练使用者！